高职高专建筑工程专业系列教材

材料力学

(第二版)

翟振东 石 晶 主编

中国建筑工业出版社

图书在版编目（CIP）数据

材料力学/翟振东，石晶主编．—2版．—北京：中国建筑工业出版社，2004
（高职高专建筑工程专业系列教材）
ISBN 978-7-112-06664-3

Ⅰ．材… Ⅱ．①翟… ②石… Ⅲ．材料力学-高等学校：技术学校-教材 Ⅳ．TB301

中国版本图书馆CIP数据核字（2004）第101821号

高职高专建筑工程专业系列教材

材 料 力 学
（第二版）

翟振东 石 晶 主编

*

中国建筑工业出版社出版、发行（北京西郊百万庄）
各地新华书店、建筑书店经销
北京市书林印刷有限公司印刷

*

开本：787×1092毫米 1/16 印张：17½ 字数：420千字
2004年11月第二版 2015年11月第二十次印刷
定价：**24.00**元
ISBN 978-7-112-06664-3
（12618）

版权所有　翻印必究
如有印装质量问题，可寄本社退换
（邮政编码 100037）

本书是在第一版的基础上修订而成的,主要是对第一版内容进行了重整,并对目前新出的一些规范,所使用的一些新的名词术语,一些新的符号等作出修改。

各章除基本教学内容外,还编入了小结、思考题、习题,书后附有习题答案。

本书可作为高职高专建筑工程专业教材,也适于土建类其他专业选用,还可作为有关工程技术人员自学的参考书。

* * *

责任编辑:吉万旺
责任设计:刘向阳
责任校对:刘　梅　刘玉英

第二版前言

这本教材自 1997 年 6 月出版以来，得到了全国很多学校的厚爱。应出版社和近年来曾使用过这本教材师生的要求，我们在保持原教材特色的基础上进行修订工作。

这次修订我们不仅重视教师的教学，更加重视学生的学习。对部分内容进行了调整、精简；对一些常用字符进行了修正；对于部分思考题、习题进行增减。这次修订工作由翟振东、石晶两位同志完成。

教材中注有"＊"内容供不同专业选择取舍。

长安大学理学院尹冠生教授认真细致地审阅了这本教材，并提出了许多宝贵建议；长安大学理学院材料力学教研室的老师们给予了多方关心和帮助；不少使用过该教材第一版的教师也曾提出过许多宝贵意见，一并致以衷心谢意。

鉴于编者水平，这次修订工作还可能存在许多不妥之处，竭诚欢迎广大读者批评指正。

编者
2004 年 7 月　于长安大学

第一版前言

本书参照1991年国家教委制订的高等学校专科土建类专业"材料力学课程教学基本要求",并根据建设部(1993)441号文件"关于印发普通高等专科学校房屋建筑工程专业的培养目标、毕业生要求和培养方案、教学基本要求(试行)的通知"精神进行编写的。

本书在编写过程中,力求体现"以必需、够用为度,以掌握概念、强化应用为重点"的原则,努力做到精选内容、主次分明、详略得当、文笔流畅、便于教学。

本书共十三章,绪论、轴向拉伸和压缩、剪切、扭转、截面几何性质、弯曲内力、弯曲应力、弯曲变形、应力状态和强度理论、组合变形时杆件的强度计算、计算弹性位移的能量法、压杆稳定、动荷载及交变应力。各章除基本教学内容外,还编入了小结、思考题、习题。书后还附有型钢表和习题答案。

本书可作为课内教学总时数为80学时的房屋建筑工程专业专科教材、同时也适用于课内教学总时数为60~90学时的土建类其他专业选用。

参加本书编写工作的有:翟振东(第一、二、四章);刘真(第三、十、十二章);周咏梅(第五、六、七、十三章);吕继忠(第八、九、十一章)。全书由翟振东负责定稿。

在编写本书过程中,我们参阅了有关材料力学教材,从中汲取许多经验。同时,本书的编写还得到西北建筑工程学院基础科学系的领导和力学教研室的老师们大力支持。在此,一并致以衷心谢意。

鉴于编者水平所限,不妥之处在所难免,恳请广大读者批评指正。

目 录

第一章 绪论 ··· 1
  第一节 材料力学的任务 ··· 1
  第二节 变形固体的基本假设 ··· 2
  第三节 内力·截面法和应力的概念 ······································· 4
  第四节 位移和应变的概念 ··· 6
  第五节 杆件变形的基本形式 ··· 7
  本章小结 ··· 8
  思考题 ··· 9

第二章 轴向拉伸和压缩 ··· 10
  第一节 轴向拉伸和压缩的概念及工程实例 ······························· 10
  第二节 轴力和轴力图 ··· 10
  第三节 轴向拉（压）杆横截面上的应力 ··································· 12
  第四节 斜截面上的应力 ··· 15
  第五节 轴向拉伸（压缩）时杆件的变形 ··································· 16
  第六节 材料拉伸、压缩时的力学性质 ····································· 21
  第七节 许用应力和安全系数·轴向拉伸和压缩时的强度计算 ············· 26
  第八节 拉伸和压缩超静定问题 ··· 31
  第九节 应力集中的概念 ··· 35
  第十节 连接件的强度计算 ··· 36
  本章小结 ··· 41
  思考题 ··· 42
  习题 ··· 43

第三章 扭转 ··· 49
  第一节 概述 ··· 49
  第二节 外力偶矩的计算·扭矩和扭矩图 ··································· 50
  第三节 薄壁圆筒的扭转 ··· 52
  第四节 切应力互等定理和剪切胡克定律 ································· 54
  第五节 圆轴扭转时的应力 ··· 55
  第六节 圆轴扭转时的变形 ··· 59
  第七节 圆轴扭转时的强度条件和刚度条件 ······························· 60
  第八节 矩形截面杆扭转的概念 ··· 63
  本章小结 ··· 66
  思考题 ··· 66

习题 ·· 67
第四章　弯曲内力 ·· 71
　第一节　平面弯曲的概念及梁的计算简图 ·· 71
　第二节　梁的内力——剪力和弯矩 ·· 72
　第三节　剪力方程和弯矩方程·剪力图和弯矩图 ··· 77
　第四节　荷载集度·剪力和弯矩间的微分关系及其应用 ··· 82
　第五节　叠加法作剪力图和弯矩图 ·· 88
　本章小结 ·· 89
　思考题 ·· 90
　习题 ·· 91
第五章　弯曲应力 ·· 96
　第一节　梁的正应力 ·· 96
　第二节　梁的正应力强度计算 ·· 100
　第三节　梁横截面上的切应力 ·· 105
　第四节　梁的切应力强度计算 ·· 110
　第五节　提高梁弯曲强度的措施 ·· 113
　第六节　弯曲中心的概念 ·· 116
　本章小结 ·· 117
　思考题 ·· 118
　习题 ·· 119
第六章　弯曲变形 ·· 122
　第一节　概述 ·· 122
　第二节　梁挠曲线的近似微分方程 ·· 122
　第三节　用积分法计算梁的变形 ·· 124
　第四节　用叠加法计算梁的变形 ·· 130
　第五节　梁的刚度校核及提高梁刚度的措施 ··· 132
　第六节　简单超静定梁 ·· 134
　本章小结 ·· 137
　思考题 ·· 138
　习题 ·· 139
第七章　应力状态和强度理论 ·· 143
　第一节　应力状态的概念 ·· 143
　第二节　二向应力状态分析 ·· 145
　第三节　主应力迹线 ·· 155
　第四节　三向应力状态分析简介 ·· 157
　第五节　广义胡克定律 ·· 160
　第六节　强度理论 ·· 162
　*第七节　莫尔强度理论 ·· 168
　本章小结 ·· 169

思考题 ·· 171
　　习题 ·· 172
第八章　组合变形时杆件的强度计算 ·· 175
　　第一节　概述 ··· 175
　　第二节　斜弯曲 ·· 176
　　第三节　拉伸（压缩）与弯曲 ··· 181
　　第四节　偏心拉伸（压缩） ·· 184
　　第五节　截面核心 ·· 188
　　第六节　扭转与弯曲 ··· 190
　　本章小结 ·· 193
　　思考题 ·· 194
　　习题 ·· 196

第九章　压杆稳定 ·· 200
　　第一节　压杆稳定的概念 ··· 200
　　第二节　细长压杆的临界力 ·· 202
　　第三节　欧拉公式的适用范围·临界应力总图 ··· 206
　　第四节　压杆的稳定计算 ··· 212
　　第五节　提高压杆稳定性的措施 ··· 220
　　本章小结 ·· 221
　　思考题 ·· 222
　　习题 ·· 223

第十章　动荷载及交变应力 ·· 227
　　第一节　构件在等加速直线运动时的应力和变形 ······································ 227
　　第二节　构件作匀速转动时的应力 ··· 229
　　第三节　构件受冲击时的应力和变形 ·· 230
　　＊第四节　交变应力和疲劳破坏 ·· 234
　　本章小结 ·· 237
　　思考题 ·· 238
　　习题 ·· 238

附录Ⅰ　截面的几何性质 ·· 240
　　第一节　静矩和形心 ··· 240
　　第二节　惯性矩和惯性积 ··· 242
　　第三节　平行移轴公式 ·· 246
　　第四节　转轴公式·主惯性轴 ·· 248
　　本章小结 ·· 251
　　思考题 ·· 252
　　习题 ·· 253

附录Ⅱ　型钢表 ·· 255
习题参考答案 ·· 264

第一章 绪 论

第一节 材料力学的任务

作用在建筑物或机械上的外力通常称为荷载。例如，建筑物所承受的重力和地震力，水坝所承受的水压力，车床主轴所承受的切削力等等都称为荷载。在建筑物或机械中承受荷载而起骨架作用的部分称为结构。例如，由许多根杆件组成的屋架结构，由柱、吊车梁、屋架及基础组成的排架结构，如图 1-1 所示。组成结构的各个元件或组成机械的各个零件称为构件。例如，房屋结构中的梁、板、柱、墙和基础，机床中的轴等等都是构件。当建筑物或机械工作时，每个构件都将受到荷载的作用。为了确保建筑物或机械安全正常地工作，要求组成它们的每一个构件都必须安全可靠，即应具备足够的承受荷载的能力。构件承载能力主要由下述三个方面来衡量。

1. 强度要求

所谓强度是指构件在荷载作用下抵抗破坏的能力。构件必须具备足够的强度，即在一定荷载作用下不能发生破坏。例如，房屋的梁、楼板在荷载作用下不能断裂；提升重物的钢丝绳不允许被拉断；储气罐不应破裂。在一定荷载作用下，某种材料比较坚固，不易破坏，则认为这种材料的强度高；反之，如果某种材料不够坚固，易于破坏，则认为这种材料的强度低。例如，钢材的强度高于木材，可见强度有高低之分。

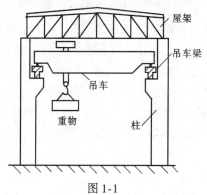

图 1-1

2. 刚度要求

所谓刚度是指构件在荷载作用下抵抗变形的能力。在荷载作用下，构件形状和尺寸发生的变化称为变形。构件在荷载作用下，都要发生一定的变形。对于某一构件，即使具有足够的强度，但若变形过大仍不能正常工作。例如，楼板梁在荷载作用下产生较大的变形，下面的抹灰层就容易开裂、剥落；吊车梁变形过大，吊车就难以平稳行驶；机床主轴变形过大，将影响零件的加工精度。因此，工程中对构件的变形要加以限制，要求构件的变形不应超过正常工作所允许的限度，即应满足一定的刚度要求。

在一定荷载作用下，某一构件不易变形，即抵抗变形的能力强，则认为这一构件的刚度大；反之，如果某一构件易于变形，即抵抗变形的能力弱，则认为这一构件的刚度小，可见刚度有大小之分。

3. 稳定性要求

某些构件在荷载作用下，还可能发生失去其原有平衡形式的现象。如图 1-2 所示，一

图 1-2

根细长杆承受压力作用，当压力 F 不太大时，压杆可以保持其原有的直线形状；当压力 F 增加并超过一定限度时，压杆不能继续保持其直线形状，而突然由直变弯，这种现象称为丧失稳定，简称失稳。构件失稳后将丧失继续承受原设计荷载的能力。例如，建筑物中承重的柱子，如果它过于细高，就可能由于柱子的失稳而导致整个建筑物的倒塌。可见，所谓稳定性是指构件保持其原有平衡形式的能力。构件必须具有足够的稳定性，即构件应有足够的保持原有平衡形式的能力。在荷载作用下，如果某压杆始终保持其原有直线平衡形式，则认为这一压杆稳定性好。

综上所述，为了保证结构物正常工作，则要求组成它的每一个构件都须具有足够的强度、刚度和稳定性。当然，在工程中对于每一具体构件可能有所侧重。例如，起吊重物的吊索主要是要求保证足够的强度；车床主轴主要是要求具备一定的刚度；受压的细长杆则主要是要求必须具有较好的稳定性。

在设计构件时，不但要使构件满足强度、刚度和稳定性等三方面的要求。同时，还应尽可能地选用合适的材料并减少材料用量，以降低成本和减轻构件自重。也就是说构件除了满足安全性要求外，还应力求实现经济的目的。安全和经济是一对矛盾，正是这对矛盾促进了本门学科的产生与发展。因此，材料力学的任务就是在满足强度、刚度和稳定性要求的条件下，为设计既安全又经济的构件，提供必要的理论基础和计算方法。

为了完成上述任务，材料力学必须研究构件在荷载作用下的变形和破坏规律，即必须研究材料的力学性质。同时，还应研究构件的强度、刚度和稳定性与构件截面形状和尺寸之间的关系。这些研究都是建立在实验的基础上。此外，经简化得出的理论正确性，也需由实验来验证；工程中还有一些尚无理论分析结果的问题，也需借助实验来解决。因此，材料力学是一门理论与实验并重的学科。

材料力学研究问题的方法，通常采用的是实验观察、假设抽象、理论分析和试验验证等过程，这也是各门学科长期发展所形成的研究问题的基本方法。

材料力学所研究的问题，都是工程中的实际问题，必须通过实验来观察问题的具体现象，了解其实质，并将所研究的问题加以抽象、简化，作出一些能够表达其主要特征的假设。根据这些假设再进行理论分析，就可得到表达所研究问题本质关系的公式和结论。这些公式和结论的正确性还需通过试验和工程实践来验证。材料力学中一些重要公式和结论，都是通过反复检验和修正才形成今天这样的形式。可见材料力学研究问题的方法，符合实践——理论——再实践的认知规律，也起到了从纯抽象思维方式，向解决工程实际问题思维方式过渡的桥梁作用。

第二节 变形固体的基本假设

一、变形固体的概念

在理论力学中，把所研究的物体都当作刚体。即假设在外力作用下，物体的形状和体积都不发生变化。实际上，在自然界中所谓的刚体是不存在的。任何物体在外力作用下，都会产生或大或小的变形。这些变形，有些可直接观察到，有些则需要通过仪器才能测出。材料力学研究的对象是构件。构件都是由固体材料制成的。这些固体材料在外力作用下会产生变形，故称之为变形固体。

材料力学研究的是构件的强度、刚度和稳定性问题，这些问题都与构件在荷载作用下的变形相联系。因此，构件的变形已成为材料力学所必须研究的重要内容。作为变形固体的构件，在荷载作用下的变形，按其性质可分为两种。一种是弹性变形，这是一种随着荷载解除而消失的变形；另一种是塑性变形或称为残余变形，这是一种荷载解除后而不能消失的变形。

荷载解除后能完全恢复其原状的变形固体称为理想弹性体。实际上，自然界并不存在理想弹性体。但由实验可知，常用的工程材料，如金属、木料和混凝土等，当荷载不超过某一限度时，荷载解除后的残余变形很小，它们很接近理想弹性体。因此，在材料力学中，通常将所研究的对象，即由变形固体制成的构件视为理想弹性体。本书所讨论的问题，也仅限于理想弹性体。

二、变形固体的基本假设

变形固体的性质是十分复杂的，各学科研究的角度、范围不同，其侧重面也不一样。为了简化计算，在材料力学中常略去一些与强度、刚度和稳定性等问题关系不大的因素，将具有多种复杂属性的变形固体模型化，从而建立材料力学所研究对象的理想化模型。为此，材料力学对变形固体作下列假设。

1. 连续性假设

该假设认为，固体在其整个体积内毫无空隙地充满了物质。实际上，组成固体的各粒子间并不连续，它们间存在着空隙。但是，这些空隙与构件尺寸相比极其微小，由于空隙存在而引起性质上的差异，在宏观讨论中可以忽略不计，故可认为固体在其整个体积内是连续的。根据这个假设，就可将表征固体内某些力学性质的物理量用点的坐标的连续函数来表示。这样，就可以利用高等数学的知识（微分、积分和微分方程等），来分析研究材料力学的问题。

2. 均匀性假设

该假设认为，固体内各点处的力学性质完全相同。就工程中使用较多的金属材料来说，组成金属的各个晶粒的力学性质并不完全相同。但是，在构件或构件内任一部分中，都包含着为数极多的晶粒，而且它们又是处于无规则的排列状态，其力学性质应是所有各晶粒性质的统计平均值，故可认为构件内各部分的力学性质是均匀的。根据这个假设，可以从构件内任意点处取出一微小部分加以分析研究，并将研究结果应用于整个构件。同时，也可以将那些用大尺寸试件在实验中所获取的材料的力学性质，应用于任一微小部分。

3. 各向同性假设

该假设认为，固体在各个不同方向具有相同的力学性质。具有这种性质的材料称为各向同性体。常用的工程材料，如钢材、塑料、玻璃和混凝土都可认为是各向同性材料。根据这个假设，在研究材料的力学性质时，不必考虑其方向性，即在研究材料某一方向的力学性质后，其结论就可以应用到其他任何方向。

如果材料在各个不同方向具有不同的力学性质，则这种材料称为各向异性体。例如，木材、胶合板、纤维织品和复合材料等。材料力学所研究的问题，主要限于各向同性体。

4. 小变形假设

该假设认为，构件在荷载作用下产生的变形与其尺寸相比是极其微小的。材料力学所研究的问题限于构件的变形远小于其原始尺寸的"小变形"情况。这样，在研究构件的平衡问题时，就可以忽略构件的变形，而按变形前的原始尺寸进行分析计算，这种方法称为原始尺寸原理。利用这一原理可使计算大大得到简化。例如，图 1-3 所示悬臂梁，在荷载 F 作用下发生弯曲变形，梁 B 端沿水平方向产生位移 δ。在计算梁固定端 A 的支反力偶 M_A 时，可由静力平衡方程 $\Sigma M_A = 0$，$M_A = Fl$，而不用 $M_A = F(l - \delta)$。这是因为水平方向的位移 δ 远小于梁的原长 l，根据小变形假设，在研究平衡问题求支座反力时，可略去小变形 δ 的影响，仍按梁的原长 l 计算，使计算得以简化。

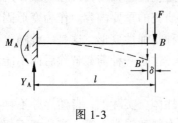

图 1-3

实验表明，根据上述假设所得到的结论是正确的。这些结论充分反映材料的主要性质，又使问题得到合理简化，与构件的实际情况基本符合，并能够完全满足工程上所要求的精度。

综上所述，材料力学的研究对象——构件是连续、均匀、各向同性的变形固体，并把它们看作完全弹性体，其研究范围仅限于小变形的情况。

第三节 内力·截面法和应力的概念

一、内力的概念

材料力学研究对象是构件。对所研究的构件来说，凡是构件以外的物体对构件的作用力均为外力，例如，构件所承受的荷载和约束反力都是外力。

在外力作用下，构件内部各部分间因相对位置改变而引起的相互作用力，称为内力。

其实，即使不承受外力的作用，构件内部各质点间本来就存在着相互作用的内力。这种内力使质点之间保持一定的相对位置，构件维持其一定的形状。当构件受到外力作用时，构件内部相邻各质点间的相对位置就要改变，因而使构件的形状和尺寸发生变化，即构件产生了变形。这时各质点间原有相互作用的内力就要发生改变。可以认为，构件在原有内力的基础上，又出现了一种新的附加的相互作用力，其作用趋势力图使各质点恢复其原来的位置。材料力学中所讨论的内力，就是指由于外力的作用而引起的上述相互作用力的改变量，称为"附加内力"，简称内力。

构件承受的外力越大，变形就越大，内力也就越大。当内力达到一定限度（取决于构件的材料和尺寸等因素）时就会引起构件的破坏，所以内力与构件的强度是密切相关的。内力分析是解决构件强度、刚度和稳定性问题的基础。

二、截面法

内力是构件内部各部分间的相互作用力的改变量。为了显示内力，可以假想地用一个截面 mn 将构件截分为两个部分Ⅰ和Ⅱ，如图 1-4（a）所示，任意地取其中一部分。例如取部分Ⅰ，弃去部分Ⅱ，并将弃去部分Ⅱ对部分Ⅰ的作用，以截开面的内力来代替，如图1-4（b）所示。

由于变形固体是连续的，所以在截面上将有连续分布的内力，称为分布内力。在分析

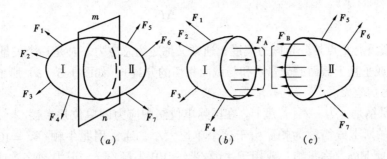

图 1-4

具体问题时，总是先求得截面上分布内力的合力，所以通常就将分布内力的合力（一般为一个力和一个力偶）称为内力。

对部分Ⅰ来讲，截开面 mn 上由于部分Ⅱ对它作用的内力已成为外力。所以，若取部分Ⅰ为脱离体建立平衡方程式，可根据作用在此部分上的已知荷载及支反力来计算截开面上的内力。若取部分Ⅱ为研究对象，如图 1-4（c）所示，则由作用与反作用定律，可知Ⅱ部分在截开面上的内力与部分Ⅰ上的内力等值反向，同样也可从部分Ⅱ上的荷载及支反力，利用平衡方程式来确定此内力。

综上所述，为了显示某一截面上的内力，假想地用一个截面将构件截分为二，取其中的一部分为研究对象，建立平衡方程以确定截面上的内力，这种求内力的方法称为截面法。其全部过程可归纳为下列三个步骤：

(1) 在需求内力的截面处，将构件截分为两部分；
(2) 留下任一部分，弃去另一部分，并以内力代替弃去部分对留下部分的作用；
(3) 研究留下部分平衡，根据已知的荷载及支座反力，计算构件在截开面上的未知内力。

截面法是材料力学中求内力的基本方法，今后将经常用到，应熟练掌握。

三、应力的概念

在确定构件的内力后，还不能判断构件在外力的作用下是否会因强度不足而破坏。例如用同种材料制成粗细不同的两根杆，在相同的拉力作用下，两杆横截面上的内力相同，但当拉力逐渐增大时，细杆必定先被拉断。这说明拉杆的强度不仅与内力的大小有关，而且还与杆件的横截面面积有关。内力只是拉杆横截面上分布内力的合力；同时，截面法不能给出内力在横截面上的分布规律，也不能给出截面上各点处的分布内力集度。因此，要判断杆件是否会因强度不足而破坏，还必须知道用来度量分布内力大小的分布内力集度。

为了研究构件某一截面 mn 上任一点 K 处分布内力集度，可假想用截面 mn 将构件截开。在截面 mn 上 K 点的周围取一微小面积 ΔA。设 ΔA 面积上分布内力的合力为 ΔF，如图 1-5（a）所示。由于在一般情况下，分布内力并不是均匀分布的，所以将比值 $\dfrac{\Delta F}{\Delta A}$ 在微小面积 ΔA 趋近于零时的极限值

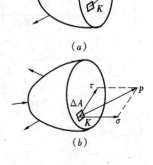

图 1-5

$$F = \lim_{\Delta A \to 0} \frac{\Delta F}{\Delta A}$$

定义为 mn 截面上 K 点处分布内力集度,通常又称之为总应力。F 是一个矢量。通常把总应力 F 分解成垂直于截面的分量 σ 和与截面相切的分量 τ,如图1-5(b)所示。σ 称为正应力,τ 称为切应力。

应力的量纲是[力]/[长度]^2。在国际单位制中应力的单位是牛顿/米^2,记为 N/m^2 或 Pa,称为帕斯卡或简称为帕。由于这个单位太小,通常用兆牛顿/米^2 = 10^6 牛顿/米^2,记为 MN/m^2 或 MPa,称兆帕;或用千牛顿/米^2 = 10^3 牛顿/米^2,记为 kN/m^2 或 kPa,称千帕。

第四节 位移和应变的概念

当构件受外力作用后,整个构件的每个局部一般都要发生形状和尺寸的改变,如图1-6,即产生了变形。研究变形除了是因为研究构件的刚度外,还因变形与构件分布内力在横截面上分布规律有关。变形的大小是用位移和应变这两个量来度量的。

一、线位移和角位移

位移是指构件发生变形后,构件内各质点及各截面空间位置的改变。位移可分线位移和角位移,线位移是指变形后构件内某点移动的距离。如图1-6所示,构件上的 A 点于变形后移到了 A' 点,其连线 AA' 就称为 A 点的线位移。角位移是指变形后构件内某一截面所转过的角度,右端面 mm 于变形后到达了 $m'm'$ 的位置,其转过的角度 θ 就是端面 mm 的角位移或称为转角。在研究构件的刚度时需进行位移计算。

二、线应变和角应变

要研究分布内力在截开面上的分布规律,首先必须研究构件内各点处的变形程度,为此还必须引入应变的概念。为了说明应变的概念,可以从图1-6所示的构件内,围绕某点 K 截取一微小的正六面体,如图1-7(a)所示。

此微小正六面体的变形有以下两类:

(1)沿棱边方向的伸长或缩短。设其沿 x 方向的 cb 边原长为 Δx,在变形后其长度改变了 Δu,如图1-7(b)所示,则 Δu 称为线段 $\overline{cb}$ 的线变形或绝对伸长。伸长时 Δu 为正值,缩短时 Δu 为负值。如果沿线段 $\overline{cb}$ 上的各点处变形程度相同,则比值

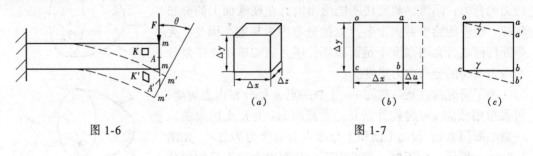

图1-6 图1-7

$$\overline{\varepsilon}_x = \frac{\Delta u}{\Delta x}$$

即代表线段 $\overline{cb}$ 上每单位长度的伸长或缩短。正值的 $\overline{\varepsilon}_x$ 代表伸长的线应变,负值的 $\overline{\varepsilon}_x$ 代表缩

短的线应变。通常沿线段$\overline{cb}$上各点处的变形程度不同,则比值$\overline{\varepsilon_x}$只能代表线段$\overline{cb}$的平均线应变,而 K 点处沿 x 方向的线应变应定义为:

$$\varepsilon_x = \lim_{\Delta x \to 0} \frac{\Delta u}{\Delta x}$$

(2) 棱边夹角的改变。若将上述正六面体的边长缩短至无穷小,并称之为单元体,则在此单元体范围内各点处的变形程度即可看作是相等的。在此情况下,单元体的任意两个边 oa 和 oc 之间所夹直角 aoc,在变形后发生微小角度改变 γ,如图 1-7(c)所示。这个直角的改变量 γ 即定义为切应变,用弧度来度量。

线应变和切应变均系相对变形,是度量构件内一点处变形程度的两个基本量,且均为无量纲的量。

任一构件都可设想它是由很多微小正六面体组成的。当构件受力后,各微小正六面体一般都要发生变形,整个构件的变形,可看成各微小正六面体变形的累积。

第五节 杆件变形的基本形式

一、杆件

材料力学所研究的主要构件多属于杆件。所谓杆件,是指一个方向(长度)尺寸远大于其他两个方向(宽度和高度)尺寸的构件。

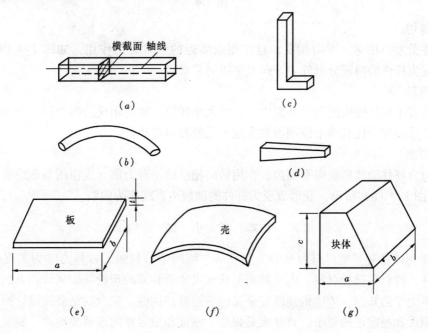

图 1-8

垂直于杆件长度方向的截面称为横截面,杆件中各横截面形心的连线称为杆件的轴线,如图 1-8(a)。如果杆件的轴线是直线,则称它为直杆,如图 1-8(a)所示;轴线为曲线或折线的杆件,分别称为曲杆(图 1-8b)或折杆(图 1-8c)。各横截面尺寸相同的杆件称等截面杆;横截面尺寸不同的杆件称为变截面杆,如图 1-8(d)所示。工程中最常见的是等截面直杆，简称等直杆。

除了杆件外，工程中的构件还有板、壳和块体等。长度和宽度远远大于厚度的构件，呈平面形状的称为板，如图 1-8（e）所示；呈曲面形状的称为壳，如图 1-8（f）所示。长度、宽度和厚度属同一量级尺寸的构件则称为块体，如图 1-8（g）所示。

二、四种基本变形形式

工程中的杆件会受到各种形式的外力作用，因而杆件变形的形式也就各不相同。但是这些变形总可归纳为下述四种基本变形的一种，或者是它们中几种的组合。

1. 轴向拉伸或压缩

杆件在大小相等、方向相反，作用线与轴线重合的一对力作用下，变形表现为长度的伸长或缩短，如图 1-9（a）、（b）所示。

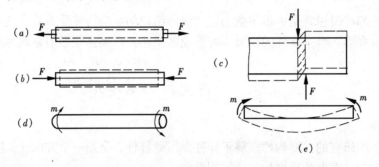

图 1-9

2. 剪切

杆件受大小相等、方向相反，且作用线靠近的一对力的作用，如图 1-9（c）所示，变形表现为杆件的两部分沿外力方向发生相对错动。

3. 扭转

在垂直于杆件轴线的两个平面内，作用大小相等、转向相反的两力偶，如图 1-9（d）所示，变形表现为任意两个横截面发生绕轴线的相对转动。

4. 弯曲

在包含杆件轴线的纵向平面内，作用转向相反的一对力偶（或作用与轴线垂直的横向力），如图 1-9（e）所示，变形表现为杆件的轴线由直线变为曲线。

本 章 小 结

1. 学习本章要了解材料力学的主要任务，明确学习目的。材料力学为工程中使用的各类构件，提供了选择材料、确定截面形状和尺寸所必需的理论基础和计算方法。只有掌握了材料力学的知识，才能做到既安全又经济地设计构件。安全就是要使设计的构件满足强度、刚度和稳定性的要求。对什么是强度、刚度和稳定性的理解要准确，如强度是指构件的抵抗破坏的能力，这里所说的破坏不仅指断裂，而且还包括构件出现塑性变形的情况；刚度，主要指的是构件抵抗弹性变形的能力；稳定性是指构件保持原有平衡形式的能力。

2. 制造构件所用的材料都是变形固体，它在外力的作用下要发生或大或小的变形。变形固体的基本性质，就是基本假设所概括的连续性、均匀性和各向同性，并引用了小变形条件。这实际上是对材料性质的宏观认识和概括，略去了实际存在的微观差别。除了应了解基本假设的内容外，还应理解提出这些假设的必要性，并在学习过程中，随时注意这些假设所起的作用。

3. 关于构件的内力、变形、应力、应变和位移的概念，是贯穿全书的基本概念，要了解它们的意义及它们间的联系和区别。

4. 截面法是用以显示和求内力的方法，在材料力学中占有十分重要的地位，要掌握用截面法求内力的步骤。

5. 杆件的四种基本变形形式，要搞清它们的外力作用条件和变形特征。

思 考 题

1-1 材料力学的任务是什么？

1-2 材料力学的研究对象和理论力学的研究对象有什么联系和区别？为什么会有这样的区别？

1-3 材料力学所研究构件的材料（变形固体）有哪些基本假设？为什么要做这些假设？

1-4 内力与应力有什么区别和联系？横截面上的法向内力就是该截面上法向应力的合力，这种说法是否正确？

1-5 变形和位移有什么区别和联系？构件中的某一点，若沿任何方向都不产生应变，则该点一定没有位移，试问这种说法是否正确？并举例说明。

1-6 杆件的基本变形形式有哪几种？各举一实例。

第二章 轴向拉伸和压缩

第一节 轴向拉伸和压缩的概念及工程实例

如果杆件在其两端受到一对沿着杆件轴线、大小相等、方向相反的外力作用时,则该杆沿着轴线方向伸长或缩短,这种变形形式称作轴向拉伸或轴向压缩,如图 2-1（a）、（b）所示。产生轴向拉伸（或压缩）变形的杆件,简称为轴向拉（压）杆。

图 2-1

轴向拉伸或压缩是受力杆件的一种最简单和最基本的变形形式。在工程实践中,承受轴向拉伸或压缩的杆件是很多的,如图 2-2(a)所示的三角支架 ABC,在节点 B 受集中力 P 的作用时,AB 杆将受到拉伸,BC 杆将受到压缩。如图2-2(b)所示的屋架中各杆均产生轴向拉伸或压缩变形。还有如起重机的吊索,千斤顶的螺杆,房屋结构中的柱子等,在轴向外力作用下,均产生轴向拉伸或压缩变形。

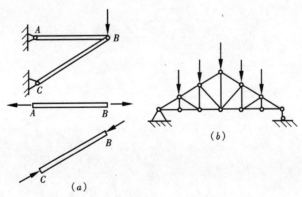

图 2-2

对于受压杆,如千斤顶的螺杆,桁架的压杆等均有被压弯的可能,这类问题属于压杆的稳定问题,将在第九章中进行讨论,本章所讨论的压缩是指受压杆未被压弯的情况,不涉及稳定性问题。

第二节 轴力和轴力图

内力的计算是研究杆件强度、刚度和稳定性的基础,内力计算的基本方法是截面法。下面首先讨论轴向拉（压）杆的内力计算。

一、轴力

如图 2-3（a）所示拉杆，为了确定某一截面 $m\text{-}m$ 的内力，可假想在 $m\text{-}m$ 处将杆截分为 Ⅰ、Ⅱ 两段，留下任一段如 Ⅰ 段，作为研究对象，弃去另一段 Ⅱ，并将弃去的 Ⅱ 段对留下 Ⅰ 段的作用，以截开面上的内力来代替，如图 2-3（b）所示。根据连续性假设，该内力是连续分布在截面上的，分布内力的合力 F_N 即为杆件任一截面 $m\text{-}m$ 上的内力。由于内力 F_N 的作用线与杆件轴线重合，所以轴向拉（压）杆横截面上的内力又称为轴力，通常用符号 F_N 表示。

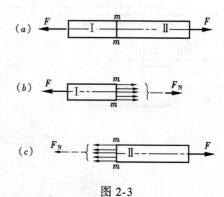

图 2-3

对 Ⅰ 段杆来说，截开面 $m\text{-}m$ 上 Ⅱ 段杆对它作用的轴力 F_N 已成为外力。由于整个杆件在外力作用下是平衡的，所以截取的 Ⅰ 段杆在 F 和 F_N 作用下也应保持平衡。轴力 F_N 由静力平衡方程可求得，即

$$\Sigma F_X = 0, \quad F_N - F = 0 \quad 得 F_N = F$$

若取 Ⅱ 段杆为研究对象，如图 2-3（c）所示，则由作用与反作用定律可知，Ⅱ 段杆在截开面上的轴力与 Ⅰ 段杆上轴力等值而反向。这一结论也可由 Ⅱ 段杆的静力平衡方程得到。

用截面法求轴力的计算步骤归纳如下：

（1）用一假想截面将杆在需求轴力的截面处截开，使其成为两部分。

（2）取被截开杆的任一部分为研究对象，并在截开面上用轴力 F_N 代替另一部分对该部分的作用。

（3）列出研究对象的静力平衡方程，并求出所要求的轴力。

轴力的量纲为［力］，在国际单位制中，常用的单位是牛顿或千牛顿，记为 N 或 kN。

轴力的正负号是根据杆件变形的性质来规定的。习惯上，把拉伸的轴力规定为正（轴力 F_N 的方向离开作用截面），称为拉力；压缩的轴力规定为负（轴力 F_N 的方向指向作用截面），称为压力。应该注意，轴力的正、负号仅决定于它引起变形的性质，即拉为正，压为负，而与轴力方向是否与坐标的方向一致无关。

二、轴力图

若沿杆件轴线作用的外力多于两个，则杆件各部分横截面上，轴力并不相同。为了形象地表明杆内轴力随横截面位置改变而变化的情况，用平行于杆件轴线的横坐标表示横截面的位置，用垂直于杆件轴线的纵坐标表示横截面上轴力的数值。按选定的比例，绘出表示轴力与横截面位置关系的图线，即为轴力图。正值轴力画在横坐标的上方，负值轴力画在横坐标的下方。从轴力图上可得到最大轴力的数值和位置。下面举例说明轴力图的作法。

【例 2-1】 一等直杆受力如图 2-4（a）所示。试求杆件各段横截面上的轴力，并绘出轴力图。

【解】 以轴向荷载作用的截面作为分段端点分别求出各段的轴力。

对 AB 段运用截面法，沿截面 1-1 将杆件假想地截开，取左段为研究对象，设截面

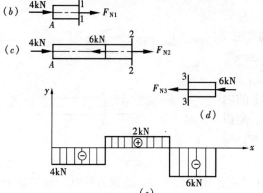

图 2-4

1-1 上有正向轴力,如图 2-4(b)所示,由静力平衡方程

$$\Sigma F_X = 0, \quad F_{N_1} + 4 = 0$$

得

$$F_{N_1} = -4 \text{ kN}$$

F_{N_1} 为负号,说明 F_{N_1} 的实际方向与假设方向相反,应为压力。同时也说明,按轴力的正负号规则,F_{N_1} 应取负值。因此,在运用截面法求轴力时,轴力一般假设为拉力,求出正值即轴力为拉力,反之轴力为压力,这种求轴力的方法称为设正法。AB 段内各截面轴力均为 -4kN,全段产生轴向压缩。

如图 2-4(c)所示,对 BC 段用截面法,假想沿 2-2 截面将杆件截开,取左段为研究对象,仍设轴力 F_{N_2} 为拉力,由静力平衡方程

$$\Sigma F_X = 0, \quad F_{N_2} + 4 - 6 = 0$$

得

$$F_{N_2} = 2 \text{ kN}$$

F_{N_2} 是正号,说明 F_{N_2} 的假设方向与实际方向相符。BC 段内各截面轴力均为 2kN,全段产生轴向拉伸。

CD 段用截面法,沿截面 3-3 将杆件截开,左段上作用的外力较多,故可取右段为研究对象,如图 2-4(d)所示。由静力平衡方程

$$\Sigma F_X = 0, \quad -F_{N_3} - 6 = 0$$

得

$$F_{N_3} = -6 \text{ kN}$$

F_{N_3} 为负号,说明 F_{N_3} 为压力。CD 段内各截面轴力均为 -6kN,全段产生轴向压缩。

最后,按前面所讲的方法,根据计算所得各段轴力的数值和正负号,绘出全杆的轴力图,如图 2-4(e)所示。

由轴力图即可得出,全杆最大轴力发生在 CD 段内,其值为 $|F_N|_{\max} = 6\text{kN}$。

在画轴力图时应在图上直接标出轴力的正负号、数值及单位。

第三节 轴向拉(压)杆横截面上的应力

为了进一步研究拉(压)杆横截面上内力的分布情况,除应确立杆件任一横截面上的轴力外,还必须研究横截面上的应力,从而解决拉(压)杆的强度和刚度的计算。由于轴力 F_N 垂直于横截面,故在横截面上应存在有正应力 σ。这是因为只有与 σ 相应的法向内

力元素 $\sigma \mathrm{d}A$ 才能组成轴力 F_N。但因 σ 在横截面上的分布规律还不知道，故仅由静力关系不可能求得 σ 与 F_N 之间的关系。因此，必须通过实验，从观察拉杆的变形入手来研究。

如图 2-5（a）所示的等直杆，拉伸变形前，在其侧面上画垂直于杆轴的直线 ab 和 cd，然后在杆的两端施加轴向拉力 F，使杆发生轴向拉伸。变形后可以观察到 ab 和 cd 仍为直线，且仍然垂直于轴线，只是分别平行地移至$a'b'$和$c'd'$，如图 2-5（a）所示。

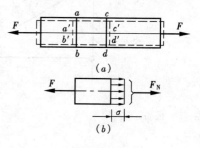

图 2-5

根据表面观察到的变形现象，从变形的可能性出发，可以假设：变形前原为平面的横截面，变形后仍保持为平面。这个假设称为平面假设。

根据平面假设，拉杆变形后两横截面作相对平移。如果设想拉杆是由许多纵向纤维所组成的，则任意两个横截面间所有纵向纤维的伸长量相等，即伸长变形是均匀的。这就是拉杆的变形规律。

由于假设材料是均匀的（均匀性假设），即各纵向纤维力学性质相同。由它们的伸长变形均匀和力学性质相同，可以推知各纵向纤维受力是相同的。所以横截面上各点处的正应力 σ 都相等，即正应力均匀分布于横截面上，σ 为常量。这就是拉杆横截面上的正应力分布规律。

已知横截面上各点处 σ 等于常量，设拉杆横截面面积为 A，微分面积 $\mathrm{d}A$ 上法向内力元素为$\sigma \mathrm{d}A$，于是利用静力关系可得

$$F_N = \int_A \sigma \mathrm{d}A = \sigma \int_A \mathrm{d}A = \sigma A$$

即

$$\sigma = \frac{F_N}{A} \tag{2-1}$$

公式（2-1）就是拉杆横截面上正应力 σ 的计算公式。当 F_N 为压力时，它同样可用于压应力的计算。关于正应力的符号，通常规定拉应力为正，压应力为负。

使用公式（2-1）时，要求外力的合力作用线与杆轴线重合。同时，在集中力作用点附近应力分布比较复杂，式（2-1）只能计算该区域内横截面上的平均应力，不能描述作用点附近的真实情况。

若 F_N 沿杆轴变化，可根据轴力图利用公式（2-1）计算横截面上的应力。当横截面的大小沿杆轴线缓慢变化时，且外力的合力与轴线重合，式（2-1）仍可使用。

【例 2-2】 简单支架如图 2-6（a）所示。AB 为圆钢，直径 $d=21\mathrm{mm}$，AC 为 8 号槽钢，若 $F=30\mathrm{kN}$，试求各杆的应力。

【解】 由节点 A 的平衡方程 $\Sigma F_X = 0$ 和 $\Sigma F_Y = 0$，不难求出两杆 AB 和 AC 的轴力分别为：

$$F_{N_{AB}} = F/\sin 30° = 2F = 2 \times 30 = 60\mathrm{kN} \quad (拉)$$

$$F_{N_{AC}} = -F_{N_{AB}} \cdot \cos 30° = -60 \times \frac{\sqrt{3}}{2} = -52\mathrm{kN} \quad (压)$$

AB 杆的横截面面积为：

$$A_{AB} = \frac{\pi}{4} \cdot (21 \times 10^{-3})^2 = 346.36 \times 10^{-6} \mathrm{m}^2$$

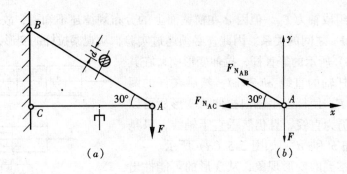

图 2-6

AC 杆为 8 号槽钢，由型钢表（见附录）查出横截面面积为：

$$A_{AC} = 1025 \times 10^{-6} \text{m}^2$$

利用公式（2-1）计算 AB 和 AC 两杆的应力分别为：

$$\sigma_{AB} = \frac{F_{N_{AB}}}{A_{AB}}$$

$$= \frac{60 \times 10^3}{346.36 \times 10^{-6}}$$

$$= 173.2 \times 10^6 \text{N/m}^2 = 173.2 \text{ MPa} \quad \text{(拉)}$$

$$\sigma_{AC} = \frac{F_{N_{AC}}}{A_{AC}} = \frac{-52 \times 10^3}{1025 \times 10^{-6}}$$

$$= -50.7 \times 10^6 \text{N/m}^2$$

$$= -50.7 \text{ MPa (压)}$$

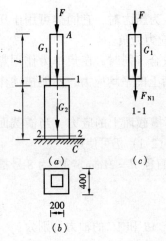

图 2-7

【例 2-3】 如图 2-7（a）所示一正方形截面的砖柱分上、下两段。柱顶受轴向压力 F 作用，上段柱重为 G_1，下段柱重为 G_2。已知 $F = 15$kN，$G_1 = 2.5$kN，$G_2 = 10$kN，$l = 3$m。求上、下段柱的底截面 1-1 和 2-2 的应力。

【解】

（1）分别求出截面 1-1 和 2-2 的轴力。运用截面法，假想用平面分别在截面 1-1 和 2-2 处截开，取上部为研究对象，如图 2-7（c）和（d）所示。根据平衡条件可求得：

截面 1-1：$\Sigma F_y = 0$

$$F_{N_1} = -F - G_1 = -15 - 2.5$$

$$= -17.5 \text{kN(压力)}$$

截面 2-2：$\Sigma F_y = 0$

$$F_{N_2} = -F - G_1 - G_2$$

$$= -15 - 2.5 - 10$$

$$= -27.5 \text{kN}(压力)$$

(2) 求应力　运用公式 $\sigma = \dfrac{F_N}{A}$，分别求截面 1-1 和 2-2 的应力：

截面 1-1：$\sigma_1 = \dfrac{F_{N_1}}{A_1} = \dfrac{-17.5 \times 10^3}{0.2 \times 0.2} = -0.438 \text{MPa}$　　（压应力）

截面 2-2：$\sigma_2 = \dfrac{F_{N_2}}{A_2} = \dfrac{-27.5 \times 10^3}{0.4 \times 0.4} = -0.172 \text{MPa}$　　（压应力）

第四节　斜截面上的应力

前面研究了轴向拉伸或压缩时，直杆横截面上的正应力。实验表明，拉（压）杆的破坏，并不完全沿横截面发生，有时是沿斜截面破坏的。为了全面了解杆内各截面的应力情况，从中找出哪一截面上的应力达到最大值，以作为强度计算的依据，还需讨论斜截面上的应力。

现考察法线与轴线成 α 角且仍与纸面垂直的斜截面上的应力，如图 2-8（a）所示。设斜截面 k-k 的面积为 A_α，它与横截面面积 A 的关系应为

$$A_\alpha = \frac{A}{\cos\alpha}$$

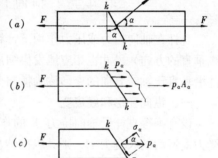

图 2-8

若沿斜截面 k-k 假想地把杆分成两部分，以 p_α 表示斜截面 k-k 上的应力，如图 2-8（b）所示，仿照证明横截面上正应力均匀分布的方法，可知，斜截面上的应力也是均匀分布的。由斜截面 k-k 左边一段杆的平衡条件可知

$$F = p_\alpha A_\alpha$$

$$p_\alpha = \frac{F}{A_\alpha} = \frac{F}{A}\cos\alpha \qquad (a)$$

将式（2-1）代入式（a），得

$$p_\alpha = \sigma\cos\alpha \qquad (b)$$

p_α 称为该斜截面上的总应力。将 p_α 分解为垂直斜截面的正应力 σ_α 和切于斜截面的切应力 τ_α，

$$\sigma_\alpha = p_\alpha\cos\alpha = \sigma\cos^2\alpha \qquad (2\text{-}2)$$

$$\tau_\alpha = p_\alpha\sin\alpha\cos\alpha = \frac{\sigma}{2}\sin2\alpha \qquad (2\text{-}3)$$

可见，σ_α 和 τ_α 都是 α 的函数。斜截面的方位不同，应力也就不同。关于 α、σ_α 和 τ_α 的正负规定如下：

α——从横截面的外法线 n 量起，到斜截面的外法线 n_α 为止，以逆时针转向为正，顺时针转向为负；

σ_α——以拉应力为正，压应力为负；

τ_α——以对所研究的脱离体内任一点的力矩转动方向来确定。以顺时针转向为正，逆时针转向为负。

图 2-8（c）所示的 α、σ_α 和 τ_α 均为正值。

从式（2-2）、式（2-3）可以看出：

当 $\alpha = 0$ 时（即为横截面），τ_α 为零，而 σ_α 达到最大值，且

$$\sigma_{\max} = \sigma$$

当 $\alpha = \pm 45°$ 时，τ_α 分别达到最大和最小值，且

$$\tau_{\max} = \frac{\sigma}{2} \qquad \tau_{\min} = -\frac{\sigma}{2}$$

当 $\alpha = 90°$ 时，$\sigma_\alpha = \tau_\alpha = 0$，这表示在平行于杆轴线的纵向截面上无任何应力。

第五节 轴向拉伸（压缩）时杆件的变形

直杆在轴向拉力或压力作用下，将引起轴线方向的伸长或缩短。同时，其横向（与轴线垂直的方向）尺寸也相应地发生缩短或伸长。杆件沿轴线方向的变形称为纵向变形；杆件沿垂直于轴线方向的变形称为横向变形。以下分别予以讨论：

一、纵向变形和线应变

设有一等直杆受轴向拉力 F 的作用，如图 2-9（a）所示。受拉力前杆件原长为 l，受力变形后的长度为 l_1，则其纵向伸长量为

$$\Delta l = l_1 - l$$

Δl 称为纵向（轴向）变形或绝对伸长。规定 Δl 以伸长为正，缩短为负，其单位为"m"或"mm"。Δl 反映了杆件总的纵向变形量，不能反映杆件的变形程度。为此，将比值

$$\varepsilon = \frac{\Delta l}{l} \tag{2-4}$$

记作 ε，它表示杆件单位长度的伸长，称为线应变（简称应变）。ε 是一个无量纲的量，其正负规定与 Δl 相同，拉伸时 ε 为正，压缩时 ε 为负。

对于受压杆，如图 2-9（b）所示，Δl 与 ε 均为负值。

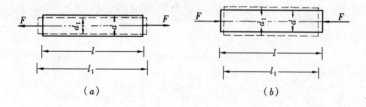

图 2-9

二、胡克定律

实验表明，工程中常用的材料，当杆内应力不超过材料的比例极限（即正应力 σ 与线应变 ε 成正比的最高限度的应力值，详见下一节）时，Δl 与外力 F 及杆件的原长 l 成正

比，与横截面面积 A 成反比，即

$$\Delta l \propto \frac{Fl}{A} \tag{2-5}$$

引进比例常数 E，并注意到 $F = F_N$（F_N 为轴力），上式可改写为：

$$\Delta l = \frac{F_N l}{EA} \tag{2-6}$$

式（2-6）所表达的关系，是英国科学家胡克在 1678 年首先提出的，故称为胡克定律。式中的比例常数 E 称为弹性模量，它表示了材料在受拉（压）时抵抗弹性变形的能力。E 的数值随材料而异，并由试验测定。工程上几种常用材料的弹性模量 E 值可查表 2-1。E 的单位与应力 σ 的单位相同，为兆帕（MPa）或吉帕（GPa），$1\text{GPa} = 10^9 \text{N/m}^2 = 10^9 \text{Pa}$。

由式（2-6）可看出，当轴力 F_N 和长度 l 一定时，乘积 EA 越大，则 Δl 就越小。EA 反映了杆件抵抗拉伸（压缩）变形的能力，故称 EA 为杆件的抗拉（压）刚度。

将式（2-6）改写为：

$$\frac{F_N}{A} = E \frac{\Delta l}{l}$$

并将 $\sigma = \frac{F_N}{A}$ 及 $\varepsilon = \frac{\Delta l}{l}$ 代入上式，可得

$$\sigma = E\varepsilon \tag{2-7}$$

式（2-7）是胡克定律的另一种表达式，它反映了杆内应力不超过材料比例极限时，正应力 σ 与线应变 ε 之间的关系。所以胡克定律又可简述为，当杆内应力不超过材料的比例极限时，应力与应变成正比。式（2-7）不仅适用于受拉（压）杆，而且可以适用于所有的单向应力状态（参看第七章）时的杆件，故又称为单向应力状态下的胡克定律，符合胡克定律的材料称为线弹性材料。

三、横向变形

设拉杆变形前和变形后的横向尺寸，分别为 d 和 d_1，如图 2-9（a）所示，则其横向缩短为：

$$\Delta d = d_1 - d$$

其相应的横向线应变为：

$$\varepsilon' = \frac{\Delta d}{d}$$

实验结果表明，当受拉（压）杆内的应力不超过材料的比例极限时，横向线应变 ε' 与纵向线应变 ε 的绝对值之比为一常数，即

$$\nu = \left|\frac{\varepsilon'}{\varepsilon}\right| \tag{2-8}$$

ν 称为横向变形系数或称为泊松比。它也是一个无量纲的量，其值随材料而异，可由试验测定。

由于杆拉伸时纵向伸长，横向缩短；压缩时纵向缩短，横向伸长，所以 ε 和 ε' 的符号总是相反的，故有

$$\varepsilon' = -\nu\varepsilon \tag{2-9}$$

弹性模量 E 和泊松比 ν 是材料的两个弹性常数。表 2-1 中给出几种常用材料 E 和 ν 的值。

几种常用材料的 E 和 ν 的约值   表 2-1

材 料 名 称	E (GPa)	ν
钢	200~220	0.24~0.30
铝合金	70~72	0.26~0.33
铸铁	80~160	0.23~0.27
混凝土	15~36	0.16~0.20
木材（顺纹）	8~12	
硅石料	2.7~3.5	0.12~0.20

【例 2-4】 如图 2-10 所示一等直钢杆，材料的弹性模量 $E=210\text{GPa}$。试计算：1. 每段杆的伸长；2. 每段杆的线应变；3. 全杆的总伸长。

【解】 先求出每段杆的轴力，并作轴力图，如图 2-10（b）所示。

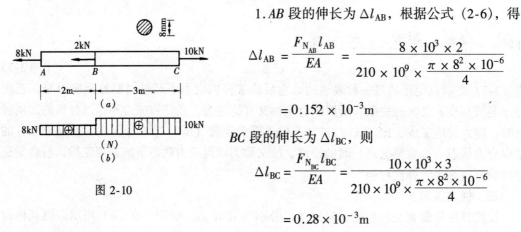

图 2-10

1. AB 段的伸长为 Δl_{AB}，根据公式（2-6），得

$$\Delta l_{AB} = \frac{F_{N_{AB}} l_{AB}}{EA} = \frac{8\times 10^3 \times 2}{210\times 10^9 \times \dfrac{\pi \times 8^2 \times 10^{-6}}{4}}$$

$$= 0.152\times 10^{-3}\text{m}$$

BC 段的伸长为 Δl_{BC}，则

$$\Delta l_{BC} = \frac{F_{N_{BC}} l_{BC}}{EA} = \frac{10\times 10^3 \times 3}{210\times 10^9 \times \dfrac{\pi \times 8^2 \times 10^{-6}}{4}}$$

$$= 0.28\times 10^{-3}\text{m}$$

2. AB 段的线应变 ε_{AB}，根据公式（2-4），即

$$\varepsilon_{AB} = \frac{\Delta l_{AB}}{l_{AB}} = \frac{1.52\times 10^{-3}}{2} = 7.6\times 10^{-4}$$

BC 段的线应变 ε_{BC} 为

$$\varepsilon_{BC} = \frac{\Delta l_{BC}}{l_{BC}} = \frac{2.8\times 10^{-3}}{3} = 9.33\times 10^{-4}$$

3. 全杆总伸长 Δl_{AC} 为

$$\Delta l_{AC} = \Delta l_{AB} + \Delta l_{BC} = 1.52\times 10^{-3} + 2.8\times 10^{-3}$$

$$= 4.32\times 10^{-3}\text{m} = 4.32\text{mm}$$

【例 2-5】 简易支架如图 2-11（a）所示。已知杆 AB 为钢质杆，$A_{AB}=6\text{cm}^2$，$E_{AB}=200\text{GPa}$；杆 BC 为木质杆，$A_{BC}=300\text{cm}^2$，$E_{BC}=10\text{GPa}$。如果荷载 $F=90\text{kN}$，试计算两杆的变形和节点 B 的位移。

【解】 1. 计算两杆的轴力

取节点 B 为研究对象，如图 2-11（b）所示，由静力平衡条件可得

$$\Sigma F_x = 0 \quad -F_{N_{AB}} + F_{N_{BC}} \cdot \cos\alpha = 0$$

$$\Sigma F_y = 0 \quad F_{N_{BC}} \cdot \sin\alpha - F = 0$$

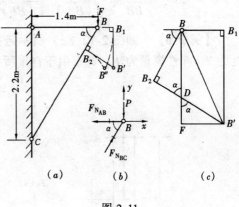

由于

$$\sin\alpha = \frac{2.2}{\sqrt{2.2^2 + 1.4^2}} = 0.843$$

$$\cos\alpha = \frac{1.4}{\sqrt{2.2^2 + 1.4^2}} = 0.536$$

图 2-11

代入上述方程并求解方程，可得

$$F_{N_{AB}} = 57.2\text{kN} \quad （拉） \quad F_{N_{BC}} = 106.8\text{kN} \quad （压）$$

2. 计算两杆的变形

$$\Delta l_{AB} = \frac{F_{N_{AB}} \cdot l_{AB}}{E_{AB} \cdot A_{AB}} = \frac{57.2 \times 10^3 \times 1.4}{200 \times 10^9 \times 6 \times 10^{-4}}$$

$$= 0.667 \times 10^{-3}\text{m} = 0.667\text{mm} \quad （伸长）$$

$$\Delta l_{BC} = \frac{F_{N_{BC}} \cdot l_{BC}}{E_{BC} \cdot A_{BC}} = \frac{106.8 \times 10^3 \times \sqrt{2.2^2 + 1.4^2}}{10 \times 10^9 \times 300 \times 10^{-4}}$$

$$= 0.929 \times 10^{-3}\text{m} = 0.929\text{mm} \quad （缩短）$$

3. 计算 B 点的位移

为了计算 B 点的位移，设想将节点 B 拆开，使杆 AB 伸长 Δl_{AB} 到 B_1 点，BC 杆缩短 Δl_{BC} 到 B_2 点。分别以 A 和 C 为圆心，以 AB_1 和 CB_2 为半径画圆交于 B'' 点，如图 2-11（a）所示。B'' 点就是支架变形后节点 B 的位置。由于小变形（一般杆件的线变形不到杆件原长的千分之一），节点 B 的位移是很微小的。这样，两圆弧段也很短，它们可用分别垂直于 AB_1 和 CB_2 的线段 $\overline{B_1 B'}$ 和 $\overline{B_2 B'}$ 来代替，如图 2-11（a）所示。为便于分析，将节点 B 的位移图放大，如图 2-11（c）所示。由几何关系可得

B 点的水平位移为

$$\overline{BB_1} = \Delta l_{AB} = 0.667\text{mm}$$

B 点的竖直位移为

$$\overline{BF} = \overline{BD} + \overline{DF} = \frac{\overline{BB_2}}{\sin\alpha} + \frac{\overline{B'F}}{\text{tg}\alpha}$$

$$= \frac{\Delta l_{BC}}{\sin\alpha} + \frac{\Delta l_{AB}}{\tan\alpha} = \frac{0.929}{0.843} + \frac{0.667}{0.843/0.536}$$

$$= 1.102 + 0.424 = 1.53\text{mm}$$

故节点 B 的位移 $\overline{BB'}$ 为

$$\overline{BB'} = \sqrt{(\overline{BB_1})^2 + (\overline{BF})^2} = \sqrt{0.667^2 + 1.53^2} = 1.67 \text{mm}$$

【例 2-6】 如图 2-12（a）所示悬挂直杆。已知杆长为 l，截面面积为 A，材料重度为 γ，弹性模量为 E，试求由于自重所引起杆内最大正应力和下端 A 截面的位移。

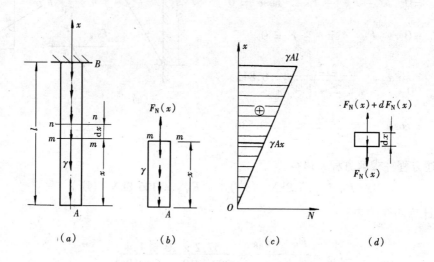

图 2-12

【解】

1. 用截面法求杆内最大正应力，在距下端为 x 处用假想截面 m-m 将杆截开，取下端为脱离体，如图 2-12（b）所示。由静力平衡方程可得轴力为：

$$F_N(x) = \gamma A x$$

根据这一方程可绘制轴力图，如图 2-12（c）所示。可见在自重作用下轴力沿杆长按直线规律变化，最大轴力发生在上端截面（即 $x = l$ 处），其值为：

$$F_{N_{max}} = \gamma A l$$

在 m-m 截面上正应力为

$$\sigma(x) = \frac{F_N(x)}{A} = \frac{\gamma A x}{A} = \gamma x$$

由上式可知，正应力沿杆长亦按直线规律变化，最大正应力也发生在上端的截面上，其值为：

$$\sigma_{max} = \frac{F_{N_{max}}}{A} = \frac{\gamma A l}{A} = \gamma l$$

2. 求 A 截面的位移 Δ_A

截面 A 的位移等于整个杆件由自重所引起的伸长 Δl 值。在自重作用下，不同截面上的轴力是变量，所以不能直接运用胡克定律式（2-6）来计算伸长值，而需先取一微段杆来研究。

在距自由端为 x 处取一微段，长为 dx，以此为脱离体，其受力如图 2-12（d）所示。图中 $F_N(x)$ 是长为 x 的杆段的自重，即 $F_N(x) = \gamma A x$。略去微段自重，即 $dF_N(x) = 0$。这样可认为微段杆内各截面轴力都等于 $F_N(x)$，是常量，于是微段杆的伸长可用胡

克定律计算，即

$$d(\Delta l) = \frac{F_N(x)dx}{EA} = \frac{\gamma_x dx}{E}$$

全杆伸长为

$$\Delta l = \int_0^l d(\Delta l) = \int_0^l \frac{\gamma_x(dx)}{E} = \frac{\gamma l^2}{2E}$$

上式也可写成

$$\Delta l = \frac{(\gamma A l)l}{2EA} = \frac{Fl}{2EA} = \frac{1}{2}(\Delta l)'$$

式中 $(\Delta l)'$ 相当于把全杆自重作为集中力作用在杆端引起的伸长。由此可得到结论，等直杆自重所引起的伸长等于把整个杆的自重作为集中力作用在杆端时所引起伸长的一半。

第六节 材料拉伸、压缩时的力学性质

在对构件进行强度、刚度和稳定性的计算时，还必须知道材料的力学性质。所谓材料的力学性质，是指材料受外力作用时在强度和变形方面所表现的性能。在前面讨论中，曾涉及到材料在轴向拉伸和压缩时的一些力学性质，例如弹性模量 E、横向变形系数 ν 等。这些力学性质都要通过材料的拉伸和压缩试验来测定。

材料的拉伸（压缩）试验，通常在室温下，以缓慢平稳的方式加载（静载荷）进行试验，称为常温静载试验。它是测定材料力学性质的基本试验。低碳钢和铸铁是工程上应用广泛的材料，它们的力学性质又比较典型，故本节主要介绍这两种材料在常温静载下的力学性质。

一、低碳钢拉伸时的力学性质

低碳钢是指含碳量在 0.3% 以下的碳素钢。为了便于比较不同材料的试验结果，试验所用的试件，应按国家标准的规定，将材料做成标准试件。常用的试件有圆截面和矩形截面两种。取试件中间长为 l 的一段作为试验段或称为工作段，

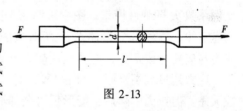

图 2-13

试验时即测量该段的变形量。工作段的长度 l 称为标距，如图 2-13 所示。对圆截面试件，标距 l 与直径 d 有两种比例，即 $l = 5d$ 和 $l = 10d$。

（一）拉伸图和应力—应变图

试验时，将试件两端安装在万能试验机的上、下夹头中，然后开动试验机对试件施加缓慢增加的拉力，使它产生伸长变形，直至最后拉断。拉力 F 的大小可从试验机的示力盘上读出，标距 l 的伸长 Δl 可由变形仪表量测出来。F 与 Δl 有一一对应关系。以 Δl 为横坐标，F 为纵坐标，可画出 F-Δl 曲线，此曲线称为试件的拉伸图。万能试验机上附有绘图设备，可以自动绘出 F-Δl 曲线。图 2-14 为低碳钢试件的拉伸图。

拉伸图中 F 与 Δl 的对应关系与试件的尺寸有关。同一种材料做成粗细、长短不同的试件由拉伸试验所得的拉伸图将有量的差别。为了消除试件尺寸的影响，把拉力 F 除以试件横截面原始面积 A，得出正应力 $\sigma = \dfrac{F}{A}$；同时把伸长量 Δl 除以标距的原始长度 l，得

到应变 $\varepsilon = \dfrac{\Delta l}{l}$。以 σ 为纵坐标，ε 为横坐标，画出 σ 与 ε 的关系曲线，称为材料的应力—应变图或 $\sigma\text{-}\varepsilon$ 曲线，如图 2-15 所示。$\sigma\text{-}\varepsilon$ 曲线已与试件尺寸无关，而只反映材料本身的力学性质，便于不同材料的力学性质比较。$\sigma\text{-}\varepsilon$ 曲线是试件拉伸图的纵横坐标分别除以常量 A 和 l 而得到的图形，只是比例作了改变，故 $\sigma\text{-}\varepsilon$ 曲线形状与 $F\text{-}\Delta l$ 曲线相似。

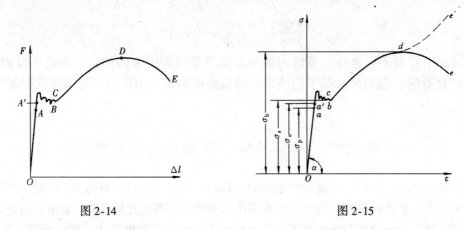

图 2-14　　　　　　　　　　图 2-15

（二）变形发展的四个阶段

根据低碳钢的 $\sigma\text{-}\varepsilon$ 曲线，σ 与 ε 之间的关系可分为四个阶段。下面着重讨论 $\sigma\text{-}\varepsilon$ 曲线各阶段中的几个特殊点及其与之对应的应力值的含义：

1. 弹性阶段（图 2-15 中的 oa' 段）

在拉伸初始阶段，σ 与 ε 的关系为直线段 oa，它表明应力与应变成正比。即

$$\sigma = E\varepsilon$$

比例系数 E 即弹性模量，图中表明 $E = \tan\alpha$，是直线 oa 的斜率。此式所表明的关系即为胡克定律。直线部分最高点 a 所对应的应力值 σ_p，称为比例极限。显然只有 $\sigma \leqslant \sigma_p$ 时，应力与应变才成正比，材料服从胡克定律。

应力超过比例极限后的 aa' 段，是一段很短的微弯曲线，它表明应力与应变间呈非线性关系。但拉力解除后，变形仍可全部消失，这种随拉力的解除而消失的变形，即为弹性变形。a' 点对应的应力值 σ_e 是保证仅出现弹性变形的应力最高限值，称为弹性极限。在 $\sigma\text{-}\varepsilon$ 曲线上，a、a' 两点非常接近，所以在应用上对比例极限和弹性极限通常不作严格区别。

2. 屈服阶段（图 2-15 中 $a'c$ 段）

当应力超过弹性极限后，变形将进入弹塑性阶段。其中一部分是弹性变形，另一部分是塑性变形，即外力解除后不能消失的那部分变形。应力超过弹性极限后，图中出现一段接近水平的锯齿形线段 $a'c$，此时应力基本不变而应变却继续增长。这表明材料已暂时失去抵抗继续变形的能力，这种现象称为"屈服"或"流动"，这一阶段称为屈服阶段或流动阶段。屈服阶段内曲线最低点 b 所对应的应力称为屈服极限或流动极限，以 σ_s 表示，其值相对本阶段其他应力比较稳定。

当材料进入屈服阶段时，若试件表面经过抛光，则可观察到一些与试件轴线约成 $\pi/4$ 角度的条纹，如图 2-16 所示，称为滑移线。它是由于轴向拉伸时 45° 斜面上最大切应力的

作用，使材料内部晶格发生相对滑移的结果。

到达屈服阶段材料将出现显著的塑性变形，对工程构件，一般说来这是不允许的。所以 σ_s 是衡量材料强度的重要指标。低碳钢的屈服极限 σ_s 约为 240MPa。

3. 强化阶段（图 2-15 中 cd 段）

经过屈服阶段后，材料内部结构重新得到了调整，抵抗变形的能力有所恢复。表现为曲线自 c 点开始又继续上升，直到最高点 d 为止，这一现象称为强化，这一阶段称为强化阶段。d 点所对应的应力值 σ_b，是材料所能承受的最大应力，称为强度极限。它是衡量材料强度的另一重要指标。低碳钢的强度极限 σ_b 约为 400MPa。

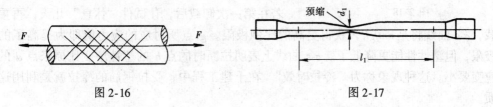

图 2-16 　　　　　　　　　　图 2-17

4. 局部变形阶段（图 2-15 中 de 段）

当应力到达最大值 σ_b 后，σ-ε 曲线开始下降，图中 de 段。此时在试件工作段某一局部范围内开始显著变细，出现所谓颈缩现象，如图 2-17 所示。这一阶段称为局部变形阶段或颈缩阶段。由于颈缩部位截面面积的急剧减小，以致使试件继续变形的拉力 F 反而下降，到 e 点试件被拉断。图 2-15 中的虚线 de' 表示颈缩处的实际应力仍是增长的（de' 线是将颈缩过程中的最小截面积除以 F 后得到的）。

（三）延伸率和截面收缩率

试件拉断后，其变形中的弹性变形消失，仅留下塑性变形，标距的长度由原来的 l 变为 l_1，用百分比表示的比值

$$\delta = \frac{l_1 - l}{l} \times 100\% \tag{2-10}$$

称为延伸率。从式（2-10）看出，塑性变形（$l_1 - l$）越大，则延伸率 δ 也就越大。故延伸率是衡量材料塑性的指标。低碳钢延伸率可高达 20%～30%，所以是塑性很好的材料。

工程上通常按延伸率的大小把材料分成两大类：δ>5% 的材料为塑性材料，如碳钢、黄铜、铝合金等；而将 δ<5% 的材料称为脆性材料，如铸铁、玻璃、陶瓷、石料等。

以 A_1 表示试件拉断后断口的横截面面积，A 为试件原始横截面面积，用百分比表示的比值

$$\psi = \frac{A - A_1}{A} \times 100\% \tag{2-11}$$

称为截面收缩率。ψ 也是衡量材料塑性的指标。低碳钢的 ψ 约为 60%～70%。

（四）卸载定律及冷作硬化

如图 2-18 所示，若将试件拉到强化阶段的 m 点，然后逐渐卸除拉力，可以发现，在卸载过程中应力和应变按直线规律变化，沿直线 mn 回到 n 点，斜直线 mn 近似地平行于直线段 Oa。在卸载过程中，应力和应变关系按直线变化的规律，即为卸载定律。拉力完全卸除后，总应变中相应于 nk 的部分消失了，即为弹性应变，而保留着的相应于 on 的部分，

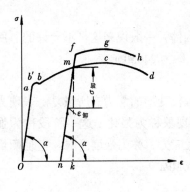

图 2-18

即为塑性应变。

卸载后如果在短期内再次加载,则 σ 与 ε 大致上沿卸载时的直线上升,直到 m 点又沿 mcd 点变化。表明再次加载过程中,直到 m 点变形是弹性的,弹性阶段有所提高。从图 2-18 可以看出,第二次加载过程中,直到过 m 点后才开始出现塑性变形,可见塑性变形有所降低。这种不经过热处理,只是冷拉到强化阶段的某一点,然后卸载,从而使比例极限提高而塑性降低的现象,叫做冷作硬化。

若在第一次卸载后,让试件"休息"几天,再重新加载,σ-ε 曲线将是 $nmfgh$,获得更高的比例极限。g 点所对应的应力值即为提高了的强度极限,但塑性性能更降低了。σ-ε 曲线上表明拉断时的点 h 的塑性应变比原来点 d 的塑性应变要小。这种现象称为"冷拉时效"。在土建工程中,受拉钢筋的冷拉就是利用这一性质。

二、其他塑性材料拉伸时的力学性质

在图 2-19 中,除低碳钢外还有锰钢、硬铝、黄铜三种金属材料的应力—应变曲线。将它们与低碳钢作比较,其中黄铜没有屈服阶段,其他三个阶段都具备;锰钢和硬铝没有屈服阶段和局部变形阶段,只有弹性阶段和强化阶段。

对没有明显屈服阶段的塑性材料,可以把产生 0.2% 塑性应变时的应力,作为屈服极限,并称为名义屈服极限,以 $\sigma_{0.2}$ 来表示,如图 2-20 所示。

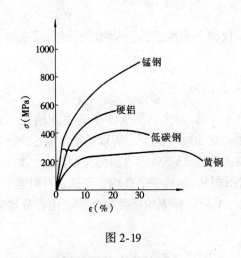

图 2-19　　　　　　　图 2-20

三、铸铁拉伸时的力学性质

铸铁拉伸时的应力—应变关系是一段微弯曲线,如图 2-21 所示。它没有明显的直线部分,应力和应变不成正比关系。在较小的应力时铸铁就会被拉断,没有屈服和颈缩现象,拉断前的变形很小,延伸率也很小。拉断时的强度极限 σ_b 是衡量铸铁强度的惟一指标。一般说,脆性材料抗拉强度都比较低。铸铁试件大体上沿横截面被拉断,如图 2-21 (a) 所示。在一定应力范围内,可用一条割线近似代替原有的曲线,如图 2-21 (a) 中虚线所示,并且认为在这一段中,材料的弹性模量是常数,可以应用胡克定律。

四、低碳钢和其他材料压缩时的力学性质

金属材料压缩试件，一般做成短圆柱体，以免被压弯。试件高度一般为直径的 1.5～3 倍。混凝土、石料等则制成立方体的试块。

将试件置于万能试验机两压座间，使其产生压缩变形，与拉伸试验一样，可以画出材料在压缩时的应力—应变曲线。

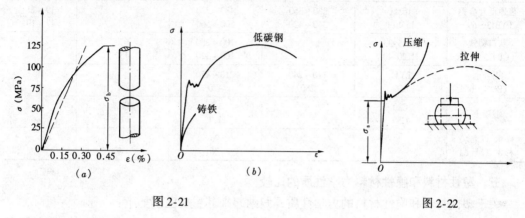

图 2-21　　　　　　　　　　　　图 2-22

低碳钢压缩时的应力—应变曲线如图 2-22 所示。试验结果表明，低碳钢压缩时的弹性模量 E、屈服极限 σ_s 都与拉伸时大致相同。屈服阶段以后，试件越压越扁，横截面面积不断增大，抗压能力也继续提高，因而得不到压缩时的强度极限。由于可以从拉伸试验了解到低碳钢压缩时的主要力学性质，所以对于低碳钢，通常不一定要进行压缩试验。

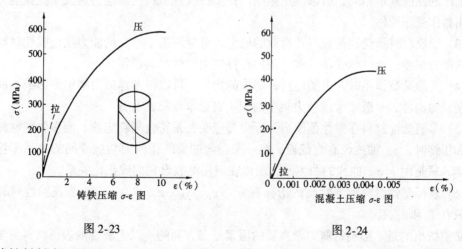

图 2-23　　　　　　　　　　　　图 2-24

脆性材料在压缩时的力学性质与拉伸时有较大的差别。图 2-23 是典型的脆性材料铸铁，在压缩时的应力—应变曲线。试件仍然在较小变形时突然破坏。破坏斜面与轴线约成 35°～45° 的倾角，如图 2-23 所示。这是因为斜面上切应力过大而发生破坏。铸铁抗压强度极限比抗拉强度极限高 4～5 倍，其延伸率也比拉伸时大的多。

图 2-24 是混凝土压缩时的应力—应变曲线。由曲线可以看出，混凝土的抗压强度极限要比抗拉强度极限大十倍左右。

所以，脆性材料宜于作为抗压构件的材料，其压缩试验也比拉伸试验更为重要。

表2-2列出了工程中一些常用材料的力学性质。

常用工程材料拉伸和压缩时的力学性质（常温、静载）　　　表2-2

材料名称	牌号	屈服极限 σ_s (MPa)	拉伸强度极限 σ_b (MPa)	压缩强度极限 σ_b (MPa)	延伸率 δ_s (%)
普通碳素钢 (GB700—88)	Q235	235	375～500		26
普通低合金钢 (YB13—69)	16Mn 15MnV	280～350 340～420	480～520 500～560		19～21 17～19
灰口铸铁 (GB976—67)	HT15-33 HT20-40		100～280 160～320	650 750	
铝合金 (YB604—66)	LY11 LD9	110～240 280	210～420 420		18 13
混凝土	C20 C30		1.6 2.1	13.7 20.6	
松木（顺纹） 杉木（顺纹）			96 76	31 39	

五、塑性材料和脆性材料力学性质的比较

关于塑性材料和脆性材料的力学性质，归纳起来其主要区别如下：

(1) 塑性材料断裂时延伸率大，塑性性能好；脆性材料断裂时延伸率很小，塑性性能很差。所以用脆性材料做成的构件，其断裂破坏总是突然发生的，破坏前无征兆；而塑性材料通常是在显著的形状改变后才破坏。

(2) 多数塑性材料在拉伸和压缩变形时，其弹性模量及屈服极限基本一致，亦即其抗拉和抗压的性能基本相同，所以应用范围广；多数脆性材料抗压能力远大于抗拉能力，所以宜用制作受压构件。

(3) 塑性材料承受动荷载（动荷载的概念，可参阅第十章）的能力强，脆性材料承受动载的能力很差，所以承受动荷载作用的构件应由塑性材料制作。

(4) 受静荷载作用时，由塑性材料制成的构件，可以不考虑应力集中的影响；而脆性材料制成的构件，一般须考虑应力集中的影响（见本章第九节）。

(5) 多数塑性材料在弹性范围内，应力与应变关系符合胡克定律；而多数脆性材料在拉伸和压缩时，σ-ε 曲线没有直线段，是一条微弯的曲线，应力与应变间的关系不符合胡克定律，只是由于 σ-ε 曲线的曲率小，所以在应用上假设它们成正比关系。

(6) 表征塑性材料力学性质的指标有 σ_p、σ_e、σ_b、E、δ、ψ 等；表征脆性材料力学性质只有 E 和 σ_b。

必须指出的是，影响材料力学性质的因素是多方面的。以上所说的表征材料力学性质的一些特征指标，均是常温、静荷载条件下得到的。

第七节　许用应力和安全系数·轴向拉伸和压缩时的强度计算

一、极限应力、许用应力

从前面对材料的力学性质讨论中知道，对于塑性材料，应力达到屈服极限时，会发生

显著的塑性变形；对脆性材料，当应力到达强度极限时，会引起断裂。显然，构件工作时发生较大的塑性变形（使构件不能保持应有的形状和尺寸，从而使构件不能正常工作）或断裂（使构件丧失工作能力），通常都是不允许的。所以 σ_s 和 σ_b 分别称为塑性材料和脆性材料的极限应力，即构件丧失正常工作能力的应力，并用 σ_u 表示。

为了保证构件有足够的强度，它在荷载作用下其工作应力显然应低于极限应力。强度计算中，把极限应力除以一个大于1的系数 n，并将所得结果称为许用应力，用 $[\sigma]$ 来表示，即

$$[\sigma] = \frac{\sigma_u}{n}$$

对塑性材料

$$[\sigma] = \frac{\sigma_s}{n_s} \tag{2-12}$$

对脆性材料

$$[\sigma] = \frac{\sigma_b}{n_b} \tag{2-13}$$

式中 n_s 和 n_b 分别为塑性材料和脆性材料的安全系数。

二、强度条件

为了保证拉（压）杆能正常工作，即具有足够的强度，把许用应力作为工作应力的最高限值，即要求杆件的工作应力 σ 不超过材料的许用应力 $[\sigma]$。于是得到拉（压）杆的强度条件为

$$\sigma = \frac{F_N}{A} \leqslant [\sigma] \tag{2-14}$$

根据以上强度条件，可以解决下列三类的强度计算问题：

（一）强度校核

已知荷载、杆件尺寸及材料的许用应力，根据式（2-14）校核杆件是否满足强度要求。

（二）设计截面

已知荷载及材料的许用应力，确定杆件所需的最小横截面面积。由式（2-14），可得

$$A \geqslant \frac{F_N}{[\sigma]} \tag{2-15}$$

（三）确定许用荷载

已知杆件的横截面面积及材料的许用应力，确定许用荷载。先由式（2-14）确定最大许用轴力

$$F_{N_{max}} = [\sigma]A \tag{2-16}$$

然后由 $F_{N_{max}}$ 与荷载的关系即可求出许用荷载。

三、安全系数

由强度条件可知，许用应力的大小直接影响构件的设计。若安全系数选用得过大，以致许用应力过小，设计的构件尺寸就偏大，增加了材料的用量和构件自重，造成浪费；反之，若安全系数选用得过小，以致许用应力过大，构件尺寸就偏小，可能危及安全。所以

应该权衡经济和安全两方面的要求，作出合理设计。

确定安全系数应考虑的因素，一般有以下几点：

(1) 材料的素质，包括材料的均匀程度、质地好坏、是塑性材料还是脆性材料等；

(2) 荷载情况，包括荷载性质（是静荷载还是动荷载）、荷载数值的准确程度；

(3) 计算方法的准确程度和简化过程的合理性；

(4) 构件的重要性、工作条件及损坏后造成后果的严重性等。

合理地选择安全系数是一个复杂的、关系到安全与经济的重大问题，一般由国家专门机构在规范中作出具体规定。随着科学技术的发展和人类对客观世界认识的逐步深化，安全系数的选择必将日趋合理。

目前在土建工程设计中，常温静载条件下，塑性材料取 $n_s = 1.4 \sim 1.8$；脆性材料取 $n_b = 2.0 \sim 3.0$，当材料均匀性很差时，可取 3.0 以上。一般说来，n_b 比 n_s 更大些，这是由于脆性材料组织的均匀性比塑性材料差，同时脆性材料是以强度极限来确定许用应力，而塑性材料是以屈服极限来确定许用应力，两者危险程度不同。

【例 2-7】 若钢材的许用应力为 $[\sigma] = 170\text{MPa}$，试对[例 2-2]中的支架进行强度校核。

【解】 在[例 2-2]中已经求出支架 AB 和 AC 两杆的工作应力。对 AC 杆

$$\sigma_{AC} = 50.7\text{MPa} < [\sigma]$$

满足强度条件式 (2-14)。对 AB 杆

$$\sigma_{AB} = 173.2\text{MPa} > [\sigma]$$

已经不满足强度条件。不过，支架上的荷载一般是静荷载，且 σ_{AB} 超出许用应力的数值不大，仅为

$$\frac{\sigma_{AB} - [\sigma]}{[\sigma]} = \frac{173.2 - 170}{170} = 2\% < 5\%$$

这种情况在工程实际中还是允许的。若工作应力超出许用应力太多，例如大于 5%，一般应改变设计，使其满足强度条件。

【例 2-8】 如图 2-25 (a) 所示一钢筋混凝土组合屋架，受均布荷载 q 作用。屋架上弦杆 AC 和 BC 由钢筋混凝土制成，下弦杆 AB 为圆截面钢拉杆，其长 $l = 8.4\text{m}$，直径 $d = 22\text{mm}$，屋架高 $h = 1.4\text{m}$，钢的许用应力 $[\sigma] = 170\text{MPa}$，试校核拉杆的强度。

【解】 1. 求支座反力 F_{A_Y} 和 F_{B_Y}

因结构及荷载左右对称，所以

$$F_{A_Y} = F_{B_Y} = \frac{ql}{2} = \frac{1}{2} \times 10 \times 8.4 = 42 \text{ kN}$$

2. 求拉杆的内力 $F_{N_{AB}}$

用截面法取左半个屋架为脱离体，如图 2-25 (b) 所示。设铰 C 处的内力为 V_c 和 H_c。由

$$\Sigma M_C = 0, \quad F_{A_Y} \times \frac{l}{2} - q \times \frac{l}{2} \times \frac{l}{4} - F_{N_{AB}} \times h = 0$$

得

$$F_{N_{AB}} = \frac{1}{h}\left(F_{A_Y} \times \frac{l}{2} - \frac{1}{8}ql^2\right)$$

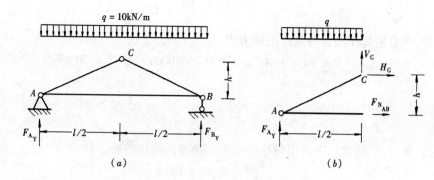

图 2-25

$$= \frac{1}{1.4}\left(42 \times 4.2 - \frac{1}{8} \times 10 \times 8.4^2\right) = 63\text{kN}$$

3. 求拉杆横截面上的正应力 σ

$$\sigma = \frac{F_{N_{AB}}}{A} = \frac{63 \times 10^3}{\frac{\pi}{4}(22 \times 10^{-3})^2} = 165.7\text{MPa}$$

代入式 (2-14)，有

$$\sigma = 165.7\text{MPa} < [\sigma] = 170\text{MPa}$$

故满足强度要求。

【例 2-9】 如图 2-26（a）所示，三角架在节点 B 受铅垂荷载 F 作用，其中钢拉杆 AB 的长 $l_1 = 2\text{m}$，横截面面积 $A_1 = 600\text{mm}^2$，许用应力 $[\sigma]_1 = 160\text{MPa}$；木压杆 BC 的横截面面积 $A_2 = 10000\text{mm}^2$，许用应力 $[\sigma]_2 = 7\text{MPa}$，试确定许用荷载 $[F]$。

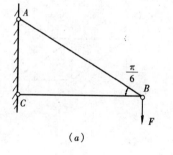

图 2-26

【解】 1. 取节点 B 为脱离体，如图 2-26（b）所示，求出两杆内力与 F 的关系：

$$\left.\begin{array}{l}\Sigma F_X = 0 \quad F_{N_{AB}} \times \cos\dfrac{\pi}{6} = F_{N_{BC}} \\ \Sigma F_Y = 0 \quad F_{N_{AB}} \times \sin\dfrac{\pi}{6} = F\end{array}\right\} \quad (a)$$

联立解之，得

$$F_{N_{AB}} = 2F(\text{拉}) \quad (b)$$

$$F_{N_{BC}} = \sqrt{3}F(\text{压}) \quad (c)$$

2. 根据公式 (2-16) 求出两杆的最大轴力，然后代入式（b）、式（c）求许用荷载。首先，让杆 AB 充分发挥作用，即使其应力达到许用值，其相应的最大轴力为：

$$[F_{N_{AB}}] = [\sigma]_1 \times A_1 = 160 \times 10^6 \times 600 \times 10^{-6} = 96 \times 10^3 N = 96\text{ kN}$$

将此值代入式（b），得

$$[F]_1 = \frac{[F_{N_{AB}}]}{2} = \frac{96}{2} = 48 \text{ kN} \tag{d}$$

再让杆 BC 充分发挥作用，得其许用轴力为：

$$[F_{N_{BC}}] = [\sigma]_2 \times A_2 = 7 \times 10^6 \times 10000 \times 10^{-6} = 70 \text{ kN}$$

代入式（c），得

$$[F]_2 = \frac{[F_N]_2}{\sqrt{3}} = \frac{70}{\sqrt{3}} = 40.4 \text{ kN} \tag{e}$$

比较（d）和（e）两式，应选用较小的作为三角架的许用荷载，即

$$[F] = 40.4 \text{ kN}$$

【例 2-10】 一桁架受力如图 2-27（a）所示。各杆都由两根等边角钢组成。已知材料的许用应力 $[\sigma] = 170\text{MPa}$，试选择 AC 杆和 CD 杆的截面型号。

【解】

结构及荷载左右对称，故有

$$F_{A_Y} = F_{B_Y} = 220\text{kN},$$

且有 $\overline{AC} = \sqrt{4^2 + 3^2} = 5 \text{ m}$

1. 求两杆的轴力　由节点 A 的平衡，如图 2-27（b）所示，由 $\Sigma F_Y = 0$ 得

$$F_{N_{AC}} \sin\alpha = F_{A_Y}$$

$$F_{N_{AC}} = \frac{F_{A_Y}}{\sin\alpha} = \frac{220 \times 5}{3} = 367 \text{ kN}$$

以 1-1 截面以左为分离体，如图 2-27（c）所示，由 $\Sigma M_E = 0$，有

$$F_{N_{CD}} \times 3 = 220 \times 4$$

即

$$F_{N_{CD}} = 293 \text{ kN}$$

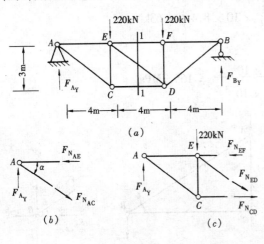

图 2-27

2. 选择两杆的截面　因为 AC、CD 两杆都是由两根角钢组成，所以每根角钢的截面面积可由强度条件分别求得，即

$$\sigma_{AC} = \frac{F_{N_{AC}}}{2A_{AC}} \leqslant [\sigma]$$

$$A_{AC} \geqslant \frac{F_{N_{AC}}}{2[\sigma]} = \frac{367 \times 10^3}{2 \times 170 \times 10^6} = 1.08 \times 10^{-3}\text{m}^2 = 10.8\text{cm}^2$$

查表，AC 杆可选用 2L80×7 等边角钢

$$\sigma_{CD} = \frac{F_{N_{CD}}}{2A_{CD}} \leqslant [\sigma]$$

$$A_{CD} \geqslant \frac{F_{N_{CD}}}{2[\sigma]} = \frac{293 \times 10^3}{2 \times 170 \times 10^6} = 0.862 \times 10^{-3}\text{m}^2 = 8.62\text{cm}^2$$

查表，CD 杆可选用 2L75×6 等边角钢。

第八节 拉伸和压缩超静定问题

在以上所讨论的杆件或杆系结构问题中，它们的约束反力和内力都能通过静力平衡方程而求得，这类问题称为静定问题。但另一种情况是仅用静力平衡方程不能求出全部反力或内力，这类问题称为超静定问题或静不定问题。如图 2-28 所示两端固定杆，在杆的中部受轴向力 F 的作用。由于两固定端反力 F_{A_Y} 和 F_{B_Y} 与力 F 构成共线力系，仅有一个独立的平衡方程，显然不能确定两个未知反力。又如图 2-29 所示的杆系结构，三杆的未知轴力 F_{N_1}、F_{N_2} 和 F_{N_3} 与 F 构成平面汇交力系，但只有两个平衡方程，无法确定三个轴力。由以上两个例子可见，仅由静力平衡方程不能完全确定所有反力和内力，所以均属超静定问题。

在超静定问题中，未知力个数与独立平衡方程个数之差，称为超静定次数。图 2-28 和图 2-29 所示的结构均为一次超静定问题，超过平衡方程个数的未知力称为多余未知力；相应的约束，称为多余约束。

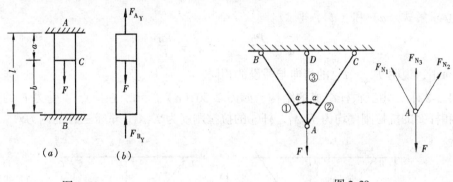

图 2-28   图 2-29

为了求解超静定问题，除了利用静力平衡方程外，还必须建立与超静定次数相同个数的补充方程。由于杆或杆系结构受力所引起的变形应与其约束相适应，因此各杆变形之间存在着相互制约的条件，这种条件就称为变形协调条件或变形相容条件。对于超静定的杆或杆系结构来说，这种条件就是建立补充方程的基础。如图 2-28 所示的 AB 杆，由于上、下两端受到固定约束，两端面不可能有相对线位移，因而杆在受力变形后，其总长度应保持不变，这就是该杆的变形协调条件。表达变形协调条件的几何关系称为变形协调方程或变形几何方程。图 2-28 所示 AB 杆的变形协调方程为：

$$\Delta l = \Delta l_{AC} + \Delta l_{BC} = 0$$

同时，当杆的变形在线弹性范围内时，根据胡克定律，即变形与内力之间的物理关系，将此关系代入变形几何方程，即得到所需的补充方程。将补充方程与静力平衡方程联立求解，就可求出全部未知力。下面通过例题进一步说明超静定问题的具体解法。

【例 2-11】 试求图 2-28（a）所示 AB 杆的轴力。已知杆长为 l，AC 和 BC 两段杆的长度分别为 a 和 b，其抗拉和抗压刚度均为 EA。

【解】

（1）静力方面 由于作用在杆上的荷载 F 是轴向力，所以支座 A、B 处的反力 F_{A_Y}、

F_{B_Y}必定沿杆轴线，假设其指向如图2-28（b）所示。F、F_{A_Y}、F_{B_Y}组成共线力系，只能列出一个独立的平衡方程，即

$$F_{A_Y} + F_{B_Y} = F \qquad (a)$$

有两个未知力F_{A_Y}和F_{B_Y}，仅有一个平衡方程，故为一次超静定问题，必须再建立一个补充方程。

（2）几何方面　在荷载F作用下，AC段伸长为Δl_{AC}，BC段缩短为Δl_{BC}，由于杆件两端固定，受力后总长度应保持不变，所以其变形的几何关系式为

$$\Delta l = \Delta l_{AC} + \Delta l_{BC} = 0 \qquad (b)$$

（3）物理方面　由力与变形的物理关系，即胡克定律，得

$$\Delta l_{AC} = \frac{F_{A_Y}a}{EA}, \qquad \Delta l_{BC} = -\frac{F_{B_Y}b}{EA} \qquad (c)$$

将式（c）代入式（b），即得补充方程为

$$\frac{F_{A_Y}a}{EA} - \frac{F_{B_Y}b}{EA} = 0 \qquad (d)$$

联立求解式（a）和（d），得

$$F_{A_Y} = \frac{Pb}{l}, \qquad F_{B_Y} = \frac{Pa}{l}$$

结果均为正，说明F_{A_Y}、F_{B_Y}的指向与假设的相同。

【例2-12】　由三根杆组成的结构，如图2-30（a）所示。在节点A受力F的作用，设杆①和杆②的抗拉刚度均为E_1A_1，杆③的抗拉刚度为E_3A_3，试求三杆的内力。

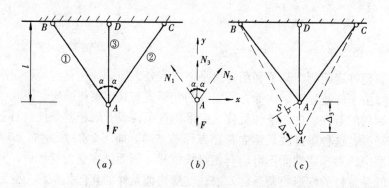

图2-30

【解】　分析该结构的受力情况可知，共有三个未知轴力，这三个轴力和力F组成平面汇交力系，只有两个静力平衡方程，所以是一次超静定问题，需补充一个方程。

（1）静力方面　选取节点A为研究对象，设三杆轴力分别为F_{N_1}、F_{N_2}和F_{N_3}，且均为拉力，如图2-30（b）所示，其平衡方程为：

$$\left.\begin{array}{l} \sum F_X = 0 \quad F_{N_2}\sin\alpha - F_{N_1}\sin\alpha = 0 \\ \sum F_Y = 0 \quad (F_{N_1} + F_{N_2})\cos\alpha + F_{N_3} - F = 0 \end{array}\right\} \qquad (a)$$

（2）几何方面　为了得到各杆之间的变形协调条件，需要假设结构的变形状态，并画

出变形图。由于杆①和杆②的抗拉刚度相同,结构左右对称,所以 A 点将沿铅垂方向(杆③的轴线方向)向下移至 A' 点,如图 2-30(c)所示。位移 AA' 即等于杆③的伸长 Δ_3;由于变形很小,所以可由点 A 作 $A'B$ 的垂线到 S,SA' 就等于杆①的伸长 Δ_1;用同样方法得到杆②的伸长 Δ_2,且 $\Delta_1 = \Delta_2$。在直角三角形 $AA'S$ 中,今由于变形很小,故可令 $\angle AA'S = \alpha$,则 Δ_1 与 Δ_3 之间有下列几何关系:

$$\Delta_1 = \Delta_3 \cos\alpha \qquad (b)$$

上式就是变形协调方程。

(3) 物理方面 由胡克定律,有

$$\Delta_1 = \frac{F_{N_1} l_1}{E_1 A_1} = \frac{F_{N_1} l}{E_1 A_1 \cos\alpha}, \quad \Delta_3 = \frac{F_{N_3} l}{E_3 A_3} \qquad (c)$$

将式(c)代入式(b)得

$$\frac{F_{N_1} l}{E_1 A_1 \cos\alpha} = \frac{F_{N_3} l}{E_3 A_3} \cos\alpha \qquad (d)$$

此式即为所需的补充方程。

将补充方程(d)与平衡方程(a)联立求解,即得:

$$F_{N_1} = F_{N_2} = \frac{F E_1 A_1 \cos^2\alpha}{2 E_1 A_1 \cos^3\alpha + E_3 A_3} \qquad (拉)$$

$$F_{N_3} = \frac{F E_3 A_3}{2 E_1 A_1 \cos^3\alpha + E_3 A_3} \qquad (拉)$$

求得的结果均为正号,说明 F_{N_1}、F_{N_2} 和 F_{N_3} 都是拉力。

【例 2-13】 如图 2-31(a)所示,由刚性杆 AD 以及弹性杆 CE、BF 组成的结构。在 D 点受力 F 的作用,两弹性杆的抗拉(压)刚度分别为 $E_1 A_1$ 和 $E_2 A_2$,长度均为 l。试求两弹性杆的内力和 A 点的支座反力。

【解】 分析结构的受力情况可知,有二个未知轴力以及 A 点有两个未知支座反力。这些未知力与已知力 F 组成的平面一般力系,只有三个平衡方程,所以这是一次超静定问题,需补充一个方程。

(1) 静力方面 取刚性杆 AD 为研究对象。设杆①和杆②的轴力为 F_{N_1} 和 F_{N_2},且 F_{N_1} 为拉力,F_{N_2} 为压力,如图 2-31(b)所示。其平衡方程为:

$$\left. \begin{array}{l} \sum F_X = 0 \quad F_{N_A} + F_{N_2}\cos 60° - F_{N_1}\cos 30° = 0 \\ \sum F_Y = 0 \quad F_{A_Y} + F_{N_2}\sin 60° + F_{N_1}\sin 30° - F = 0 \\ \sum M_A = 0 \quad F_{N_2}\sin 60° \times a + F_{N_1}\sin 30° \times 2a - F \times 3a = 0 \end{array} \right\} \qquad (a)$$

(2) 几何方面 杆①产生拉伸变形,其伸长记作 Δl_1,杆②产生压缩变形,其缩短记作 Δl_2。刚性杆 AD 将绕 A 点顺时针转到 AD' 的位置,如图 2-31(c)所示。由于变形很小,可以认为 B 点和 C 点分别垂直地移到 $B'C'$ 点。自 B' 和 C' 分别作杆②和杆①的垂线,$\overline{BB''}$ 和 $\overline{CC''}$ 分别是杆②和杆①的变形 Δl_2 和 Δl_1,则

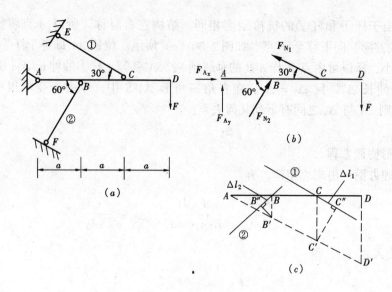

图 2-31

$$\left.\begin{array}{l}\overline{BB'} = \overline{BB''}/\sin 60° = \dfrac{2}{\sqrt{3}}\Delta l_2 \\ \overline{CC'} = \overline{CC''}/\sin 30° = 2\Delta l_1\end{array}\right\} \quad (b)$$

变形协调条件是 $\overline{CC'} = 2\overline{BB'}$，将式（b）代入，可得变形协调方程为：

$$\Delta l_1 = \dfrac{2}{3}\sqrt{3}\Delta l_2 \quad (c)$$

(3) 物理方面 由胡克定律，有

$$\Delta l_1 = \dfrac{F_{N_1} l}{E_1 A_1}, \qquad \Delta l_2 = \dfrac{F_{N_2} l}{E_2 A_2} \quad (d)$$

将式（d）代入式（c）得

$$F_{N_1} = \dfrac{2}{3}\sqrt{3}\dfrac{E_1 A_1}{E_2 A_2}F_{N_2} \quad (e)$$

这就是所需的补充方程。

联立平衡方程（a）和补充方程（e），可解得

$$F_{N_1} = \dfrac{12 E_1 A_1}{4 E_1 A_1 + 3 E_2 A_2} F \quad (拉)$$

$$F_{N_1} = \dfrac{6\sqrt{3} E_2 A_2}{4 E_1 A_1 + 3 E_2 A_2} F \quad (压)$$

$$F_{A_x} = \dfrac{3\sqrt{3}(2 E_1 A_1 - E_2 A_2)}{4 E_1 A_1 + 3 E_2 A_2} F$$

$$F_{A_y} = -\dfrac{2 E_1 A_1 + 6 E_2 A_2}{4 E_1 A_1 + 3 E_2 A_2} F$$

结果表明，对于超静定结构，各杆内力的大小与各杆的抗拉（压）刚度成正比。

从以上解题过程可以看出，求解拉（压）超静问题一般须从几何关系、物理关系和静力平衡三个方面来考虑。但关键是根据具体问题建立变形协调条件和变形几何方程。

第九节 应力集中的概念

本节主要讨论应力集中的概念对杆件强度的影响。等截面直杆受轴向拉伸或压缩时，横截面上的应力分布是均匀的。由于实际需要，有些零件必须有切口、切槽、油孔、螺纹等，以致在这些部位上截面尺寸发生突然变化。实验结果表明，在零件尺寸突然改变的横截面上，应力并不是均匀分布的。例如开有圆孔或切口的板条受拉时，在圆孔或切口附近的局部区域内，应力将急剧增加，但在离开圆孔或切口稍远处，应力就迅速降低而趋于均匀，如图 2-32（a）、（b）所示。这种因杆件外形突然变化，而引起局部应力急剧增大的现象，称为应力集中。

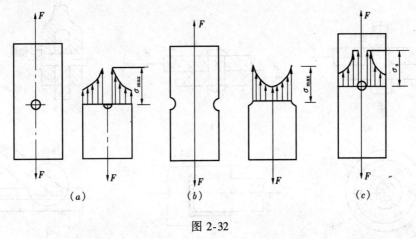

图 2-32

设发生应力集中的截面上最大应力为 σ_{max}，同一截面按削弱后的净面积计算的平均应力为 σ_0，则比值

$$K = \frac{\sigma_{max}}{\sigma_0}$$

称为理论应力集中系数。它反映了应力集中的程度，是一个大于 1 的系数。实验结果表明：截面尺寸改变得越急剧，角越尖、孔越小，应力集中的程度就越严重。因此，零件上应尽可能地避免带尖角的孔和槽。在阶梯轴的轴肩处要用圆弧过渡，而且尽量使圆弧半径大一些。

各种材料对应力集中的敏感程度并不相同。塑性材料有屈服阶段，当局部的最大应力 σ_{max} 达到屈服极限 σ_s 时，该处材料的变形可以继续增长，而应力却不再加大。如外力继续增加，增加的力就由截面上尚未屈服的材料来承担，使截面上其他点的应力相继增加到屈服极限，如图 2-32（c）所示。这就使截面上的应力逐渐趋于平均，降低了不均匀程度，也限制了最大应力 σ_{max} 的数值。因此，用塑性材料制成的构件在静荷载作用下，可以不考虑应力集中的影响。对脆性材料来说，因材料没有屈服阶段，当局部最大应力达到强度极限 σ_b 时，该处首先断裂，很快导致整个构件破坏。所以应力集中使组织均匀的脆性材料的承载能力大为降低。这样，即使在静荷载作用下，也须考虑应力集中的影响。但须指出，对于铸铁这一类组织不均匀的材料，其内部的不均匀性和缺陷往往是产生应力集中的主要因素，而构件外形改变所引起的应力集中就可能成为次要因素，对构件承载能力不一定造成明显的影响。对于在静荷载作用下，可以不考虑应力集中的构件，对具有孔洞的横截面，就将平均应力 σ_0 作为它的工作应力。

当构件受交变应力作用时（见第十章），则不论何种材料都应考虑应力集中的影响。

第十节 连接件的强度计算

在工程中，经常需要把构件相互连接起来，图 2-33 所示为常见的一些连接，也称接头。在这些连接中，螺栓、铆钉、销轴、键等都是起连接作用的部件，称为连接件。

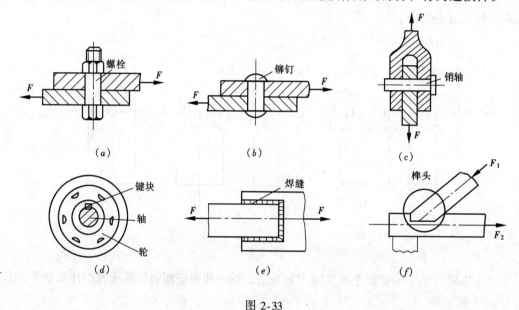

图 2-33

（a）螺栓连接；（b）铆钉连接；（c）销轴连接；（d）键连接；（e）焊接；（f）榫齿连接

连接件在工作中主要承受剪切和挤压。如图 2-34（a）所示为两块钢板用铆钉连接并受拉力 F 作用。铆钉的受力简图如图 2-34（b）所示，其受力特点是：在铆钉的两侧面上受到大小相等、方向相反、作用线相距很近而且垂直于铆钉轴线的两个外力 F 作用。在这样的外力作用下，铆钉的主要变形特点是：铆钉将沿两外力作用线之间的截面 m-m 发

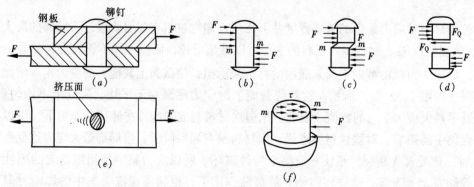

图 2-34

生相对错动，如图 2-34（c）所示。铆钉的这种变形称为剪切变形，发生相对错动的截面 m-m 称为剪切面或受剪面，剪切面与外力的作用线平行。当外力足够大时铆钉将沿剪切面被剪断。

同时，在铆钉与钢板相互接触的侧面上，会发生彼此间的相互压紧，这种局部承压现象称为挤压。相互接触面称为挤压面，挤压面与外力的作用线垂直。当挤压面传递的压力较大时，就会在局部区域产生显著的塑性变形。如图 2-34（e）所示，钢板的圆孔被铆钉压成椭圆孔的情形。

此外，钢板在横截面由于钉孔而削弱了面积，所以钢板有可能在该截面处被拉断。

在连接件工作时，剪切和挤压是同时发生的，它们都有可能导致连接破坏。本章主要讨论连接件的强度计算问题。

由于螺栓、铆钉、销轴等连接件，体积虽小但其受力及变形却很复杂，要用精确的理论方法分析其应力是非常困难的。工程中常根据实践经验和构件受力特点，作出一些假设进行简化计算，称为实用计算法。

一、剪切的实用计算

现在研究图 2-34（b）所示的铆钉剪切的强度计算问题。为此，首先要计算铆钉在剪切面上的内力。应用截面法将铆钉假想地沿 m-m 面截开，并取其中一部分为研究对象，如图 2-34（d）所示。根据平衡条件可知，在剪切面上的内力主要是切向内力，称为剪力，用 F_Q 表示。由平衡条件可得

$$F_Q = F$$

剪力 F_Q 是由剪切面上各点处切应力 τ 所组成，τ 与 F_Q 同向，即与剪切面相切，如图 2-34（f）所示。由于实际变形比较复杂，很难确定剪应力在剪切面上的分布规律，工程上往往采用实用计算的方法，即假设切应力 τ 在剪切面上是均匀分布的。按此假设计算的切应力称为名义切应力，实质上是剪切面上的平均切应力。即

$$\tau = \frac{F_Q}{A} \tag{2-17}$$

式中：F_Q 为剪切面上的剪力；A 为剪切面的面积。

为了保证铆钉不被剪断，要求铆钉在工作时剪切面上的切应力 τ 不得超过材料的许用切应力 $[\tau]$，因此其剪切强度条件为

$$\tau = \frac{F_Q}{A} \leqslant [\tau] \tag{2-18}$$

材料的许用切应力 $[\tau]$ 由剪切试验确定。仿照连接件实际受力情况进行试验，测出破坏荷载 F_u，得到极限剪力 F_{Qu}，再由式（2-17）计算出剪切极限应力 τ_u，然后除以大于 1 的安全系数 n，即可得到材料的许用切应力 $[\tau]$。各种材料的许用切应力 $[\tau]$ 可从有关手册中查得。对于钢材，其许用切应力 $[\tau]$ 与许用拉应力 $[\sigma]$ 之间有以下关系：

$$[\tau] = (0.6 \sim 0.8)[\sigma]$$

用剪切强度条件式（2-18），可以解决强度校核、截面设计、确定许用荷载等三方面的强度计算问题。

二、挤压的实用计算

连接件除承受剪切外，在连接件和被连接件的接触面上还将承受挤压。所以，对连接

件还要进行挤压的强度计算。

挤压面上的压力称为挤压力，用 F_{bs} 表示，其大小可根据被连接件所受的外力，由静力平衡条件求得；在挤压面上发生的变形称为挤压变形；挤压面上的应力称为挤压应力，用 σ_{bs} 表示。挤压应力 σ_{bs} 与直杆压缩时的压应力 σ 不同，压应力 σ 遍及整个杆件的内部，在横截面上是均匀分布的。挤压应力 σ_{bs} 则只限于接触面附近的局部区域，而且在接触面上的分布情况比较复杂。因此，在工程上通常采用挤压的实用计算方法，即假设挤压应力在挤压面上是均匀分布的。这样得出的挤压应力为平均挤压应力或名义挤压应力。其计算式为：

$$\sigma_{bs} = \frac{F_{bs}}{A_{ps}} \qquad (2\text{-}19)$$

式中　F_{bs}——挤压面上的挤压力；
　　　A_{bs}——计算挤压面面积。

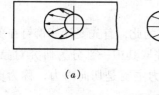
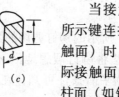

图 2-35

当接触面为平面（如图 2-33d 所示键连接中键与轴或轮毂间的接触面）时，计算挤压面面积就是实际接触面的面积。当接触面为半圆柱面（如铆钉或螺栓连接中铆钉与钢板间的接触面）时，计算挤压面面积取为实际接触面在直径平面上的投影面积，即 $A_{bs} = td$，如图 2-35（c）所示。理论分析的结果表明，在接触面上，板与钉之间挤压应力的分布情况如图 2-35（a）、（b）所示，最大应力发生在半圆柱形接触面的中点。而按式（2-19）所得的名义挤压应力与理论分析所得最大应力大致相等。

为了保证挤压面不产生过大的塑性变形，挤压强度条件是

$$\sigma_{bs} = \frac{F_{bs}}{A_{bs}} \leqslant [\sigma_{bs}] \qquad (2\text{-}20)$$

式中　$[\sigma_{bs}]$——材料的许用挤压应力。由实验测定，可以从有关设计手册中查到。

对于钢材，其许用挤压应力 $[\sigma_{bs}]$ 与许用拉应力 $[\sigma]$ 之间有如下关系：

$$[\sigma_{bs}] = (1.7 \sim 2)[\sigma]$$

应当注意，挤压应力是在连接件和被连接件之间相互作用的。因此，当两者材料不同时，应校核其中许用挤压应力较低的材料的挤压强度。

【例 2-14】　如图 2-36（a）所示为铸铁制的皮带轮。已知皮带轮传递的力偶矩 $m = 350\,\text{N}\cdot\text{m}$，轴的直径 $d = 40\,\text{mm}$，键的尺寸 $b = 12\,\text{mm}$，$h = 8\,\text{mm}$，$l = 35\,\text{mm}$。若键材料的许用切应力 $[\tau] = 60\,\text{MPa}$，铸铁的许用挤压应力 $[\sigma_{bs}] = 80\,\text{MPa}$。试校核键的强度。

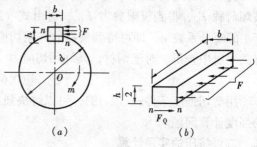

图 2-36

【解】 由于力偶矩 m 作用，使键受到 F 力作用。对轴心 O 取矩，由平衡方程 $\Sigma M_O = 0$ 得

$$F \times \frac{d}{2} = m$$

所以
$$F = \frac{2m}{d}$$

1. 校核键的剪切强度

将键沿 n-n 截面假想地分成两部分，并取 n-n 以上部分来研究，如图 2-36（b）所示。由平衡条件 $\Sigma F_X = 0$ 得键所受的剪力为：

$$F_Q = F = \frac{2m}{d}$$

其剪切面面积 $A = bl$，代入式（2-18），得

$$\tau = \frac{F_Q}{A} = \frac{2m}{bld} = \frac{2 \times 350}{12 \times 35 \times 40 \times 10^{-9}} = 41.7 \text{MPa} < [\tau]$$

可见键满足剪切强度条件。

2. 校核挤压强度

挤压发生在键和轴及键和皮带轮之间，通常键和轴为钢制，皮带轮为铸铁制，由于铸铁的抗挤压能力比钢差，故应校核皮带轮的挤压强度。注意到皮带轮所受的挤压力和挤压面与键相同。由图 2-36（b）可知皮带轮所受的挤压力 $F_{bs} = F = \frac{2m}{d}$，挤压面面积为 $A_{bs} = \frac{h}{2} \cdot l$。由式（2-20）得皮带轮上的挤压应力为：

$$\sigma_{bs} = \frac{F_{bs}}{A_{bs}} = \frac{4m}{hld} = \frac{4 \times 350}{8 \times 35 \times 40 \times 10^{-9}} = 125 \text{MPa} > [\sigma_{bs}]$$

故挤压强度不够。为此，应根据挤压强度重新计算键的长度 l。于是由

$$\sigma_{bs} = \frac{4m}{hld} \leq [\sigma_{bs}]$$

可得

$$l \geq \frac{4m}{hd[\sigma_{bs}]} = \frac{4 \times 350}{8 \times 40 \times 80} = 0.055 \text{m} = 55 \text{mm}$$

选取 $l = 55 \text{mm}$。

【例 2-15】 如图 2-37（a）所示某起重机吊具，它由销钉将吊钩的上端与吊板连接而成，起吊重物为 F。已知：$F = 40 \text{kN}$，销钉直径 $d = 22 \text{mm}$，吊钩厚度 $t = 20 \text{mm}$。销钉许用应力：$[\tau] = 60 \text{MPa}$，$[\sigma_{bs}] = 120 \text{MPa}$。试校核销钉的强度。

【解】 1. 剪切强度校核

销钉受力如图 2-37（b）所示，剪切面有两个 m-m 和 n-n，这种剪切称为"双剪"。由

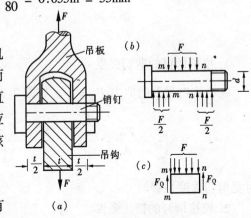

图 2-37

截面法可求得这两个面（图2-37c）上的剪力各为：

$$F_Q = \frac{F}{2}$$

每一个剪切面面积 $A = \frac{\pi d^2}{4}$，代入式（2-18）得：

$$\tau = \frac{F_Q}{A} = \frac{\frac{F}{2}}{\frac{\pi d^2}{4}} = \frac{2F}{\pi d^2} = \frac{2 \times 40 \times 10^3}{\pi (22 \times 10^{-3})^2} = 52.6 \text{MPa} < [\tau]$$

故安全。

2. 挤压强度校核

销钉与吊钩及吊板均有接触，所以在销钉的上、下两侧面上都有挤压应力，且大小相等（图2-37b），校核销钉与吊钩之间的挤压强度。

挤压力 $F_{bs} = F$，挤压面面积 $A = td$，代入式（2-20）得：

$$\sigma_{bs} = \frac{F_{bs}}{A_{bs}} = \frac{F}{td} = \frac{40 \times 10^3}{20 \times 22 \times 10^{-6}} = 91 \text{MPa} < [\sigma_{bs}]$$

故安全。

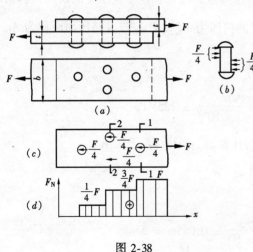

图 2-38

【例 2-16】 如图2-38（a）所示一铆钉接头，受拉力 F 作用。已知：$F = 100$kN，钢板厚 $t = 10$mm，宽 $b = 100$mm，4个铆钉直径 $d = 22$mm，材料的许用应力 $[\tau] = 130$MPa，$[\sigma_{bs}] = 320$MPa，$[\sigma] = 160$MPa。试对此铆钉接头进行强度校核。

【解】 如果铆钉接头处各钉的直径相同，材料相同且外力作用线通过该组铆钉的截面形心时，可以假定每个铆钉受力相等。所以，在具有 n 个铆钉的接头上作用的外力为 F 时，每个铆钉所受到的力等于 $\frac{F}{n}$。

1. 校核铆钉的剪切强度

每个铆钉受到的剪力 $F_Q = \frac{F}{4}$，如图2-38（b）所示。按式（2-18）得

$$\tau = \frac{F_Q}{A} = \frac{\frac{F}{4}}{\frac{\pi d^2}{4}} = \frac{F}{\pi d^2} = \frac{100 \times 10^3}{\pi (22 \times 10^{-3})^2} = 65.8 \text{MPa} < [\tau]$$

可见剪切强度足够。

2. 校核铆钉的挤压强度

挤压力 $F_{bs} = \dfrac{F}{4}$，按式（2-20）得：

$$\sigma_{bs} = \dfrac{F_{bs}}{A_{bs}} = \dfrac{\dfrac{F}{4}}{td} = \dfrac{F}{4td} = \dfrac{100 \times 10^3}{4 \times 10 \times 22 \times 10^{-6}} = 113.6\text{MPa} < [\sigma_{bs}]$$

可见，挤压强度足够。

3. 校核钢板的拉伸强度

两块钢板受力情况相同。现取上面的一块来研究，其受力图和相应的轴力图如图 2-38（c）、（d）所示。由图可见，在钢板的 1-1 截面上轴力最大，2-2 截面上的横截面面积最小，最大拉应力可能出现在这两个截面上，需要对此进行强度校核。如不考虑应力集中的影响，则 1-1 截面上的名义拉应力为：

$$\sigma_1 = \dfrac{F_{N_1}}{A_1} = \dfrac{F}{(b-d)t} = \dfrac{100 \times 10^3}{(100-22) \times 10 \times 10^{-6}} = 128.2\text{MPa} < [\sigma]$$

2-2 截面上的名义拉应力为：

$$\sigma_2 = \dfrac{F_{N_2}}{A_2} = \dfrac{\dfrac{3}{4}F}{(b-2d)t} = \dfrac{\dfrac{3}{4} \times 100 \times 10^3}{(100-2 \times 22) \times 10 \times 10^{-6}} = 133.9\text{MPa} < [\sigma]$$

可见，钢板也是安全的。

本 章 小 结

1. 轴向拉伸和压缩是杆件的一种简单、基本的变形形式。其受力特征是，外力合力作用线与杆轴线重合；其变形特征是，杆件沿轴线方向伸长或缩短。

2. 轴向拉（压）杆的内力、应力、变形、应变等是本章研究的重点问题，要理解它们的意义和计算方法。

（1）内力计算通常采用截面法。其方法实质是，为了显示和计算内力，必须假想地用截面把杆件截开，分成两部分，内力便转化为外力而显示出来，这样就可用静力平衡条件将它计算出。要掌握求内力的步骤并能熟练地画出轴力图。

（2）应力是截面上分布内力集度。由已知杆件轴力求应力时，除了要应用静力关系（静力学求合力的条件）外，还要根据杆件的变形规律来了解应力的分布规律，才能解决问题。而杆件变形的规律又是通过观察杆件表面的变形现象，作出平面假设后推知的，这一研究问题的方法要求理解和掌握。

（3）轴向拉（压）杆的变形是指它的伸长或缩短；应变是度量变形程度的一个重要的相对变形量。应变在截面上的分布规律通常称为变形的几何关系。要注意正应力和正应变是互相对应的。

（4）应力和应变间的关系，通常称为物理关系，可以由实验得到。由于工程设计中，一般规定材料的许用应力都小于比例极限，所以在解决问题时通常假设应力与应变是成线性关系的，即服从胡克定律。

3. 关于材料的力学性质研究是一个很重要的问题，它不但是工程力学的基础，也是工程实践的重要内容。应着重了解低碳钢在拉伸时的力学性质，各个阶段的特点及表征力学性质的特征指标。要了解塑性材料和脆性材料的主要差别。

4. 强度计算是工程设计的主要内容。强度条件 $\sigma = \dfrac{F_N}{A} \leqslant [\sigma]$，是一个将应力计算公式与由实验测定的各种常用材料的力学性质相联系的，即理论与实验相结合的计算公式。应理解强度条件的意义和掌握三类问题的强度计算。

5. 仅用静力平衡方程不能求解的问题，称为超静定问题。超静定问题必须综合考虑几何、物理、静力学三方面条件才能求解。其中找变形几何关系和建立补充方程是解决超静定问题的关键。

6. 连接件在承受剪力变形的同时，还承受挤压变形。由于连接件的实际受力和变形一般都很复杂，精确分析非常困难。因此，在工程中通常采用"假定计算"的方法，即连接杆的实用计算。

（1）剪切的实用计算：假设剪切面上的剪应力均匀分布。由此得剪切强度条件为：

$$\tau = \frac{F_Q}{A} \leqslant [\tau]$$

（2）挤压的实用计算：假设挤压面上的挤压应力均匀分布。由此得挤压强度条件为：

$$\sigma_{bs} = \frac{F_{bs}}{A_{bs}} \leqslant [\sigma_{bs}]$$

思 考 题

2-1 轴向拉（压）变形的外力作用条件是什么？其变形有什么特征？

2-2 什么是轴力？怎样用截面法求轴向拉（压）杆的轴力？它与理论力学中，对物体作受力分析取脱离体的实质是否相同？试作一比较。

2-3 结合材料力学研究方法，指出轴向拉（压）杆正应力公式 $\sigma = \dfrac{F_N}{A}$ 是怎么得到的？适用条件是什么？它是否必须在 $\sigma \leqslant \sigma_P$ 时才能应用？

2-4 怎样通过材料力学试验绘制试件拉伸图（或压缩图）和材料的 σ-ε 图及其特点？两种图有什么联系与区别？

2-5 什么是胡克定律及其适用范围？是否所有固体材料都符合胡克定律？

2-6 有一低碳钢试件，测得其应变 $\varepsilon = 0.002$，是否可由 $\sigma = E\varepsilon$ 式计算其正应力 σ（低碳钢的 $\sigma_P = 200\text{MPa}$，$E = 200\text{GPa}$），并说明理由。

2-7 在静荷载作用下，用小试件测定的材料力学性质，可直接用于实际构件，其依据是什么？

2-8 碳钢一类的塑性材料，其应力达到 σ_s 时材料并不毁坏，而都把 σ_s 作为塑性材料的强度指标，其理由是什么？有一构件由于受力过大，而产生不可恢复的变形，是属于强度问题这一说法对吗？并说明理由。

2-9 E 和 ν 各代表什么？简述它们的物理意义。

2-10 如何度量材料的塑性性质？

2-11 塑性材料和脆性材料的主要区别是什么？

2-12 为什么说 $\sigma = \dfrac{F_N}{A} \leqslant [\sigma]$ 是理论与实验相结合的计算公式？强度条件可用来解决工程设计计算中的哪些问题？

2-13 怎样确定材料的许用应力？安全系数的选择与哪些因素有关？

2-14 列出超静定问题的变形协调条件时，要注意依据哪些原则？

2-15 更换静结构中部分杆件的材料，而其他条件保持不变时，结构中的内力有无变化？对超静结构又将如何？

2-16 挤压与压缩有什么区别？为什么许用挤压应力比许用压缩应力大？

2-17 在工程设计中，对于铆钉、销钉等圆柱形连接件以及被连接件圆孔处的挤压强度问题，为什么可以采用"直径截面"，而不是用直接受挤压的半圆柱面来计算挤压应力呢？

2-18 试指出图 2-39 所示各连接中的剪切面、挤压面和拉断面的位置。(a) 拉伸试件；(b) 榫接头；(c) 汽轮机叶片根部。

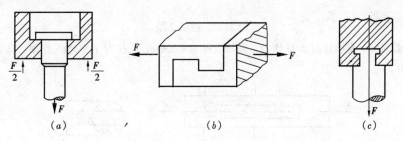

图 2-39 思考题 2-18 图

2-19 在图 2-40 所示铆接中，力是怎样传递的？如何分析主板和盖板的强度？若板与铆钉的材料相同，铆钉的直径均为 d，问要满足哪些强度条件，才能保证整个铆接结构的安全？

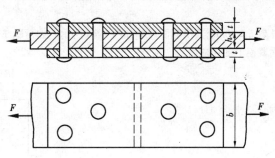

图 2-40 思考题 2-19 图

习 题

2-1 求图 2-41 所示各杆 1-1、2-2、3-3 截面的轴力；作出各杆轴力图。

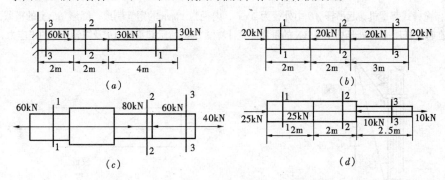

图 2-41 题 2-1 图

2-2 求图 2-42(a) 所示等直杆 1-1、2-2、3-3 截面的轴力，并作轴力图。如横截面面积 $A=$

400mm², 求各横截面上的应力。求图 2-42 (b) 所示阶梯状直杆 1-1、2-2、3-3 截面的轴力, 并作轴力图。如横截面面积 $A_1 = 200$mm², $A_2 = 300$mm², $A_3 = 400$mm², 求各横截面上的应力。

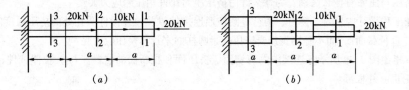

图 2-42 题 2-2 图

2-3 圆截面杆上有槽如图 2-43 所示, 圆杆直径 $d = 20$mm, 受拉力 $F = 15$kN 作用, 试求 1-1 和 2-2 截面上的应力。

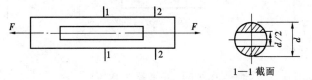

图 2-43 题 2-3 图

2-4 在图 2-44 所示结构中, 所有各杆都是钢制的, 横截面面积均等于 3000mm², 力 F 等于 100kN, 试求各杆的正应力。

2-5 石砌桥墩的墩身高 $h = 10$m, 其横截面尺寸如图 2-45 所示。如荷载 $F = 1000$kN, 材料的容重 $\gamma = 23$kN/m³, 求墩身底部横截面上的压应力。

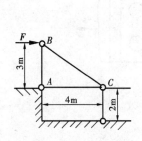

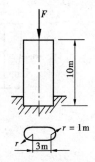

图 2-44 题 2-4 图   图 2-45 题 2-5 图

2-6 桅杆式起重机, 起吊杆 AB 由外径为 20mm, 内径为 18mm 的钢管制成, 绳索 BC 上的横截面面积为 10mm², 在起重杆顶端 B 处悬挂 $F = 2$kN 的重物。试计算图 2-46 所示起重杆 AB 及绳索 BC 的正应力。

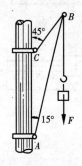

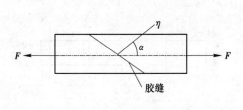

图 2-46 题 2-6 图   图 2-47 题 2-7 图

2-7 图 2-47 所示为胶合而成的等截面轴向拉杆，杆的强度由胶缝控制，已知胶的许用切应力 $[\tau]$ 为许用正应力 $[\sigma]$ 的 1/2。问 α 为何值时，胶缝处的切应力和正应力同时达到各自的许用应力。

2-8 变截面直杆如图 2-48 所示。已知：$A_1 = 800\text{mm}^2$，$A_2 = 400\text{mm}^2$，$E = 200\text{GPa}$。求杆的总伸长 Δl。

2-9 等直杆如图 2-49 所示。已知：$A = 200\text{mm}^2$，$E = 200\text{GPa}$，求各段杆的应变、伸长及全杆的总伸长。

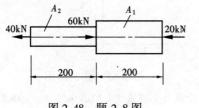

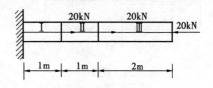

图 2-48 题 2-8 图　　　　　　　　图 2-49 题 2-9 图

2-10 已知钢和混凝土的弹性模量分别为 $E_g = 200\text{GPa}$，$E_h = 28\text{GPa}$，一钢杆和混凝土杆分别受轴向压力作用，试问：

(1) 当两杆应力相等时，混凝土杆的应变 ε_h 为钢杆的应变 ε_g 的多少倍？

(2) 当两杆应变相等时，钢杆的应力 σ_g 为混凝土杆的应力 σ_h 的多少倍？

(3) 当 $\varepsilon_g = \varepsilon_h = -0.001$ 时，两杆的应力各是多少？

2-11 一根圆截面等直钢杆，已知：直径 $d = 10\text{mm}$，$E = 210\text{GPa}$，泊松比 $\nu = 0.3$，在轴向拉力 F 作用下，直径减小 0.0025mm，试求轴向拉力 F 的大小。

2-12 如图 2-50 所示，打入黏土中的木桩长为 l，顶上荷载为 F。设荷载全由摩擦力承担，且沿木桩单位长度内的摩擦力 f 按抛物线 $f = Ky^2$ 变化，其中 K 为常数。若 $F = 420\text{kN}$，$l = 12\text{m}$，$A = 64000\text{mm}^2$，$E = 10\text{GPa}$，试确定常数 K，并求木桩的缩短值。

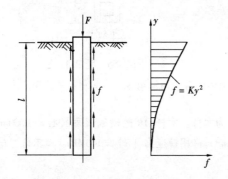

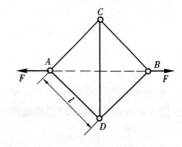

图 2-50 题 2-12 图　　　　　　　　图 2-51 题 2-13 图

2-13 一正方形铰接体系，由五根同材料的等截面直杆组成，如图 2-51 所示。在节点 A、B 受一对力 F 的作用。已知：F、E、A、l，试求 A、B 两点的相对位移值。

2-14 用钢索起吊一钢管如图 2-52 所示。已知钢管重量 $W = 10\text{kN}$，钢索直径 $d = 40\text{mm}$，许用应力 $[\sigma] = 10\text{MPa}$，试校核钢索的强度。

2-15 两杆铰接体系如图 2-53 所示。在节点 A 受力 F 的作用。设 AB 为圆截面钢杆，直径 $d = 10\text{mm}$，杆长 $l_1 = 2\text{m}$；AC 为空心圆管，截面积 $A_2 = 50 \times 10^{-6}\text{m}^2$，$l_2 = 1.5\text{m}$，已知 $F = 10\text{kN}$，$[\sigma] = 160\text{MPa}$，试校核该体系的强度。

2-16 一块厚 10mm，宽 200mm 的旧钢板，其截面被直径 $d = 20\text{mm}$ 的圆孔所削弱，圆孔的排列对称于杆轴线，如图 2-54 所示。现用此钢板承受轴向拉力 $F = 200\text{kN}$。如材料的许用应力 $[\sigma] = 170\text{MPa}$，试校核钢板的强度。

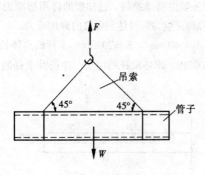
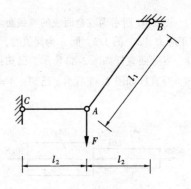

图 2-52　题 2-14 图　　　　　　　图 2-53　题 2-15 图

2-17　一正方形截面的阶形混凝土柱如图 2-55 所示。设混凝土容重 $\gamma = 20 \mathrm{kN/m^3}$，$F = 100 \mathrm{kN}$，许用应力 $[\sigma] = 2 \mathrm{MPa}$。试根据强度条件选择截面宽度 a 和 b。

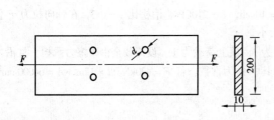
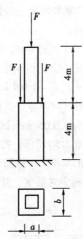

图 2-54　题 2-16 图　　　　　　　图 2-55　题 2-17 图

2-18　一结构受力如图 2-56 所示，杆件 AB、AD 均由两根等边角钢组成。已知材料的许用应力 $[\sigma] = 170 \mathrm{MPa}$，试选择 AB、AD 杆的截面型号。

2-19　在图 2-57 所示简易吊车中，BC 为钢杆，AB 为木杆。木杆 AB 的横截面面积 $A_1 = 10000 \mathrm{mm^2}$，许用应力 $[\sigma]_1 = 7 \mathrm{MPa}$；钢杆 BC 的横截面面积 $A_2 = 600 \mathrm{mm^2}$，许用拉应力 $[\sigma]_2 = 160 \mathrm{MPa}$。试求许可吊重 F。

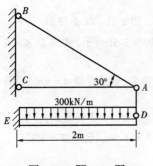
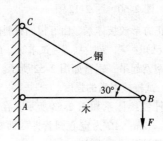

图 2-56　题 2-18 图　　　　　　　图 2-57　题 2-19 图

2-20　图 2-58 所示为一起重机简图。设拉索 AB 的横截面面积 $A = 400 \mathrm{mm^2}$，许用应力 $[\sigma] = 60 \mathrm{MPa}$。试由拉索的强度条件确定该起重机所能起吊的最大重量 W。

2-21 图 2-59 所示三铰拱屋架的拉杆用 16 锰钢杆制成，已知此材料的许用应力 $[\sigma]$ = 210MPa 和弹性模量 E = 210GPa。试按强度条件选择钢杆的直径，并计算钢杆的伸长。

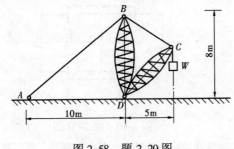

图 2-58 题 2-20 图

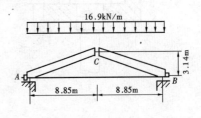

图 2-59 题 2-21 图

2-22 试求图 2-60 所示标件的约束反力，并画出轴力图。已知杆件横截面面积为 A，材料的弹性模量为 E。

2-23 图 2-61 所示结构，杆 AC 为刚性杆，①、②和③杆的 E、A、l 均相同，试求各杆的轴力。

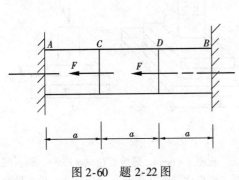

图 2-60 题 2-22 图

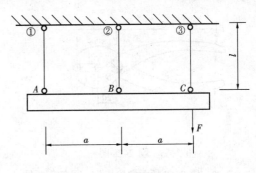

图 2-61 题 2-23 图

2-24 静不定结构如图 2-62 所示，AB 为刚体，1、2 杆的 EA 相同。试列出求解两杆轴力 F_{N_1} 和 F_{N_2} 的方程式。

2-25 图 2-63 所示结构，BD 为刚性杆。①和②杆用同一种材料制成，截面面积均为 A = 300mm^2，许用应力 $[\sigma]$ = 160MPa。若令荷载 F = 50kN，试校核杆①、杆②的强度。

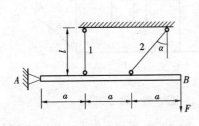

图 2-62 题 2-24 图

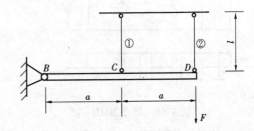

图 2-63 题 2-25 图

2-26 拉伸试件的夹头如图 2-64 所示。已知材料的 $[\tau]$ = 80MPa，$[\sigma_{bs}]$ = 300MPa。若最大拉力 F_{max} = 35kN，d = 14mm，试设计试件端部圆头的尺寸 D 及 h。

2-27 两块木板Ⅰ、Ⅱ用钢卡具 1、2 联接，承受轴向载荷 F。试在图 2-65 上标出木板最危险的受拉面、剪切面及挤压面。

2-28 剪刀受力与尺寸如图 2-66 所示。销钉的直径 d = 3mm，若剪刀的销钉 B 与被剪的钢丝材料相同，其强度极限 τ_b = 200MPa，销钉的安全系数 n = 4.5。试求在 C 处能剪断多大直径的钢丝？如将钢丝放置 D 处，则又能剪断多大直径的钢丝？

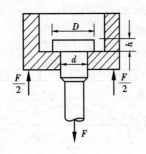
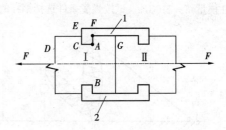

图 2-64 题 2-26 图　　　　　　　　图 2-65 题 2-27 图

2-29　图 2-67 所示为一正方形截面的混凝土柱，浇筑在混凝土基础上。基础分两层，每层厚为 t。已知 $F=200$kN，假定地基对混凝土板的反力均匀分布，混凝土的许用切应力 $[\tau]=1.5$MPa。试计算为使基础不被剪坏，所需的厚度 t 值。

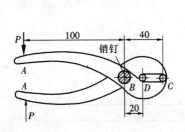
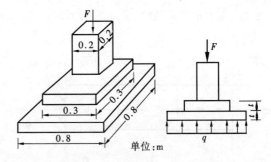

图 2-66 题 2-28 图　　　　　　　　图 2-67 题 2-29 图

2-30　图 2-68 所示螺栓接头。已知钢板宽 $b=200$mm，板厚 $t=6$mm，螺栓直径 $d=18$mm，钢板的许用拉应力 $[\sigma]=160$MPa，许用挤压应力 $[\sigma_{bs}]=240$MPa，螺栓许用切应力 $[\tau]=100$MPa，试求最大许用拉力 $[F]$ 值。

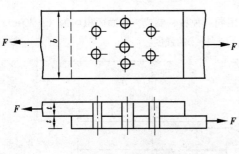
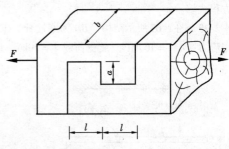

图 2-68 题 2-30 图　　　　　　　　图 2-69 题 2-31 图

2-31　矩形截面木拉杆的接头如图 2-69 所示。已知轴向拉力 $F=50$kN，截面宽度 $b=250$mm，木材顺纹许用挤压应力 $[\sigma_{bs}]=10$MPa，顺纹的许用切应力 $[\tau]=1$MPa。试求接头处所需的尺寸 l 和 a。

2-32　图 2-70 所示铆接头。已知板宽 $b=200$mm，主板厚 $t=20$mm，盖板厚 $t_1=12$mm，铆钉直径 $d=30$mm，接头所受拉力 $F=400$kN。试计算：(1) 铆钉的切应力；(2) 铆钉与板之间的挤压应力；(3) 板的最大拉应力。

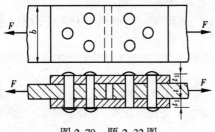

图 2-70 题 2-32 图

第三章 扭 转

第一节 概 述

扭转也是杆件的一种基本变形。当杆件受到一对大小相等、转向相反、作用面垂直于杆轴线的外力偶作用时，杆件的任意两个横截面都将绕轴线作相对转动，这种形式的变形称为扭转变形，如图 3-1 所示。杆件扭转时，任意两个横截面绕轴线的相对转角，称为扭转角，通常用 ϕ 表示。在图 3-1 中，截面 B 相对截面 A 的扭转角为 ϕ_{BA}。与此同时，杆件表面的纵向线也都变成螺旋线，其螺旋角 γ 称为剪切角或切应变。

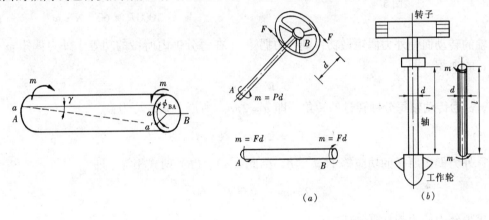

图 3-1　　　　　　　　　　图 3-2

在工程中，受扭杆件是很多的。如图 3-2（a）所示的汽车方向盘的转向轴，司机通过方向盘将力偶作用于转向轴的 B 端，转向器的阻抗力偶作用于轴的 A 端，使杆 AB 产生扭转变形。如图 3-2（b）所示的水轮发电机的竖轴，其上、下两端分别受到电机转子和水轮机工作轮的一对反向力偶作用，使竖轴产生扭转变形。又如图 3-3（a）所示的房屋雨篷梁，除了受梁上的墙压力、雨篷板上的荷载及本身自重简化到梁轴线的横向力作用外，还有雨篷板及其上荷载对梁作用的分布力偶，使雨篷梁除产生弯曲变形（详见第四章）外，还产生扭转变形，如图 3-3（b）所示。此外，机器中的传动轴，石油钻机中的钻杆，工业厂房的吊车梁等，都发生程度不等的扭转变形。

通常把以扭转变形为主的圆截面直杆称之为轴。本章主要研究圆截面等直杆扭转时的应力和变形。对于非圆截面杆的扭转问题，仅简单介绍由弹性力学方法求得的结果。

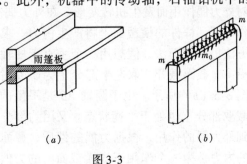

图 3-3

第二节 外力偶矩的计算·扭矩和扭矩图

在研究扭转的应力和变形之前,首先要计算出作用于轴上的外力偶矩和横截面上的内力。

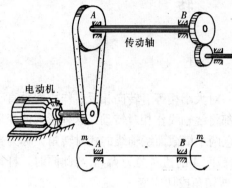

图 3-4

一、功率、转速与外力偶矩的关系

在机械工程中,作用在传动轴上的外力偶矩是用轴所传递的功率和轴的转速形式给出的。如图 3-4 所示,电动机通过皮带和皮带轮将功率传给传动轴 AB,再由右端齿轮将功率输出,以带动其他轮、轴转动。

若传动轴传递的功率为 P (kW),每分钟转速为 n 转,则每分钟输入功为

$$W = 1000P \times 60 \quad \text{N·m} \quad (a)$$

由于轴的转动而使外力偶矩做功,则外力偶矩 m 在每分钟内所做的功等于外力偶矩 m 与转角 α 的乘积,即

$$W = m\alpha$$

式中,α 为传动轴每分钟转过的转角,即 $\alpha = 2\pi n$,所以上式改写为:

$$W = 2\pi nm \quad \text{N·m} \quad (b)$$

显然,外力偶矩所做的功应等于输入功,因此 (a)、(b) 两式相等,即

$$2\pi nm = 1000P \times 60$$

由此求得外力偶矩的计算公式为:

$$m = 9550\frac{P}{n} \quad \text{N·m} \quad (3-1)$$

若输入功率为 P 马力时 (1 马力 = 0.7355kW),则外力偶矩 m 的计算公式为:

$$m = 7024\frac{P}{n} \quad \text{N·m} \quad (3-2)$$

二、扭矩和扭矩图

如图 3-5 (a) 所示,圆轴 AB 的两端受到一对外力偶作用而发生扭转变形。在外力偶矩 m 的作用下,杆件的横截面上将产生内力。求内力的方法仍是截面法。假想用一个垂直于杆轴的平面沿 n-n 截面截开,取左半部分 I 为研究对象,如图 3-5 (b) 所示。由于圆轴 AB 是平衡的,因此截取部分 I 也处于平衡状态。又因为部分 I 仅受到外力偶的作用,根据力偶的性质,截面 n-n 上的内力必为一个作用于该横截面内的力偶,其力

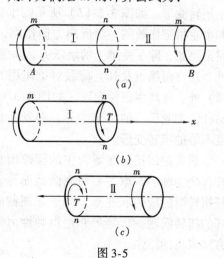

图 3-5

偶矩 T 的大小可由平衡方程

$$\Sigma M_x = 0 \quad T - m = 0$$

得

$$T = m$$

上式表明，圆轴扭转时，其横截面上的内力是一个位于该横截面内的力偶，其力偶矩 T 称为扭矩。

如果取右半部分Ⅱ为研究对象，也可求得 n-n 截面上的内力偶矩 $T = m$，数值与上面得到的相等但转向相反。这表明扭矩 T 是Ⅰ、Ⅱ两部分在 n-n 截面处相互作用分布内力系的合力偶矩。

为了使被截开的同一横截面上扭矩不但数值相等，而且符号一致，为此对扭矩的正负号作了如下规定：按右手螺旋法则表示的扭矩矢量，若与横截面外法线方向一致时，扭矩为正；反之扭矩为负。根据上述规定，在图 3-5（b）、（c）中，n-n 截面上的扭矩 T 都是正值。

当轴上同时有几个外力偶作用时，轴内各段扭矩是不相同的。这时，应分段使用截面法进行计算。为了清楚表明沿杆轴线各横截面上扭矩的变化情况，类似轴力图的作法，可绘制扭矩图。扭矩图是扭矩沿杆轴线变化的图形。依据扭矩图可以确定最大扭矩及其横截面位置。下面通过例题说明扭矩的计算及扭矩图的绘制：

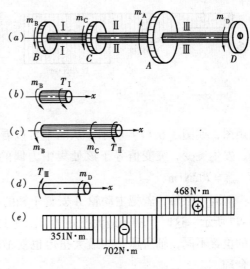

图 3-6

【例 3-1】 传动轴如图 3-6（a）所示，主动轮 A 输入功率 $P_A = 50$ 马力，从动轮 B、C、D 输出功率分别为 $P_B = P_C = 15$ 马力，$P_D = 20$ 马力，轴的转速为 $n = 300$ r/min。试画出轴的扭矩图。

【解】 1. 外力偶矩的计算

由公式（3-2）可以算出作用于各轮的外力偶矩，即作用于传动轴上的外力偶矩分别为：

$$m_A = 7024 \frac{P_A}{n} = 7024 \times \frac{50}{300} = 1170 \text{ N} \cdot \text{m}$$

$$m_B = m_C = 7024 \frac{P_B}{n} = 7024 \times \frac{15}{300} = 351 \text{ N} \cdot \text{m}$$

$$m_D = 7024 \frac{P_D}{n} = 7024 \times \frac{20}{300} = 468 \text{ N} \cdot \text{m}$$

2. 扭矩的计算

从受力情况可以看出，轴在 BC、CA、AD 三段内，各截面上的扭矩是不相等的。现在用截面法，根据平衡方程计算各段内的扭矩。

在 BC 段内，以 T_1 表示截面上的扭矩，并假设其为正扭矩，如图 3-6（b）所示。由平衡条件

$$\Sigma M_x = 0 \quad T_1 + m_B = 0$$

得

$$T_1 = -m_B = -351 \text{N} \cdot \text{m}$$

等式右边的负号说明，对 T_1 所假定的转向与截面Ⅰ-Ⅰ上扭矩的实际转向相反，同时也说明该截面上的实际扭矩应为负值。在 BC 段内各截面上的扭矩相同，均为 $-351 \text{N} \cdot \text{m}$。

同理，在 CA 段，由图 3-6（c）可写出平衡方程

$$\Sigma M_x = 0 \quad T_{\text{Ⅱ}} + m_C + m_B = 0$$

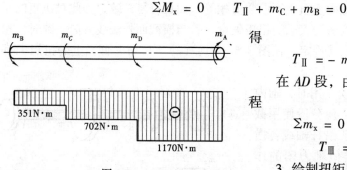

图 3-7

得

$$T_{\text{Ⅱ}} = -m_C - m_B = -702 \text{N} \cdot \text{m}$$

在 AD 段，由图 3-6（d）可写出平衡方程

$$\Sigma m_x = 0 \quad -T_{\text{Ⅲ}} + m_D = 0$$

$$T_{\text{Ⅲ}} = m_D = 468 \text{N} \cdot \text{m}$$

3. 绘制扭矩图

根据各段扭矩值及其正负号，即可作出扭矩图，如图 3-6（e）所示。从图中可以看出，在集中力偶作用处，其左右截面扭矩不同，发生突变，突变值等于该处集中力偶的大小；且最大扭矩发生在 CA 段内，其值为 $|T|_{\max} = 702 \text{N} \cdot \text{m}$。

对同一根轴，若把主动轮 A 安置于轴的一端，例如放在 D 端，则该轴的扭矩图将如图3-7所示。这时，轴的最大扭矩为 $T_{\max} = 1170 \text{N} \cdot \text{m}$。可见，传动轴上主动轮和从动轮安置的位置不同，轴所承受的最大扭矩也就不同。两者相比，显然图 3-6（a）所示布局比较合理。

第三节　薄壁圆筒的扭转

对于壁厚 t 远小于其平均半径 $r_0 \left(t \leqslant \dfrac{r_0}{10} \right)$ 的圆筒，称为薄壁圆筒。薄壁圆筒扭转时的应力计算比较简单，它是圆轴扭转问题的理论基础，所以首先研究薄壁圆筒的扭转。

一、扭转实验的观察和分析

取一薄壁圆筒，在其表面画上等间距的圆周线和纵向线，形成一些小矩形，如图 3-8（a）所示。在圆筒的两端面上施加外力偶，使其产生扭转变形。当外力偶矩 m 由零缓慢增加时，两端面的扭转角也在不断增加。在小变形条件下，可以观察到以下变形现象：

（1）圆周线的形状、大小、间距均未改变，只是彼此绕轴线发生相对转动。

（2）纵向线都倾斜了相同微小角度 γ，原来的小矩形变成了平行四边形，如图 3-8（b）所示。

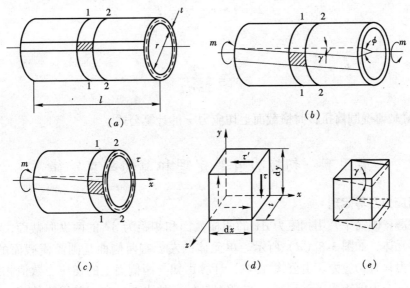

图 3-8

根据以上的变形现象，可以得出下面的推论和假设：

1) 由于圆周线形状、大小不变，说明代表横截面的圆周线仍为平面。因此可以假设，薄壁圆筒扭转时，变形前为平面的横截面变形后仍保持平面。这一假设，称为平面假设。

2) 由于圆周线间距不变，且其形状、大小不变，可以推断：横截面和纵向截面上没有正应力。

3) 由于圆周线仅绕轴线相对转动，且使纵向线有相同的倾角，说明横截面上有切应力，且同一圆周上各点的切应力相等。由于筒壁厚度 t 很小，可以认为沿筒壁厚度切应力均匀分布。

4) 由于小矩形的直角改变量——切应变 γ 的方向位于圆周切线方向，说明切应力的方向是沿着圆周切线方向。

综上所述，薄壁圆筒扭转时，横截面上将产生切应力，且切应力在截面上均匀分布，其方向与圆周相切，如图 3-8（c）所示。

二、横截面上切应力的计算

设薄壁圆筒的任一横截面上的扭矩为 T，该截面上各点切应力 τ 的分布如图 3-9 所示。由于扭矩 T 是横截面上分布内力系的合力偶矩，因此由切应力 τ 组成的内力系对截面形心 O 之矩 $\int_A \tau dA \cdot r$ 应等于该截面上的扭矩 T，即

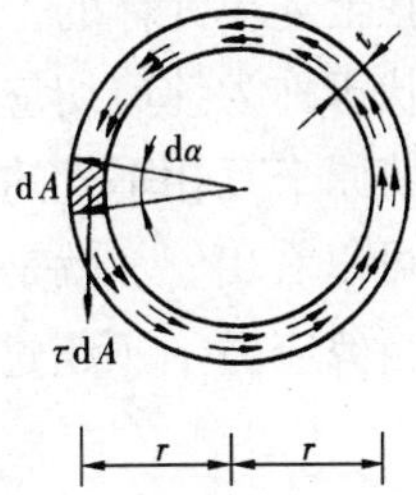

$$\int_A \tau dA \cdot r = T \qquad (a)$$

图 3-9

由于 τ 为常量，r 用薄壁圆筒的平均半径 r_0 代替，这样上式左边就改写为 $\tau r_0 \int_A dA$；而积分 $\int_A dA = A = 2\pi r_0 t$，是圆筒横截面的面积，将其代入式（a），得

$$2\pi r_0 t \cdot \tau \cdot r_0 = T$$

故

$$\tau = \frac{T}{2\pi r_0^2 t} \tag{3-3}$$

式（3-3）就是薄壁圆筒扭转时横截面上切应力 τ 的计算公式。

第四节　切应力互等定理和剪切胡克定律

一、切应力互等定理

在受扭薄壁圆筒中，用相距为 dx 的两横截面和相距为 dy 的两纵向截面，截取一厚度为 t 的单元体，如图 3-8（d）所示。单元体的左、右两侧面是圆筒横截面的一部分，其上无正应力只有切应力。由公式（3-3）计算可知与两侧面上的切应力数值相等但方向相反，组成一个力偶矩为（$\tau t dy$）dx 的顺时针转向的力偶。由于单元体的前、后面为自由表面，没有应力；单元体的上、下面为纵向截面的一部分，其上没有正应力。为保持平衡，单元体的上、下两个侧面上必须有切应力，并组成力偶与力偶（$\tau t dy$）dx 相平衡。由 $\Sigma X = 0$ 知，上、下两个侧面上的切应力 τ' 应大小相等、方向相反。于是组成了力偶矩为（$\tau' t dx$）dy 的逆时针转向的力偶。由平衡方程 $\Sigma M_z = 0$，得

$$(\tau' t dx)dy - (\tau t dy)dx = 0$$

则

$$\tau' = \tau \tag{3-4}$$

式（3-4）表明，在相互垂直的两个平面上，垂直于两平面交线的切应力 τ 和 τ' 必然同时存在，它们数值相等，方向或共同指向交线，或共同背离交线。这就是切应力互等定理。该定理是材料力学中的一个重要定理。它具有普遍意义，在同时有正应力的情况下同样成立。

二、剪切胡克定律

在上述单元体的上、下、左、右四个侧面上，只有切应力而无正应力，单元体的这种受力状态称为纯剪切应力状态。在纯剪切应力状态下，单元体的两对侧面将发生相对错动，使原来互相垂直的两个棱边的夹角改变了一个微量 γ，如图 3-8（e）所示。从图 3-8（b）可以看出，γ 就是表面纵向线变形后的倾角，即切应变。由薄壁圆筒的扭转实验表明，当剪应力 τ 不超过材料的剪切比例极限 τ_P 时，切应力 τ 与切应变 γ 成正比关系，即

$$\tau = G\gamma \tag{3-5}$$

公式（3-5）称为剪切胡克定律。式中比例系数 G 称为材料的切变模量。它的单位与拉、压弹性模量 E 相同，常用单位为"GPa"。对于不同材料，其 G 值不相同，可由实验测定。

至此，材料的3个弹性常量 E、ν、G 已被引入。对于各向同性材料，可以证明3个弹性常量之间存在下列关系：

$$G = \frac{E}{2(1+\nu)} \tag{3-6}$$

由公式 (3-6) 可知，对于各向同性材料，在3个弹性常量中，只要用试验求得其中两个值，则另一个即可确定。

第五节 圆轴扭转时的应力

一、实心圆轴扭转时的应力

与薄壁圆筒相仿，在小变形条件下，实心圆轴扭转时横截面上也只有切应力。但切应力在横截面上分布规律必须从几何、物理、静力等三个方面综合考虑来求解。下面就从这三个方面进行分析。

（一）几何方面

如图 3-10 (a) 所示，在圆轴的表面画上一些纵向线和圆周线，受扭后可观察到与薄壁圆筒受扭时相同的变形现象，即

(1) 圆周线的形状、大小及间距均没有改变，只是各圆周线绕轴线相对旋转了一个角度。

(2) 纵向线都倾斜了相同角度 γ，变形前的小矩形变成了平行四边形。

根据上述变形现象，得出如下基本假设：圆轴扭转变形前原为平面的横截面，变形后仍保持平面，其形状和大小不变，且相邻两截面间的距离不变。这就是圆轴扭转的平面假设。按照这一假设，圆轴扭转时，其横截面就像刚性平面一样，绕轴线旋转了一个角度。

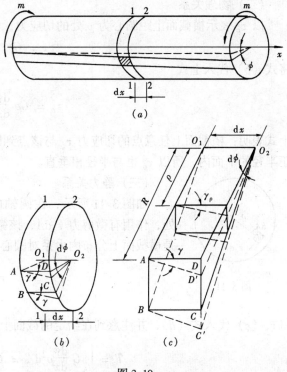

图 3-10

如图 3-10 (b) 所示，从圆轴中截取长为 dx 的微段。根据上述变形现象，该微段表面上纵向线 AD、BC 均转了一个 γ 角；微段的右截面相对于左截面转过了一个微扭转角 $d\phi$。

再从微段中取出楔形块 O_1O_2ABCD，如图 3-10 (c) 所示。由于扭转变形，使位于圆轴表面的矩形 $ABCD$ 的 CD 边相对于 AB 发生微小的错动，错动的距离 DD' 由几何关系可以求得

$$DD' = \gamma dx = R d\phi$$

所以

$$\gamma = R \frac{d\phi}{dx} \quad (a)$$

这就是圆截面边缘上 D 点处的切应变。显然，γ 发生在垂直于半径 O_2D 的平面内。

根据变形后横截面仍为平面，半径仍为直线的假设，用相同的方法，可以求得距圆心为 ρ 处的切应变，即

$$\gamma_\rho = \rho \frac{\mathrm{d}\phi}{\mathrm{d}x} \tag{b}$$

式中，$\dfrac{\mathrm{d}\phi}{\mathrm{d}x}$ 表示扭转角 ϕ 沿轴线的变化率，对于给定的横截面来说，$\dfrac{\mathrm{d}\phi}{\mathrm{d}x}$ 为一常数。故式 (b) 表明：横截面上任意点的切应变 γ_ρ 与该点到圆心的距离成正比，在同一圆周上，各点的切应变 γ_ρ 相同。

（二）物理关系

以 τ_ρ 表示横截面上距圆心为 ρ 处的切应力，由剪切胡克定律知

$$\tau_\rho = G\gamma_\rho$$

将式 (b) 代入上式

$$\tau_\rho = G\rho \frac{\mathrm{d}\phi}{\mathrm{d}x} \tag{c}$$

上式表明：横截面上任意点的切应力 τ_ρ 与该点到圆心的距离 ρ 成正比。由于 γ_ρ 位于垂直于半径的平面内，所以 τ_ρ 也与半径相垂直。

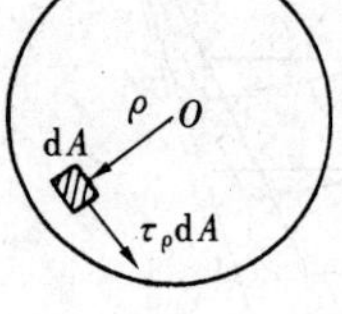

（三）静力关系

图 3-11

如图 3-11 所示，在圆轴的横截面上，距圆心为 ρ 的微面积 $\mathrm{d}A$ 处，作用有微剪力 $\tau_\rho\mathrm{d}A$，该微剪力对圆心 O 之矩为 $\rho\tau_\rho\mathrm{d}A$。由于扭矩是横截面上分布内力系对圆心之矩，故有

$$T = \int_A \rho\tau_\rho \mathrm{d}A \tag{d}$$

将式 (c) 代入式 (d)，并注意到在给定的截面上，$\dfrac{\mathrm{d}\phi}{\mathrm{d}x}$ 为常量，于是得

$$T = \int_A G\frac{\mathrm{d}\phi}{\mathrm{d}x}\rho^2\mathrm{d}A = G\frac{\mathrm{d}\phi}{\mathrm{d}x}\int_A \rho^2\mathrm{d}A \tag{e}$$

以 I_P 表示上式中的积分，即

$$I_P = \int_A \rho^2\mathrm{d}A \tag{f}$$

I_P 称为横截面对圆心 O 点的极惯性矩。这样，式 (e) 可改写为：

$$T = GI_P \frac{\mathrm{d}\phi}{\mathrm{d}x}$$

则

$$\frac{\mathrm{d}\phi}{\mathrm{d}x} = \frac{T}{GI_P} \tag{3-7}$$

公式 (3-7) 表示了圆轴扭转时，单位长度扭转角 $\dfrac{\mathrm{d}\phi}{\mathrm{d}x}$ 与扭矩 T 之间的关系。它是圆轴扭转

变形的基本计算公式。

将公式（3-7）代入式（c），得

$$\tau_\rho = \frac{T}{I_P} \cdot \rho \tag{3-8}$$

公式（3-8）就是圆轴扭转时，横截面上任一点的切应力计算公式。它表明，切应力在横截面上是沿径向成线性分布的，如图 3-12 所示。最大切应力 τ_{max} 发生在横截面周边上各点处。其值为

$$\tau_{max} = \frac{T}{I_P}\rho_{max} = \frac{T}{I_P}R \tag{3-9}$$

引入记号

$$W_t = \frac{I_P}{R} \tag{g}$$

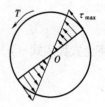

图 3-12

W_t 称为抗扭截面系数，代入式（3-9），得

$$\tau_{max} = \frac{T}{W_t} \tag{3-10}$$

公式（3-10）表明，圆轴扭转时，横截面上最大切应力与该截面上扭矩成正比，与抗扭截面系数成反比。

以上切应力计算公式是以平面假设为基础导出的。试验结果表明，只有对等截面圆轴，平面假设是正确的。又由于导出以上诸式时使用了胡克定律。因此，这些公式适用于在线弹性范围内的等直圆杆。对于圆截面的小锥度锥形杆，也可近似地采用以上公式计算。

二、空心圆轴扭转时的应力

由公式（3-8）可知，实心圆轴扭转时，在靠近杆轴线处，切应力很小，使该处材料的强度不能得到充分利用。如果将圆轴中心部分材料移到周边处，就可充分发挥材料的作用。因而在工程中常采用空心圆截面杆。

由于圆轴扭转时的平面假设同样适用于空心圆轴，因此，前面得出的公式也适用于空心圆截面杆。空心圆轴扭转时的切应力计算仍可采用式（3-8）和式（3-10）。只是式中的 I_P 和 W_t 与截面的形状、尺寸有关，因此，与实心圆截面不相同。空心圆轴扭转时横截面上的切应力分布规律如图 3-13 所示。

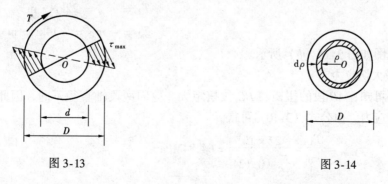

图 3-13　　　　　　　　　　图 3-14

三、极惯性矩和抗扭截面系数

导出公式（3-7）和（3-10）时，曾引进了截面极惯性矩 I_P 和抗扭截面系数 W_t，它们是与截面形状、尺寸有关的量。

对于实心圆截面，如图 3-14 所示，取 $dA = 2\pi\rho d\rho$，代入式 (f)，则极惯性矩为：

$$I_P = \int_A \rho^2 dA = 2\pi \int_0^{\frac{D}{2}} \rho^3 d\rho = \frac{\pi D^4}{32} \tag{3-11}$$

将上式代入式 (g)，则得实心圆截面的抗扭截面系数为：

$$W_t = \frac{I_P}{R} = \frac{\pi D^4/32}{D/2} = \frac{\pi D^3}{16} \tag{3-12}$$

对于空心圆截面，其内外径分别为 d 和 D，则式 (f) 应为：

$$I_P = \int_A \rho^2 dA = 2\pi \int_{\frac{d}{2}}^{\frac{D}{2}} \rho^3 d\rho = \frac{\pi}{32}(D^4 - d^4) = \frac{\pi D^4}{32}\left[1 - \left(\frac{d}{D}\right)^4\right]$$

令 $\alpha = \dfrac{d}{D}$，则空心圆截面的极惯性矩可表示为：

$$I_P = \frac{\pi}{32}(D^4 - d^4) = \frac{\pi D^4}{32}(1 - \alpha^4) \tag{3-13}$$

空心圆截面的抗扭截面系数为：

$$W_t = \frac{I_P}{R} = \frac{\pi D^4(1-\alpha^4)/32}{D/2} = \frac{\pi D^3}{16}(1 - \alpha^4) \tag{3-14}$$

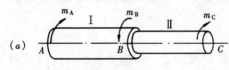

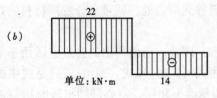

图 3-15

I_P 的量纲是长度的四次方，常用单位为 "m^4" 或 "mm^4"；W_t 的量纲是长度的三次方，其常用单位为 "m^3" 或 "mm^3"。

【例 3-2】 图3-15 所示阶梯状圆轴，AB 段直径 $d_1 = 120mm$，BC 段直径 $d_2 = 100mm$。外力偶矩 $m_A = 22kN\cdot m$，$m_B = 36kN\cdot m$，$m_C = 14kN\cdot m$。试求该轴的最大切应力 τ_{max}。

【解】 1. 作扭矩图

用截面法求得 AB、BC 段的扭矩分别为：

$$T_1 = m_A = 22kN\cdot m$$
$$T_2 = -m_C = -14kN\cdot m$$

作出该轴扭矩图如图 3-15 (b) 所示。

2. 计算最大切应力

由扭矩图可知，AB 段的扭矩较 BC 段扭矩大。但因两段轴直径不同，因此需分别计算各段最大切应力。由公式（3-10）可得

AB 段内：$\tau_{1max} = \dfrac{T_1}{W_{t1}} = \dfrac{22\times 10^3}{\dfrac{\pi}{16}(0.12)^3} = 64.84MPa$

BC 段内：$\tau_{2\max} = \dfrac{T_2}{W_{t2}} = \dfrac{14 \times 10^3}{\dfrac{\pi}{16}(0.1)^3} = 71.3 \mathrm{MPa}$

比较上述计算结果，该轴最大切应力位于 BC 段内任一截面的周边各点处。

第六节　圆轴扭转时的变形

由扭转变形现象可知，圆轴扭转时，各横截面之间绕轴线发生相对转动。因此，圆轴扭转时的变形，是用两个横截面绕轴线转动的相对转角即扭转角来度量的。

由公式 (3-7) 可知，单位长度扭转角为：

$$\frac{\mathrm{d}\phi}{\mathrm{d}x} = \frac{T}{GI_{\mathrm{P}}}$$

因此，长为 l 的圆轴，其两端面的相对扭转角为：

$$\phi = \int_l \frac{T}{GI_{\mathrm{P}}} \mathrm{d}x$$

对于同一种材料制成的等截面圆轴，如果在 l 长度内所有横截面的扭矩 T 均相等，则上述积分可写为：

$$\phi = \frac{Tl}{GI_{\mathrm{P}}} \tag{3-15}$$

公式 (3-15) 是计算扭转变形的基本公式。该式表明，相对扭转角 ϕ 与 T、L 成正比，与 GI_{P} 成反比。当 T 和 l 值一定时，GI_{P} 越大，则相对扭转角越小。因此，GI_{P} 称为等直圆杆的抗扭刚度。

如果在圆轴的两截面间，扭矩 T 为变量，或者轴为阶梯轴（I_{P} 为变量），则扭转角 ϕ 应取其各段相对扭转角的代数和，即

$$\phi = \Sigma \phi_i = \Sigma \frac{T_i l_i}{GI_{\mathrm{P}i}} \tag{3-16}$$

在导出式 (3-7) 时曾使用了胡克定律，因此公式 (3-15)、(3-16) 只有在材料处于线弹性范围内才是正确的。

【例 3-3】　如图 3-16 所示阶梯轴。外力偶矩 $m_1 = 0.8 \mathrm{kN \cdot m}$，$m_2 = 2.3 \mathrm{kN \cdot m}$，$m_3 = 1.5 \mathrm{kN \cdot m}$，AB 段的直径 $d_1 = 4 \mathrm{cm}$，BC 段的直径 $d_2 = 7 \mathrm{cm}$。已知材料的切变模量 $G = 80 \mathrm{GPa}$，试计算 ϕ_{AB} 和 ϕ_{AC}。

【解】　1. 计算扭矩并作扭矩图

AB 段：　　$T_1 = 0.8 \mathrm{kN \cdot m}$

BC 段：　　$T_2 = -1.5 \mathrm{kN \cdot m}$

扭矩图如图 3-16 (b) 所示。

2. 计算极惯性矩

AB 段：　　$I_{\mathrm{P}1} = \dfrac{\pi d_1^4}{32} = \dfrac{\pi \times 4^4}{32} = 25.1 \mathrm{cm}^4$

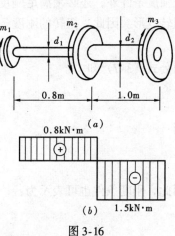

图 3-16

BC 段： $I_{P2} = \dfrac{\pi d_2^4}{32} = \dfrac{\pi \times 7^4}{32} = 236\text{cm}^4$

3. 计算扭转角 ϕ_{AB} 和 ϕ_{AC}

由于 AB 段和 BC 段的扭矩和截面尺寸均不相同，故应分段使用式（3-15），求出各段的相对扭转角 ϕ_{AB} 和 ϕ_{BC}，然后取其代数和即得 ϕ_{AC}。

$$\phi_{AB} = \dfrac{T_1 l_1}{GI_{P1}} = \dfrac{0.8 \times 10^3 \times 0.8}{80 \times 10^9 \times 25.1 \times 10^{-8}} = 0.0318\text{rad}$$

$$\phi_{BC} = \dfrac{T_2 l_2}{GI_{P2}} = \dfrac{-1.5 \times 10^3 \times 1.0}{80 \times 10^9 \times 236 \times 10^{-8}} = -0.0079\text{rad}$$

所以

$$\phi_{AC} = \phi_{AB} + \phi_{BC} = 0.0318 - 0.0079 = 0.0239\text{rad}$$

第七节　圆轴扭转时的强度条件和刚度条件

一、强度条件

为了保证受扭圆轴能正常工作，不会因强度不足而破坏，应使圆轴内的最大工作切应力不超过材料的许用切应力。因此，圆轴的强度条件为

$$\tau_{\max} \leqslant [\tau] \tag{3-17}$$

由于等直圆轴的最大工作应力 $\tau_{\max}$ 发生在最大扭矩所在横截面（危险截面）的周边上任一点处，因此上述强度条件也可写成：

$$\dfrac{T_{\max}}{W_t} \leqslant [\tau] \tag{3-18}$$

式中，$[\tau]$ 为材料的扭转许用切应力，其值可查有关资料。实验指出，在静荷载作用下，材料的许用切应力 $[\tau]$ 和许用拉应力 $[\sigma]$ 之间存在有一定关系，对于塑性材料，$[\tau] = (0.5 \sim 0.6)[\sigma]$；对于脆性材料，$[\tau] = (0.8 \sim 1.0)[\sigma]$。

二、刚度条件

在机械设计中，为了避免受扭的轴产生过大的变形而影响机床的加工精度，除了要保证强度条件外，还必须满足刚度要求。工程中，通常是用单位长度扭转角 φ 来限制轴的扭转变形。因此，扭转的刚度条件是限定 φ 的最大值不得超过规定的允许值 $[\varphi]$，即

$$\varphi_{\max} \leqslant [\varphi] \tag{3-19}$$

由公式（3-7）知

$$\varphi = \dfrac{\mathrm{d}\phi}{\mathrm{d}x} = \dfrac{T}{GI_P}$$

则

$$\varphi_{\max} = \dfrac{T_{\max}}{GI_P}$$

因此，刚度条件也可表示为：

$$\dfrac{T_{\max}}{GI_P} \leqslant [\varphi] \tag{3-20}$$

式中，$[\varphi]$ 是单位长度许用扭转角，其单位为弧度/米（rad/m），具体数值可从有关手册中查得。

【例 3-4】 汽车传动轴简图如图3-17所示，转动时输入的力偶矩 $m = 1.6\text{kN}\cdot\text{m}$，轴由无缝钢管制成。外径 $D = 90\text{mm}$，内径 $d = 84\text{mm}$。已知许用应力 $[\tau] = 60\text{MPa}$，许用扭转角 $[\varphi] = 0.026\text{rad/m}$，材料切变模量 $G = 80\text{GPa}$。试求：(1) 作强度和刚度校核；(2) 改用强度相同的实心轴，求其直径，并比较两轴的用料。

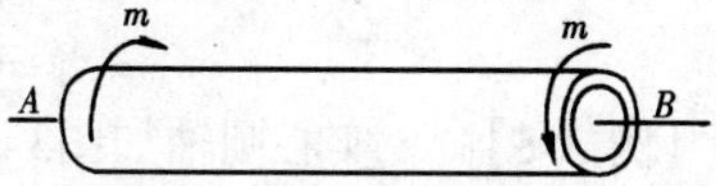

图 3-17

【解】 1. 计算扭矩

圆轴横截面上的扭矩为：
$$T = m = 1.6\text{kN}\cdot\text{m}$$

2. 计算轴的抗扭截面模量和极惯性矩

$$W_t = 0.2D^3\left[1 - \left(\frac{d}{D}\right)^4\right] = 0.2 \times 0.09^3\left[1 - \left(\frac{84}{90}\right)^4\right]$$
$$= 35.16 \times 10^{-6}\text{m}^3$$

$$I_P = W_t \cdot \frac{D}{2} = 35.16 \times 10^{-6} \times \frac{1}{2} \times 90 \times 10^{-3} = 158.2 \times 10^{-8}\text{m}^4$$

3. 校核轴的强度和刚度

轴的最大切应力为：
$$\tau_{\max} = \frac{T}{W_t} = \frac{1.6 \times 10^3}{35.16 \times 10^{-6}} = 45.5\text{MPa} < [\tau]$$

故轴满足强度条件。

轴的最大单位长度扭转角为：
$$\varphi_{\max} = \frac{T}{GI_P} = \frac{1.6 \times 10^3}{80 \times 10^9 \times 158.2 \times 10^{-8}} = 0.01264\text{rad/m} < [\varphi]$$

故满足刚度条件。

4. 求改为实心轴的直径，并比较两轴用料

根据题意，实心轴的强度应和空心轴强度相同，故实心轴的最大切应力也应为45.5MPa，即

$$\tau_{\max} = \frac{T}{W_t} = \frac{1.6 \times 10^3}{0.2 D'^3} = 45.5\text{MPa}$$

所以，改为实心轴的直径为：

$$D' = \sqrt[3]{\frac{1.6 \times 10^3}{0.2 \times 45.5 \times 10^6}} = 56.02\text{mm}$$

在两轴长度相等，材料相同的情况下，两轴用料之比等于重量之比；而两轴重量之比又等于横截面面积之比。

空心轴的面积为：
$$A = \frac{\pi}{4}(D^2 - d^2) = \frac{\pi}{4} \times (90^2 - 84^2) = 8.195 \times 10^{-4}\text{m}^2$$

实心轴的面积为：

$$A' = \frac{\pi}{4}D'^2 = \frac{\pi}{4} \times 56.02^2 = 24.635 \times 10^{-4} \text{m}^2$$

因此，两轴用料之比为：

$$\frac{A}{A'} = \frac{8.195}{24.635} = 33.26\%$$

【例 3-5】 实心圆轴如图3-18所示。已知该轴转速 $n = 300$r/min，主动轮输入功率 $P_C = 40$kW，从动轮输出功率分别为 $P_A = 10$kW，$P_B = 12$kW，$P_C = 18$kW。材料的切变模量 $G = 80$GPa，若 $[\tau] = 50$MPa，$[\varphi] = 0.3°$/m。试按强度条件和刚度条件设计此轴的直径。

【解】 1. 计算外力偶矩

$$m_A = 9550 \frac{P_A}{n} = 9550 \times \frac{10}{300} = 318 \text{N} \cdot \text{m}$$

$$m_B = 9550 \frac{P_B}{n} = 9550 \times \frac{12}{300} = 382 \text{N} \cdot \text{m}$$

$$m_C = 9550 \frac{P_C}{n} = 9550 \times \frac{40}{300} = 1273 \text{N} \cdot \text{m}$$

$$m_D = 9550 \frac{P_D}{n} = 9550 \times \frac{18}{300} = 573 \text{N} \cdot \text{m}$$

2. 计算扭矩并作扭矩图

由于外力偶矩将传动轴分为 AB、BC 和 CD 三段，故需在三段中使用截面法，计算各段横截面上的扭矩，即

AB 段： $T_1 = -m_A = -318 \text{N} \cdot \text{m}$

BC 段： $T_2 = -m_A - m_B = -318 - 382 = -700 \text{N} \cdot \text{m}$

CD 段： $T_3 = m_D = 573 \text{N} \cdot \text{m}$

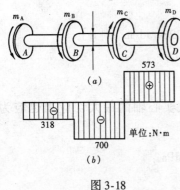

图 3-18

绘出扭矩图如图 3-18（b）所示。由图可知，最大扭矩发生在 BC 段内，其值为：

$$T_{\max} = |T_2| = 700 \text{N} \cdot \text{m}$$

因该轴为等截面圆轴，所以危险截面为 BC 段内各横截面，其周边各点处剪应力达到最大值。

3. 按强度条件设计轴的直径

由强度条件

$$\tau_{\max} = \frac{T_{\max}}{W_t} \leq [\tau]$$

式中 $W_t = \frac{\pi d^3}{16}$，则

$$d \geq \sqrt[3]{\frac{16 T_{\max}}{\pi [\tau]}} = \sqrt[3]{\frac{16 \times 700 \times 10^3}{\pi \times 50 \times 10^6}} = 41.5 \text{mm}$$

4. 按刚度条件设计轴的直径

由刚度条件

$$\varphi_{\max} = \frac{T_{\max}}{GI_P} \times \frac{180}{\pi} \leqslant [\varphi]$$

式中，$I_P = \frac{\pi d^4}{32}$，则

$$d \geqslant \sqrt[4]{\frac{32 T_{\max} \times 180}{G\pi^2 [\varphi]}} = \sqrt[4]{\frac{32 \times 700 \times 10^3 \times 180}{\pi^2 \times 80 \times 10^9 \times 0.3}} = 64.2\text{mm}$$

为使轴同时满足强度条件和刚度条件，故应选直径值较大者，即

$$d = 64.2\text{mm}$$

【例 3-6】 如图 3-19 所示，法兰盘联轴器。右边为空心轴，外径 $D_1 = 200\text{mm}$，$\alpha = 0.6$；左边为实心圆轴，直径 $D = 150\text{mm}$，材料的许用切应力 $[\tau] = 60\text{MPa}$，法兰盘边缘厚度 $t = 20\text{mm}$，通过 6 个直径 $d = 22\text{mm}$ 的螺栓紧固连接，螺栓均布在直径 $D_0 = 300\text{mm}$ 的圆周上，螺栓的 $[\tau]' = 100\text{MPa}$，试计算此联轴器所能传递的最大扭矩。

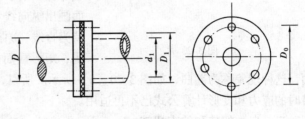

图 3-19

【解】 此轴所传递的扭矩必须同时满足左右两轴及螺栓的强度条件。

1. 计算空心轴所能传递的最大扭矩

$$T_{\max \cdot 1} \leqslant [\tau] W_{t1} = 60 \times 10^6 \times \frac{\pi}{16} \times 0.2^3 \times (1 - 0.6^4) = 82033\text{N} \cdot \text{m}$$

2. 计算实心轴所能传递的最大扭矩

$$T_{\max \cdot 2} \leqslant [\tau] W_{t2} = 60 \times 10^6 \times \frac{\pi \times 0.15^3}{16} = 39716\text{N} \cdot \text{m}$$

3. 螺栓连接所能传递的最大扭矩

每个螺栓所能承受的最大切力为：

$$Q = [\tau]' \cdot A = 100 \times 10^6 \times \frac{\pi}{4} \times 0.022^2 = 38013 \text{ N}$$

每个螺栓所能传递的扭矩为：

$$T'_{\max} = Q \cdot \frac{D_0}{2} = 38013 \times \frac{1}{2} \times 0.3 = 5702\text{N} \cdot \text{m}$$

6 个螺栓所能传递的总扭矩为：

$$T_{\max \cdot 3} = 6 T'_{\max} = 6 \times 5702 = 34212\text{N} \cdot \text{m}$$

通过以上运算，经比较可知，该联轴器所能传递的最大扭矩是由螺栓的强度所确定，即 $T_{\max} \leqslant 34212 \text{ N} \cdot \text{m}$。

第八节 矩形截面杆扭转的概念

工程中，除了圆截面的受扭杆件外，还有一些非圆截面的受扭杆。如内燃机曲轴的曲

柄臂、石油钻机的主轴、矩形截面的螺旋弹簧以及本章第一节所介绍的雨篷梁等都属于矩形截面杆受扭的情况。因此，必须研究非圆截面杆，特别是矩形截面杆的扭转问题。

一、非圆截面杆与圆截面杆在扭转变形时的区别

对于非圆截面杆，圆轴扭转时的平面假设不再成立。如图3-20（a）所示，矩形截面杆，在其侧面画出纵向线和横向周界线。扭转变形后都不再保持为直线，原来横向周界线变为空间曲线。这表明，矩形截面杆受扭后原为平面的横截面变成曲

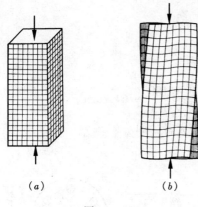

图 3-20

面，这种现象称为翘曲，如图 3-20（b）所示。所以，根据平面假设而建立起来的圆轴扭转时的应力和变形计算公式已不再适用。

二、自由扭转和约束扭转

非圆截面杆的扭转问题可以分为自由扭转和约束扭转两类。当等直杆两端受扭转力偶作用时，各横截面可以自由翘曲，且翘曲程度都相同，这种情况称为自由扭转，如图 3-21（a）所示。若杆的端部受到约束而不能自由翘曲，且相邻两横截面翘曲程度不同，这种情况称为约束扭转，如图 3-21（b）所示。自由扭转时，杆的各横截面翘曲相同，纵向纤维的长度无变化，因此横截面上无正应力而只有切应力。而在约束扭转时，杆的横截面上将引起附加的正应力。对于实体杆，如矩形截面杆，椭圆形截面杆等，约束扭转所引起的正应力值很小，可忽略不计。对于像工字钢、槽钢、角钢等薄壁截面杆，约束扭转引起的正应力是很大的，必须予以考虑。

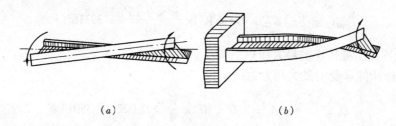

图 3-21

三、矩形截面杆自由扭转时的应力和变形

矩形截面杆的扭转问题须用弹性力学的方法来研究。如图 3-22 所示，下面将矩形截面杆在自由扭转时由弹性力学研究的主要结果简述如下：

(1) 横截面的4个角点处切应力恒等于零；
(2) 横截面周边各点处的切应力必与周边相切，组成一个与扭矩转向相同的环流；
(3) 最大切应力 τ_{max} 发生在横截面的长边中点处，其值为：

$$\tau_{max} = \frac{T}{\alpha h b^2} \tag{3-21}$$

(4) 短边中点处的切应力 τ_1 是短边上的最大切应力，其值为：

$$\tau_1 = \nu\tau_{max} \qquad (3\text{-}22)$$

(5) 单位长度相对扭转角 φ 的计算公式为：

$$\varphi = \frac{T}{G\beta hb^3} = \frac{T}{GI_t} \qquad (3\text{-}23)$$

在以上三式中，T 为横截面上的扭矩；α、β 和 ν 为与边长比 h/b 有关的系数，其数值已列于表 3-1 中。

由表 3-1 可以看出，当 $h/b > 10$，即矩形截面比较窄长时，$\alpha = \beta = \frac{1}{3}$，则 $W_t = \frac{1}{3}hb^2$，$I_t = \frac{1}{3}hb^3$。

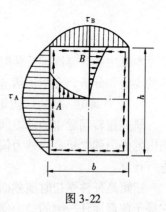

图 3-22

α、β、ν 系数表　　　　　　　　　　　　表 3-1

h/b	1.0	1.2	1.5	2.0	2.5	3.0	4.0	6.0	8.0	10.0
α	0.140	0.198	0.294	0.05	0.622	0.790	1.123	1.789	2.456	3.123
β	0.208	0.263	0.346	0.493	0.645	0.801	1.150	1.789	2.456	3.123
ν	1.000	—	0.858	0.796	—	0.753	0.745	0.743	0.743	0.743

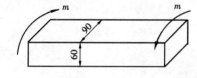

图 3-23

【例 3-7】 有一 60mm×90mm 的矩形截面杆，两端受到 $m = 10\text{kN·m}$ 的扭转力偶矩作用，如图 3-23 所示。试求横截面上最大切应力 τ_{max}。若改为面积相等的圆截面杆，切应力又为多大？

【解】 1. 计算矩形截面杆的 τ_{max}

根据题意，该矩形截面杆作自由扭转，故可按式（3-21）计算最大切应力。其中横截面上扭矩 $T = m = 10\text{kN·m}$，又由于 $h/b = 90/60 = 1.5$，查表得 $\alpha = 0.294$，代入式（3-21），得

$$\tau_{max} = \frac{T}{\alpha hb^2} = \frac{10 \times 10^3}{0.294 \times 90 \times 60^2 \times 10^{-9}} = 105\text{MPa}$$

2. 计算圆截面杆的 τ_{max}

由于两杆面积相同，即 $\frac{\pi d^2}{4} = hb$，求得圆截面的直径为：

$$d = \sqrt{\frac{4hb}{\pi}} = \sqrt{\frac{4 \times 90 \times 60}{\pi}} = 83\text{mm}$$

故圆截面杆的最大切应力 τ_{max} 为：

$$\tau_{max} = \frac{T}{W_t} = \frac{T}{\frac{\pi d^3}{16}} = \frac{10 \times 10^3 \times 16}{\pi \times 83^3 \times 10^{-9}} = 89.1\text{MPa}$$

两者比值为：$105/89.1 = 1.18$，这说明矩形截面的最大切应力要比同面积的圆截面的最大切应力大。

本 章 小 结

本章主要研究圆轴扭转时的内力、应力和变形及其强度和刚度的计算；并通过薄壁圆筒的实验和分析，介绍了切应力互等定理和剪切胡克定律。

1. 外力偶矩、扭矩和扭矩图

研究扭转问题中的外力偶矩，是指使杆件产生扭转变形的、作用在与杆轴线垂直的平面内的外力偶之矩。当外力偶矩以功率形式给出时，可用其换算公式（3-1）和式（3-2）进行计算。

扭矩是杆件受扭时横截面上的内力偶矩。杆内任一截面上的扭矩均可用截面法求得，它等于该截面任一侧的外力偶矩的代数和。扭矩 T 和外力偶矩 m 是完全不同的两个概念。计算扭矩时应注意其正负号的规定。

扭矩图是表示杆件横截面上扭矩沿杆轴线变化规律的图形。根据扭矩图，可确定扭矩的最大值及其所在截面位置，从而进行强度和刚度计算。

2. 圆轴扭转时横截面上的应力及强度条件

这是本章的重点。研究表明，在线弹性范围内，圆轴扭转时横截面上切应力沿径向呈线性分布，距圆心愈远，应力愈大。其计算公式为：

$$\tau = \frac{T}{I_P} \cdot \rho \tag{3-8}$$

等直圆轴扭转时的强度条件

$$\tau_{max} = \frac{T_{max}}{W_t} \leqslant [\tau] \tag{3-18}$$

3. 圆轴扭转时的变形及刚度条件

圆轴扭转变形通常是用扭转角 ϕ 或单位长度扭转角 φ 来表示的。对于等直圆轴，扭转角的计算公式为：

$$\phi = \frac{Tl}{GI_P} \tag{3-15}$$

等直圆轴扭转时的刚度条件

$$\varphi_{max} = \frac{T}{GI_P} \leqslant [\varphi] \tag{3-20}$$

对于变截面或变扭矩圆轴，应用公式（3-18）和（3-20）式时，须进行分析和比较后，确定 τ_{max} 和 φ_{max} 值及其所在的截面位置。利用公式（3-18）和式（3-20），可进行三类问题的计算，应熟练掌握。

4. 切应力互等定理和剪切胡克定律

切应力互等定理：在相互垂直的两个平面上，垂直于两平面交线的切应力 τ 和 τ' 必然同时存在，且数值相等，方向则共同指向或背离该交线。

剪切胡克定律：在线弹性范围内，切应力与切应变成正比，即 $\tau = G\gamma$。

这两个规律是研究圆轴扭转问题的理论基础，也是材料力学中的重要定理。

思 考 题

3-1 轴所传递的功率、转速与外力偶矩之间有何关系？

3-2 何谓切应力互等定理？试用切应力互等定理说明受扭薄壁圆筒的横截面周线上任一点处，切应力方向必沿圆周线切线方向。

3-3 当切应力超过剪切比例极限时，下列结论（　　）是正确的

A. 切应力互等定理和剪切胡克定律都不成立

B. 切应力互等定理和剪切胡克定律都成立

C. 切应力互等定理成立，剪切胡克定律不成立

D. 切应力互等定理不成立，剪切胡克定律成立

3-4 图 3-24 所示单元体，已知右侧面上有与 y 轴方向成 θ 角的切应力 τ，试根据切应力互等定理，画出其他面上的切应力。

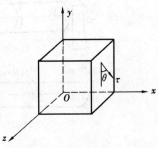

图 3-24　思考题 3-4 图

3-5 圆轴扭转时横截面上各点切应力方向与截面扭矩转向有什么关系？图 3-25 所画的切应力分布图是否正确？

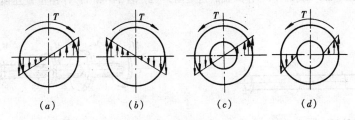

图 3-25　思考题 3-5 图

3-6 试绘出图 3-26 示圆轴的横截面和径向截面上切应力变化情况。

3-7 若将圆轴的直径增大一倍，其他条件不变，则 τ_{max} 和 φ_{max} 各有何变化？

3-8 设空心轴的内外径分别为 d 和 D，则下面两个表达式哪一个是正确的？

$$I_P = I_{P外} - I_{P内} = \frac{\pi P^4}{32} - \frac{\pi d^4}{32}$$

$$W_t = W_{t外} - W_{t内} = \frac{\pi D^3}{16} - \frac{\pi d^3}{16}$$

3-9 在强度条件相同的情况下，空心轴为什么比实心轴省料？

3-10 用低碳钢制成的传动轴，发现原设计轴的扭转角超过了许用扭转角，故改用优质钢或加大轴的直径，问哪个方案较为有效，为什么？

3-11 从强度观点出发，图 3-27 所示圆轴上，三个齿轮怎样布置比较合理。

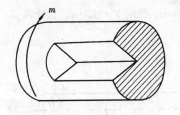

图 3-26　思考题 3-6 图

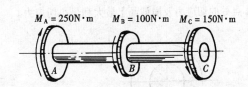

图 3-27　思考题 3-11 图

习　题

3-1 试作图 3-28 所示各轴的扭矩图。

3-2 如图 3-29 所示，钢制圆轴上作用有 4 个外力偶，其矩为 $m_1 = 1\text{kN} \cdot \text{m}$，$m_2 = 0.6\text{kN} \cdot \text{m}$，$m_3 = $

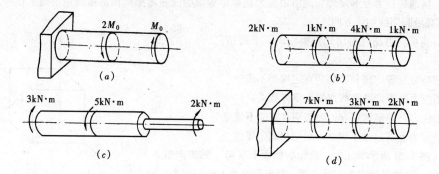

图 3-28 题 3-1 图

$0.2\text{kN}\cdot\text{m}$，$m_4 = 0.2\text{kN}\cdot\text{m}$。试求：(1) 作圆轴的扭矩图；(2) 若 m_1 和 m_2 作用位置互换，扭矩图有何变化？

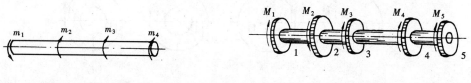

图 3-29 题 3-2 图   图 3-30 题 3-3 图

3-3 如图 3-30 所示，一传动轴每分钟转速为 $n = 200\text{r/min}$，主动轮 2 输入功率为 60kW，从动轮 1、3、4、5 的输出功率分别为 $P_1 = 18\text{kW}$，$P_3 = 12\text{kW}$，$P_4 = 22\text{kW}$，$P_5 = 8\text{kW}$，试画出该轴的扭矩图。

3-4 如图 3-31 所示，T 为横截面上的扭矩，试画出截面上与 T 对应的切应力分布图。

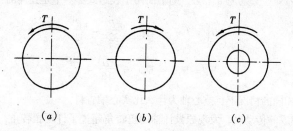

图 3-31 题 3-4 图

3-5 图 3-32 所示圆截面轴，外径 $D = 40\text{mm}$，内径 $d = 20\text{mm}$，扭矩 $T = 1\text{kN}\cdot\text{m}$，试计算 $\rho = 15\text{mm}$ 的 A 点处的切应力及横截面上最大和最小切应力。

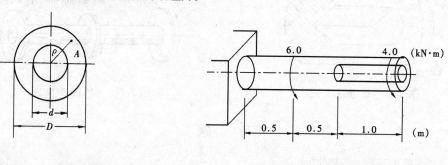

图 3-32 题 3-5 图   图 3-33 题 3-6 图

3-6 圆轴左段为实心，$D = 100$mm，右段为空心，外径为 D，内径为 $d = 80$mm，受力情况如图 3-33 所示，求全轴最大切应力。

3-7 圆轴的直径 $d = 50$mm，转速 $n = 120$r/min。若该轴横截面上的最大切应力等于 60MPa，问所传递的功率为多少千瓦？

3-8 如图 3-34 所示，一钻探机的功率为 10kW，转速 $n = 180$r/min。钻杆的外径 $D = 60$mm，内径 $d = 50$mm，钻入土层的深度 $l = 40$m，$[\tau] = 40$MPa。如土壤对钻杆的阻力可看作是均匀分布的力偶，试求此分布力偶集度 m_0；作出钻杆的扭矩图，并进行强度校核。

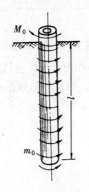

图 3-34 题 3-8 图

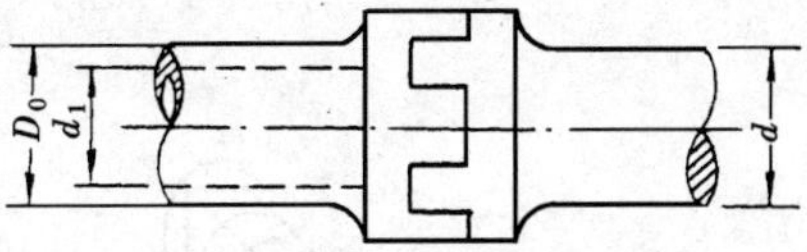

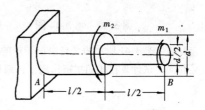

图 3-35 题 3-9 图

3-9 如图 3-35 所示，实心轴与空心轴通过牙嵌离合器相连接。已知轴的转速 $n = 100$r/min，传递功率 $P = 10$kW，许用切应力 $[\tau] = 80$MPa。试确定实心轴的直径 d 和空心轴的内外径 d_1 和 D_1。已知 $d_1/D_1 = 0.6$。

3-10 阶梯圆轴 AB 尺寸和所受荷载如图 3-36 所示。已知：$l = 2$m，$d = 100$mm，$m_1 = m_2 = 2$kN·m，材料的切变模量 $G = 80$GPa。试作出其扭矩图，并求最大切应力和最大扭转角。

*3-11 一圆杆在外力偶矩 m 作用下发生扭转，现用横截面 ABE、CDF 和水平纵截面 $ABCD$ 截出杆的一部分，如图 3-37（a）所示。根据切应力互等定理可知，水平截面上的切应力 τ' 的分布情况如图 3-37（b）所示，该截面上的内力系将组成一个力偶，试问该力偶矩与截出部分上的什么内力平衡？

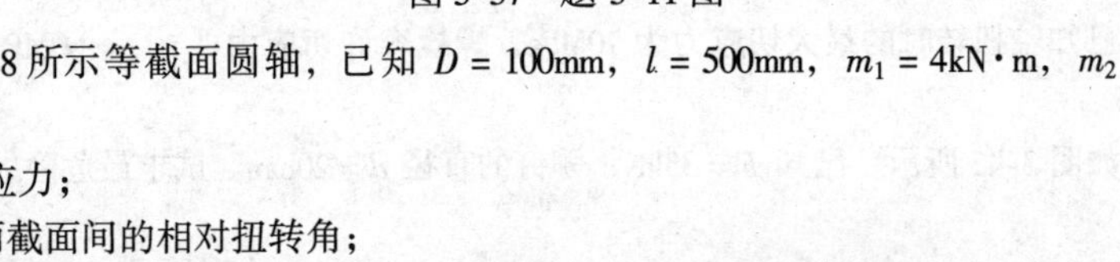

图 3-36 题 3-10 图

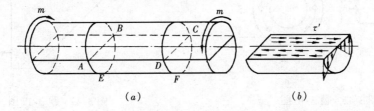

图 3-37 题 3-11 图

3-12 图 3-38 所示等截面圆轴，已知 $D = 100$mm，$l = 500$mm，$m_1 = 4$kN·m，$m_2 = 1.5$kN·m，$G = 82$GPa，求：

(1) 最大切应力；
(2) A、C 两截面间的相对扭转角；
(3) 若 BC 段的单位长度扭转角与 AB 段相等，则在 BC 段钻孔的孔径 d_1 应为多大？

3-13 如图 3-39 所示，传动轴的转速为 $n = 500$r/min，主动轮 I 输入功率 $P_1 = 500$ 马力，从动轮 2、

3 输出功率分别为 $P_2 = 200$ 马力，$P_3 = 300$ 马力。已知 $[\tau] = 70\text{MPa}$，$[\theta] = 1°/\text{m}$，$G = 80\text{GPa}$。试确 AB 段直径 d_1 和 BC 段直径 d_2。

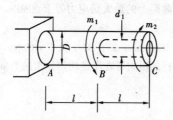

图 3-38 题 3-12 图

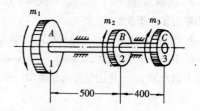

图 3-39 题 3-13 图

3-14 图 3-40 所示矩形截面杆，两端受集中力偶矩 $m = 12\text{kN}\cdot\text{m}$ 的作用，沿杆全长受分布力偶矩作用，其集度 $m_0 = 10\text{kN/m}$。已知：$l = 2.4\text{m}$，$b = 0.2\text{m}$，$h = 0.3\text{m}$。试求：（1）作扭矩图；（2）最大切应力。

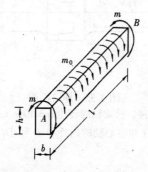

图 3-40 题 3-14 图

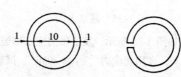

图 3-41 题 3-15 图

3-15 图 3-41 所示两受自由扭转杆的截面，一为封闭环形截面，一为开口环形截面，两环的厚度和直径相同。试计算在相同扭矩作用下，两杆最大切应力之比。

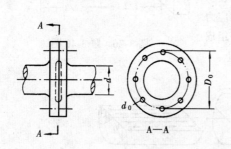

图 3-42 题 3-16 图

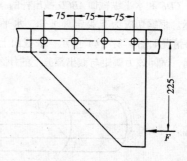

图 3-43 题 3-17 图

3-16 如图 3-43 所示，两段直径 $d = 100\text{mm}$ 的圆轴由法兰和螺栓加以连接，8 个螺栓布置在 $D_0 = 200\text{mm}$ 的圆周上。已知轴扭转时的最大切应力为 70MPa，螺栓容许切应力 $[\tau] = 60\text{MPa}$，求螺栓所需的直径 d_1。

3-17 一托架如图 3-43 所示。已知 $F = 35\text{kN}$，铆钉的直径 $d = 20\text{mm}$。试求最危险的螺栓内的切应力及其方向。

提示：假定螺栓群的中心为扭转中心。

第四章 弯曲内力

第一节 平面弯曲的概念及梁的计算简图

杆件在垂直于轴线的横向外力作用下,使杆件的轴线由直线变成曲线,这种形式的变形称为弯曲变形。弯曲变形是材料力学基本的、重要的内容,将分为三部分加以研究。本章研究弯曲变形时的内力,以后两章将分别研究弯曲变形时的应力和变形。

一、平面弯曲的概念

以弯曲变形为主的杆件通常称之为梁。在工程实际中,梁是一种极为普遍的构件。如图 4-1 所示的楼板梁、桥式起重吊车的钢梁、水闸的闸墩等都是受弯构件。

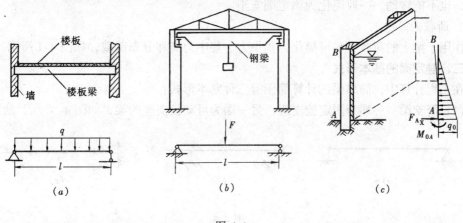

图 4-1

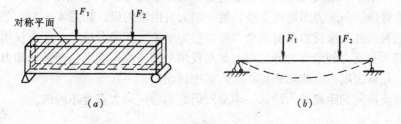

图 4-2

工程中常用的梁其横截面大多采用对称形状,如矩形,T 形及圆形等。因而整个杆件具有一个包含轴线的纵向对称平面,如图 4-2 所示。当作用在杆件上的外力均位于纵向对称平面内时,则梁变形后的轴线必定是一条在该纵向对称平面内的平面曲线。这种弯曲变形称为平面弯曲。平面弯曲是弯曲变形中最基本和最常见的情况。本章以及后两章将主要研究平面弯曲问题。

二、梁的计算简图

在工程实际中，梁的具体结构形状、支承情况及荷载作用方式都比较复杂。为了便于分析和计算，对实际结构进行一些简化，才能得出力学上的计算简图。简化的基本原则是：按计算简图计算的结果应符合客观实际；同时，应尽可能使计算简单、方便。梁的简化通常是从梁的结构形状、支座及荷载等三个方面进行。

1. 梁的结构形状的简化

由于梁的截面形状是多种多样的，而本章主要研究的是具有纵向对称面的直梁，因此简化时就用梁的轴线代表梁。

2. 支座的简化

按实际支座对梁的约束情况，将其简化为基本形式。本章所研究的三种基本形式的支座是：可动铰支座、固定铰支座和固定端支座。如图4-1（a）中的楼板梁，由于插入端较短，因而梁端在墙内可以作微小转动，但由于砖墙限制，梁不能发生水平移动。因此梁端的支承一个简化为固定铰支座，另一个简化为可动铰支座。如图4-1（b）中的起重吊车钢梁的支座情况也是如此。又如图4-1（c）中闸墩 AB 下端的约束，使该端截面既不能移动，也不能转动，一般简化为固定端支座。

3. 荷载的简化

作用于梁上的荷载一般可简化为集中力、集中力偶和分布荷载，如图4-1所示。

三、静定梁的基本形式

在工程计算中，简单梁的计算简图有三种基本形式：

(1) 简支梁　一端为固定铰支座，另一端为可动铰支座的梁，如图4-3（a）所示。

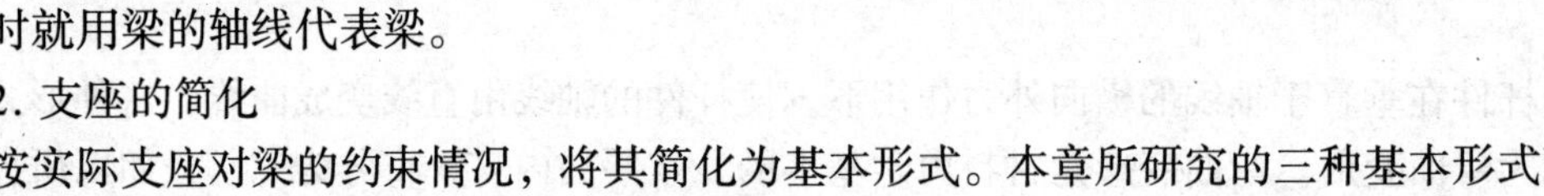

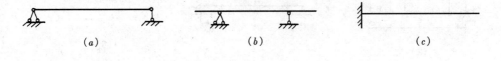

图 4-3

(2) 外伸梁　一端或两端向外伸出的简支梁，如图4-3（b）所示。
(3) 悬臂梁　一端为固定端支座，另一端为自由端的梁，如图4-3（c）所示。

以上三种梁的支座反力只有三个，可由静力平衡方程完全确定。这类仅用平衡方程即可求出全部未知反力的梁称为静定梁。如果仅用平衡方程不能求出全部未知力的梁，称为超静定梁。超静定梁的弯曲问题将在第六章中讨论。

梁的两支座间的距离称为跨长。本章所研究的静定梁大多是单跨的。

第二节　梁的内力——剪力和弯矩

为了计算梁的应力和变形，首先应该确定梁在外力作用下任一横截面上的内力。当作用在梁上的荷载及支座反力均为已知时，用截面法即可由已知外力求出任一横截面上的内力。

一、剪力和弯矩

如图4-4（a）所示简支梁 AB，在外力作用下处于平衡。现计算与左端支座 A 相距为

x 的任一横截面上的内力。为此，首先求出梁的支座反力 F_{A_Y} 和 F_{B_Y}，然后沿截面 m-m 假想地把梁截分为左右两段。取左段梁为研究对象，如图 4-4（b）所示。

左段梁上作用有向上的支反力 F_{A_Y}，为保持该段梁的平衡，截面 m-m 上必有向下的内力 F_Q 与 F_{A_Y} 相平衡，其值由平衡方程

$$\Sigma F_Y = 0 \quad F_{A_Y} - F_Q = 0$$

可得

$$F_{QV} = F_{A_Y} \tag{a}$$

内力 F_Q 称为剪力。由于 F_{A_Y} 和 F_{QV} 组成了一个顺时针转向力偶。因而，根据左段梁的平衡和力偶的性质，截面 m-m 上必有一个与其相平衡的内力偶。该内力偶矩 M 由平衡方程

$$\Sigma m_c = 0 \quad M - F_{A_Y} x = 0$$

可得

$$M = F_{A_Y} x \tag{b}$$

平衡条件中矩心 c 为横截面的形心。内力偶矩 M 称为弯矩。

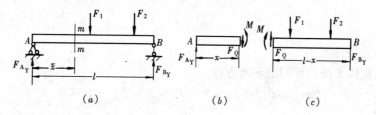

图 4-4

上面分析所得的剪力和弯矩就是横截面 m-m 上的两个内力分量。剪力 F_Q 是与横截面相切的分布内力系的合力；弯矩 M 是与横截面相垂直的分布内力系的合力偶矩。它们是右段梁对左段梁的作用。

如果取右段梁为研究对象，同样可求得截面 m-m 上的剪力和弯矩。根据作用与反作用定律，其结果在数值上等于左段梁的剪力和弯矩，但方向相反，如图 4-4（c）所示。这是因为剪力 F_Q 和弯矩 M 是左段梁和右段梁在截面 m-m 上相互作用的内力。

由（a）、（b）两式可以看出，梁横截面上的剪力等于该截面以左（或以右）梁段上所有外力在 y 轴上投影的代数和；梁截面上的弯矩等于该截面以左（或以右）梁段上所有外力对该截面形心之矩的代数和。

二、剪力和弯矩的符号规定

为了使被截开的同一横截面左右两侧上的剪力和弯矩不但数值相同，而且符号一致，根据梁的变形情况，对它们的符号作了如下规定：

剪力符号 当截面上的剪力使所研究的梁段产生顺时针方向转动趋势时为正；反之为负，如图 4-5 所示。

弯矩符号 当截面上的弯矩使所研究的梁段产生下凸上凹（即下边受拉，上边受压）的弯曲变形时为正；反之为负，如图 4-6 所示。

按此规定，图 4-4（b）、（c）所示的 m-m 截面上剪力和弯矩均为正值。

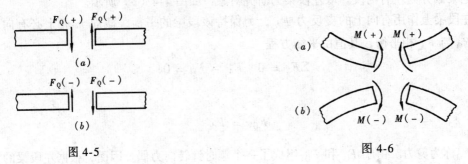

图 4-5　　　　　　　　　　　　　　图 4-6

【例 4-1】 一外伸梁，尺寸及梁上荷载如图 4-7（a）所示，试求截面 1-1、2-2 上的剪力和弯矩。

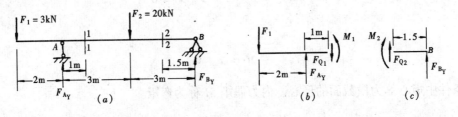

图 4-7

【解】 1. 求支座反力

考虑梁的整体平衡，可列出平衡方程

$$\sum m_B = 0 \quad F_1 \times 8 + F_2 \times 3 - F_{A_Y} \times 6 = 0$$

得

$$F_{A_Y} = 14 \text{kN}$$

$$\sum m_A = 0 \quad F_1 \times 2 + F_{B_Y} \times 6 - F_2 \times 3 = 0$$

得

$$F_{B_Y} = 9 \text{kN}$$

校核：$\sum F_Y = F_{A_Y} + F_{B_Y} - F_1 - F_2 = 14 + 9 - 3 - 20 = 0$

故所求得的支反力是正确的。

2. 计算 1-1 截面内力

假想在 1-1 处将梁截开，取左段梁为研究对象。设 1-1 截面上的内力 F_{Q_1} 和 M_1 均为正值，如图 4-7（b）所示。由平衡方程

$$\sum F_Y = 0 \quad -F_1 + F_{A_Y} - F_{Q_1} = 0$$

得

$$F_{Q_1} = F_{A_Y} - F_1 = 11 \text{kN}$$

$$\sum m_{c1} = 0 \quad F_1 \times 3 - F_{A_Y} \times 1 + M_1 = 0$$

得

$$M_1 = F_{A_Y} \times 1 - F_1 \times 3 = 5 \text{kN} \cdot \text{m}$$

计算所得的 F_{Q_1} 和 M_1 均为正，说明所设 1-1 截面上的内力方向与实际方向相同。

3. 计算 2-2 截面上的内力

假想在 2-2 处将梁截开，取右段梁为研究对象。设 2-2 截面上的内力 F_{Q_2} 和 M_2 均为

正值，如图 4-7（c）所示。由平衡方程

$$\Sigma F_Y = 0 \qquad F_{Q_2} + F_{B_Y} = 0$$

得

$$Q_B = -F_{B_Y} = -9 \text{ kN}$$

$$\Sigma m_{c2} = 0 \qquad -M_2 + F_{B_Y} \times 1.5 = 0$$

得

$$M_2 = F_{B_Y} \times 1.5 = 13.5 \text{ kN} \cdot \text{m}$$

计算所得的 F_{Q_2} 为负值，说明所设的 F_{Q_2} 方向与实际方向相反；M_2 为正值，所设 M_2 方向与实际方向相同。

【**例 4-2**】 如图 4-8 所示悬臂梁受荷载作用，试计算指定截面 1-1、2-2 上的内力。

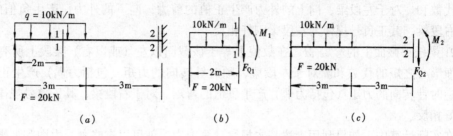

图 4-8

【**解**】 对于悬臂梁一般可以不求支座反力，而从自由端开始计算内力。

1. 计算 1-1 截面上的内力

假想在 1-1 处将梁截开，取左段梁为研究对象。设 1-1 截面上的内力 F_{Q_1} 和 M_1 均为正值，如图 4-8（b）所示，由平衡方程

$$\Sigma F_Y = 0 \qquad F - q \times 2 - F_{Q_1} = 0$$

得

$$F_{Q_1} = F - q \times 2 = 0$$

$$\Sigma m_{c1} = 0 \qquad M_1 - F \times 2 + q \times 2 \times 1 = 0$$

得

$$M_1 = F \times 2 - q \times 2 \times 1 = 20 \text{kN} \cdot \text{m}$$

2. 计算 2-2 截面上的内力

假想在 2-2 处将梁截开，取左段梁为研究对象。设 2-2 截面上内力 F_{Q_2}、M_2 均为正值，如图 4-8（c）所示，由平衡方程

$$\Sigma F_Y = 0 \qquad F_2 - q \times 3 - F_{Q_2} = 0$$

得

$$F_{Q_2} = F_2 - q \times 3 = -10 \text{kN}$$

$$\Sigma m_{c2} = 0 \qquad M_2 - F_2 \times 6 + q \times 3 \times 4.5 = 0$$

得

$$M_2 = F_2 \times 6 - q \times 3 \times 4.5 = -15 \text{kN} \cdot \text{m}$$

上述计算所得的结果，M_1 为正值，说明实际方向与所设方向相同；F_{Q_2}、M_2 均为负值，说明实际方向与所设方向相反。

以上是用截面法求内力，其主要步骤是：

（1）利用梁的整体平衡条件，求出支座反力，并应进行校核（悬臂梁除外）。

（2）计算指定截面上的内力

(a) 选取研究对象。既可取截面左段梁为研究对象,也可取右段梁为研究对象,两者计算结果完全相同。但一般应取外力比较简单的一段梁作为研究对象。

(b) 利用平衡方程求剪力和弯矩。在指定截面上假设未知内力 F_Q 和 M 均为正值,利用投影方程 $\Sigma F_Y = 0$,即可求得剪力 F_Q;利用力矩方程 $\Sigma m_c = 0$,即可求得弯矩。若计算结果为正,说明 F_Q 或 M 实际方向与所设方向相同;计算结果为负,说明 F_Q 或 M 实际方向与所设方向相反。

从[例4-1]和[例4-2]两题的计算过程可以看到,梁任一横截面上的剪力、弯矩可以根据截面以左(或以右)梁段上的外力直接求得。归结起来,其基本规律如下:

1. 梁任一截面上的剪力 F_Q,在数值上等于该截面以左(或以右)梁段上所有横向外力的代数和。对于左段梁,向上的外力产生正值的剪力;向下的外力,产生负值的剪力。对于右段梁,其正负号规律与左段梁刚好相反。

2. 梁任一截面上的弯矩 M,在数值上等于该截面以左(或以右)梁段上所有外力对该截面形心之矩的代数和。对于左段梁,顺时针转向的力矩(包括力偶)产生正值的弯矩;逆时针转向的力矩(包括力偶)产生负值的弯矩。对于右段梁,其正负号规律与左段梁刚好相反。

在实际计算中,如果利用上述基本规律计算内力,就可以省略画受力图和列平衡方程的过程,因此非常简便。这种计算内力的方法称为直接法。现举例说明。

【例4-3】 简支梁受荷载如图4-9(a)所示。试求1-1和2-2截面上的剪力和弯矩。

【解】 本题利用直接法计算。

1. 求支座反力

考虑梁的整体平衡,可列出平衡方程

$$\Sigma m_B = 0 \quad F \times 3 + q \times 2 \times 1 - F_{A_Y} \times 4 = 0$$

得
$$F_{A_Y} = 11 \text{kN}$$

$$\Sigma m_A = 0 \quad F_{B_Y} \times 4 - F \times 1 - q \times 2 \times 3 = 0$$

得
$$F_{B_Y} = 9 \text{kN}$$

校核:
$$\Sigma Y_Y = F_{A_Y} + F_{B_Y} - F - q \times 2 = 11 + 9 - 12 - 4 \times 2 = 0$$

计算正确。

2. 计算1-1截面上的内力

由1-1截面左侧梁段上的外力,可得

$$F_{Q_1} = F_{A_Y} - F = 11 - 12 = -1 \text{kN}$$

$$M_1 = F_{A_Y} \times 2 - F \times 1 = 11 \times 2 - 12 \times 1 = 10 \text{kN} \cdot \text{m}$$

3. 计算2-2截面上的内力

由2-2截面右侧梁段上的外力,可得

$$F_{Q_2} = q \times 1 - F_{B_Y} = 4 \times 1 - 9 = -5 \text{kN}$$

$$M_2 = -q \times 1 \times 0.5 + F_{B_Y} \times 1 = -4 \times 1 \times 0.5 + 9 \times 1 = 7 \text{kN} \cdot \text{m}$$

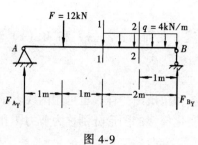
图 4-9

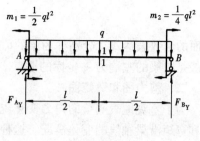
图 4-10

【例 4-4】 求图 4-10 所示简支梁 1-1 截面上的内力。

【解】 本题用直接法计算。

1. 求支座反力

考虑梁的整体平衡，由平衡方程

$$\Sigma m_A = 0 \quad m_1 - ql\frac{l}{2} - m_2 + F_{B_Y}l = 0 \quad 得 \quad F_{B_Y} = \frac{1}{4}ql$$

$$\Sigma m_B = 0 \quad m_1 - F_{A_Y}l + ql \cdot \frac{l}{2} - m_2 = 0 \quad 得 \quad F_{A_Y} = \frac{3}{4}ql$$

校核：$\quad \Sigma F_Y = F_{A_Y} + F_{B_Y} - ql = \frac{3}{4}ql + \frac{1}{4}ql - Ql = 0$

计算正确。

2. 求 1-1 截面上的内力

由 1-1 截面左侧梁段上的外力，可得

$$F_{Q_1} = F_{B_Y} - q \cdot \frac{l}{2} = \frac{3}{4}ql - \frac{1}{2}ql = \frac{1}{4}ql$$

$$M_1 = F_{B_Y} \cdot \frac{l}{2} - m_1 - q \cdot \frac{l}{2} \cdot \frac{l}{4} = \frac{3ql}{4} \times \frac{l}{2} - \frac{ql^2}{2} - \frac{ql^2}{8} = -\frac{1}{4}ql^2$$

从以上两个例题计算可以看出，用直接法求内力是非常简便的。但是，截面法是求内力的基本方法，因此，只有在熟练掌握截面法的基础上，才能很好掌握直接法。

第三节 剪力方程和弯矩方程·剪力图和弯矩图

为了对梁进行强度和刚度的计算，除了掌握计算指定截面上的内力外，还需要知道剪力和弯矩沿梁轴的变化规律，从而确定梁内最大剪力和最大弯矩的数值以及它们所在的截面位置。

一、剪力方程和弯矩方程

在一般情况下，梁内不同截面上的剪力和弯矩是不相同的。为了表示剪力和弯矩随截面位置变化的情况，取梁轴线为 x 轴，用坐标 x 来表示横截面的位置，而将横截面上的剪力和弯矩表示为 x 的函数，即

$$F_Q = F_Q(x)$$
$$M = M(x)$$

上面的函数表达式，分别称为梁的剪力方程和弯矩方程。在列出 $F_Q(x)$ 和 $M(x)$ 时，一般是以梁的左端为 x 坐标的原点。

二、剪力图和弯矩图

为了直观地表明梁的内力变化规律，与绘制轴力图和扭矩图一样，也可用图线表示剪力和弯矩沿梁轴线的变化情况。这种表示剪力、弯矩变化规律的图形分别称为剪力图和弯矩图。

绘制剪力图和弯矩图的最基本方法，是根据剪力方程和弯矩方程分别作出其函数图形。即以平行于梁轴线的横坐标 x 表示横截面的位置，以纵坐标表示相应横截面上的剪力或弯矩，作出 $F_Q = F_Q(x)$，和 $M = M(x)$ 的函数图形。绘图时，对于剪力图，规定将正的剪力画在 x 轴的上侧，负的剪力画在下侧；对于弯矩图，规定将正的弯矩画在梁的受拉侧，即 x 轴的下侧，负的弯矩画在 x 轴的上侧。

下面用例题说明列出剪力方程和弯矩方程以及绘制剪力图和弯矩图的方法：

【例 4-5】 试作图 4-11（a）所示悬臂梁 AB 的剪力图和弯矩图。

【解】 1. 列剪力方程和弯矩方程

取坐标原点与梁左端点 A 相对应。选取距梁左端 A 为 x 的任一截面 m-m，如图 4-11（a）所示。利用上节求指定截面内力的直接法，列出 m-m 截面上的剪力和弯矩表达式：

$$F_Q(x) = -F \quad (0 < x < l) \quad (a)$$
$$M(x) = -Fx \quad (0 \leq x < l) \quad (b)$$

上面两式是剪力和弯矩的函数表达式，适用于全梁，因此（a）、（b）两式分别称为该梁的剪力方程和弯矩方程。方程右边的括号表明了方程的适用范围。由于 A、B 截面处有集中力（F、F_{B_y}）作用，其剪力为不定值，故式（a）适用范围为 $(0 < x < l)$；B 截面上有集中力偶作用，其弯矩同样为不定值，故式（b）适用范围为 $(0 \leq x < l)$。关于这个问题，后面将作进一步说明。

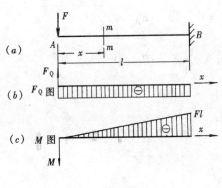

图 4-11

2. 作剪力图和弯矩图

方程（a）表明，梁各截面上的剪力都相等，且都等于 $-F$。因此，剪力图是一条位于 x 轴下方并与 x 轴平行的水平直线，如图 4-11（b）所示。

方程（b）表明，梁各截面上的弯矩是不相同的，M 是 x 的一次函数。因此弯矩图是一条斜直线。只要确定直线上两点，就可作出该直线。由式（b），当 $x = 0$ 时，$M_A = 0$；当 $x = l$ 时（应理解为 x 略小于 l 处），$M_{B左} = -Fl$。将 M_A 和 $M_{B左}$ 连以直线，就是该梁的弯矩图，如图 4-11（c）所示。由图可见，最大弯矩发生在固定端 B 稍偏左的横截面上，其值为：

$$|M|_{max} = |M_{B左}| = Fl$$

在绘制剪力图和弯矩图时，应注意正的剪力画在 x 轴的上方，负的剪力在下方；在土建工程中，通常将弯矩图表示在梁的受拉一侧，故正弯矩画在 x 轴下方，负弯矩画在上方。内力的正负在图内用正负号表示。在以后的内力图中可以不再标出 x、F_Q 和 M 的坐标轴。

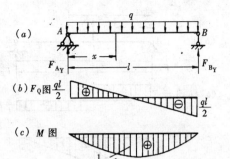

图 4-12

【例 4-6】 试作图 4-12（a）所示简支梁 AB 的剪力图和弯矩图。

【解】 1. 求支座反力

利用荷载及约束反力的对称性可得

$$F_{A_Y} = F_{B_Y} = \frac{1}{2}ql$$

2. 列剪力方程和弯矩方程

取坐标原点与梁左端点 A 对应。列出此梁的剪力方程和弯矩方程为：

$$F_Q(x) = F_{A_Y} - qx = \frac{1}{2}ql - qx \quad (0 < x < l) \tag{a}$$

$$M(x) = F_{A_Y} \cdot x - \frac{1}{2}qx^2 = \frac{ql}{2}x - \frac{1}{2}qx^2 \quad (0 \leqslant x \leqslant l) \tag{b}$$

3. 作剪力图和弯矩图

方程（a）表明，梁的剪力是 x 的一次函数，故剪力图是一条斜直线。该直线由其上两点即可确定。当 $x = 0$ 处（应理解为 x 略大于 0），$F_{Q_{A右}} = \frac{ql}{2}$；在 $x = l$ 处（应理解为 x 略小于 l），$F_{Q_{B左}} = -\frac{1}{2}ql$。将 $F_{Q_{A右}}$ 和 $F_{Q_{B左}}$ 连以直线，即为梁的剪力图，如图 4-12（b）所示。由剪力图可见，该梁的最大剪力位于支座内侧的横截面上，其值为：

$$F_{Q_{max}} = \frac{1}{2}ql$$

方程（b）表明，梁的弯矩是 x 的二次函数，故弯矩图是一条抛物线。因此，须确定其上三个点即可画出。

当 $x = 0$，$M_A = 0$

当 $x = l$，$M_B = 0$

当 $x = \frac{1}{2}l$，$M_{中} = F_{A_Y} \cdot \frac{l}{2} - \frac{1}{2}q\left(\frac{l}{2}\right)^2 = \frac{1}{8}ql^2$

由以上三点，画出弯矩图，如图 4-12（c）所示。由弯矩图可见，该梁最大弯矩位于跨中截面上，其值为：

$$M_{max} = M_{中} = \frac{1}{8}ql^2$$

对应剪力图可知，该截面上剪力等于零。

【例 4-7】 试作图 4-13（a）所示简支梁 AB 的剪力图和弯矩图。

【解】 1. 求支座反力

由梁的静力平衡方程 $\sum m_B = 0$ 和 $\sum m_A = 0$，分别得

$$F_{A_Y} = \frac{Fb}{l}, \quad F_{B_Y} = \frac{Fa}{l}$$

2. 列剪力方程和弯矩方程

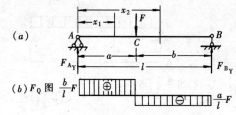

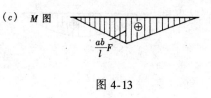

图 4-13

由于集中力 F 作用于 C 点,梁在 AC 和 CB 两段内的剪力和弯矩不能用同一方程式来表示,因此,须分段列方程。

AC 段:
$$F_Q(x_1) = F_{A_Y} = \frac{Fb}{l}$$
$$(0 < x_1 < a) \quad (a)$$

$$M(x_1) = F_{A_Y} x = \frac{Fb}{l} x$$
$$(0 \leq x_1 \leq a) \quad (b)$$

BC 段:
$$F_Q(x_2) = F_{A_Y} - F = -\frac{Fa}{l}$$
$$(a < x_2 < l) \quad (c)$$

$$M(x_2) = F_{A_Y} x_2 - F(x_2 - a) = \frac{Fa}{l}(l - x_2) \quad (a \leq x_2 \leq l) \quad (d)$$

3. 作剪力图和弯矩图

(1) 作剪力图 方程 (a) 表明,AC 段内剪力为常量,其值等于 $\frac{Fb}{l}$;方程 (c) 表明,CB 段内剪力也是常量,其值为 $-\frac{Fa}{l}$。因此,AC 段和 CB 段的剪力图各为一条水平直线,如图 4-13 (b) 所示。在集中力 F 作用的 C 处,其左右侧的剪力值分别为 $\frac{Fb}{l}$ 和 $-\frac{Fa}{l}$,剪力图在

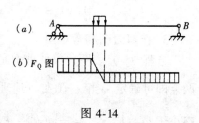

图 4-14

该处发生突变,其突变的绝对值等于集中力 F。这种情况是普遍存在的。由此可得结论:在集中力作用处剪力图发生突变,突变值等于该集中力的大小。如果 $b > a$,则最大剪力位于 AC 段任一截面上,其值为:

$$F_{Q_{max}} = \frac{Fb}{l}$$

上述不连续的情况,是由于假定集中力 F 作用在一个"点"上造成的。实际上 F 不可能作在一个点上,而是分布在梁的一小段长度上。如果将 F 力按作用在一小段长度上的均布荷载来考虑,如图 4-14 (a) 所示。剪力图在该处就不会发生突变了。如图 4-14 (b) 所示。正因为集中力作用处,剪力有突变,所以在剪力方程后所表示的适用范围 ($0 < x_1 < a$) 和 ($a < x_2 < l$) 中,除去了集中力 (F_{A_Y}、F、F_{B_Y}) 作用处,而不是 ($0 \leq x_1 \leq a$) 和 ($a \leq x_2 \leq l$)。

(2) 作弯矩图 方程 (b)、(d) 表明,AC 段和 CB 段弯矩图各为一条斜直线,分别可由其上两点确定。

AC 段:
$$x_1 = 0, \quad M_A = 0$$
$$x_1 = a, \quad M_{C左} = \frac{Fab}{l}$$

CB 段:
$$x_2 = a, \quad M_{C右} = \frac{Fab}{l}$$
$$x_2 = l, \quad M_B = 0$$

画出梁的弯矩图,如图 4-13(c)所示。由图可见,AC 和 CB 段弯矩图的斜率不同,在 C 处形成向下凸的尖角。对应剪力图可知,C 处左右侧截面剪力值不同。最大弯矩位于集中力 F 作用的 C 截面上,其值为:

$$M_{max} = \frac{Fab}{l}$$

如果 $a = b$,则最大弯矩值为:

$$M_{max} = \frac{Fl}{4}$$

【例 4-8】 试作图 4-15 所示简支梁 AB 的剪力图和弯矩图。

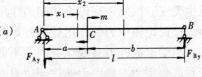
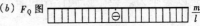
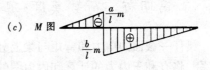

图 4-15

【解】 1. 求支座反力
由力偶平衡方程 $\Sigma m_i = 0$,可得

$$F_{A_Y} = F_{B_Y} = \frac{m}{l}$$

2. 列剪力方程和弯矩方程
集中力偶 m 把梁分成 AC 和 CB 两段,其剪力方程和弯矩方程分别为

AC 段: $F_Q(x_1) = -F_{A_Y} = -\dfrac{m}{l}$ $(0 < x_1 \leq a)$ (a)

$M(x_1) = -F_{A_Y} x_1 = -\dfrac{m}{l} x_1$ $(0 \leq x_1 < a)$ (b)

CB 段: $F_Q(x_2) = -F_{A_Y} = -\dfrac{m}{l}$ $(a \leq x_1 < l)$ (c)

$M(x_2) = -F_{A_Y} x_2 + m = m\left(1 - \dfrac{x_2}{l}\right)$ $(a < x_2 \leq l)$ (d)

3. 作剪力图和弯矩图

(1) 作剪力图 方程 (a)、(c) 表明,全梁的剪力是一常量,其值为 $-\dfrac{m}{l}$。因此,剪力图是一条水平直线,如图 4-15(b)所示。由剪力图可见,在集中力偶作用处,剪力图不发生变化。

(2) 作弯矩图 方程 (b)、(d) 表明,AC 和 CB 段弯矩图各为一条斜直线,分别可由其上两点确定。

AC 段: $x_1 = 0$, $M_A = 0$

$x_1 = a$, $M_{C左} = -\dfrac{ma}{l}$

CB 段: $x_2 = a$, $M_{C右} = \dfrac{mb}{l}$

$x_2 = l$, $M_B = 0$

画出弯矩图,如图 4-15(c)所示。由图可见,在集中力偶 m 作用 C 处,其左、右侧的弯矩值分别为 $-\dfrac{ma}{l}$ 和 $\dfrac{mb}{l}$,此处弯矩图发生突变,突变值等于集中力偶的大小。这种情况也是普遍现象,其原因和集中力作用处剪力图突变的原因相类同。由此可得结论:在集中力偶作用处,弯矩图发生突变,突变值等于该集中力偶的大小。如果 $b > a$,则最大弯矩位于 C 右侧截面上,其值为:

$$M_{\max} = M_{C右} = \frac{mb}{l}$$

从 [例 4-7] 和 [例 4-8] 可知,在集中力和集中力偶作用处,剪力图和弯矩图分别发生突变。因此,在讨论集中力作用处的剪力时,必须指明是集中力的左侧截面还是右侧截面;讨论集中力偶作用处的弯矩时,也必须指明是左侧截面还是右侧截面。同时还可看到,当梁上的外力有变化,内力不能用一个统一的函数表达时,必须分段列内力方程。分段是以集中力、集中力偶作用位置及分布荷载的起点和终点为界。

第四节 荷载集度·剪力和弯矩间的微分关系及其应用

梁任一截面的剪力和弯矩与梁上分布荷载集度之间存在着一定的微分关系,掌握这种关系,将有利于内力的计算和内力图的绘制。

设简支梁上作用有任意的分布荷载,如图 4-16(a)所示。现将坐标原点取在梁的左端,x 轴以向右为正。分布荷载集度 $q(x)$,规定向上为正,向下为负。

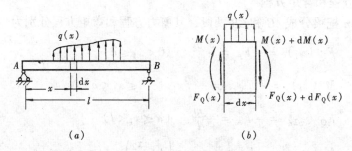

图 4-16

用坐标为 x 和 $x + dx$ 的两个相邻截面,取出长度为 dx 的微段梁作为研究对象,将其放大如图 4-16(b)所示。设坐标为 x 的横截面上剪力为 $F_Q(x)$,弯矩为 $M(x)$。当坐标 x 增加微分长度 dx 时,则横截面上的剪力和弯矩也将产生一定增量。因此,在坐标为 $x + dx$ 的截面上剪力为 $F_Q(x) + dF_Q(x)$,弯矩为 $M(x) + dM(x)$。上述各剪力和弯矩均假设为正值。作用在 dx 微段梁上的分布荷载 $q(x)$ 可以认为是均匀分布的。

由微段梁的平衡方程

$$\Sigma Y = 0 \quad F_Q(x) - [F_Q(x) + dF_Q(x)] + q(x) \cdot dx = 0$$

得

$$\frac{dF_Q(x)}{dx} = q(x) \tag{4-1}$$

$$\Sigma m_0 = 0 \quad M(x) + F_Q(x)dx + q(x)dx \cdot \frac{dx}{2} - [M(x) + dM(x)] = 0$$

略去高阶微量 $q(x) dx \cdot \frac{dx}{2}$,经整理可得

$$\frac{dM(x)}{dx} = F_Q(x) \tag{4-2}$$

公式（4-1）表明，剪力对 x 的一阶导数等于梁上相应处的分布荷载集度；公式（4-2）表明，弯矩对 x 的一阶导数等于相应截面的剪力。

由公式（4-1）和（4-2），可得

$$\frac{d^2M(x)}{dx^2} = \frac{dF_Q(x)}{dx} = q(x)$$

以上三式就是弯矩 $M(x)$、剪力 $F_Q(x)$ 和荷载集度 $q(x)$ 之间普遍存在的微分关系。由导数的几何意义可知，剪力图上某点处的切线斜率等于梁上相应截面处的荷载集度；弯矩图上某点处的切线斜率等于梁上相应截面的剪力。

根据以上的微分关系及其几何意义，结合上一节中的例题，可以得到如下一些规律：

（1）$q(x)=0$ 的情况，即梁段上无分布荷载。由(4-1)式可知，$\frac{dF_Q(x)}{dx}=0$，$F_Q(x)=$ 常数，故该段梁的剪力图为一水平直线；由式(4-2)可知，$\frac{dM(x)}{dx}=F_Q(x)=$ 常数，$M(x)$ 为 x 的一次函数，故该段梁的弯矩图为一斜直线。

（2）$q(x)=$ 常数的情况，即梁段上作用有均布荷载 $q(x)$。由式(4-1)可知，$\frac{dF_Q(x)}{dx}=q(x)=$ 常数，故该梁段的剪力图为一斜直线；由式(4-2)可知，$\frac{dM(x)}{dx}=F_Q(x)$，故该梁段的弯矩图为二次抛物线。若 $q(x)>0$，则弯矩图的抛物线上凸；当 $q(x)<0$，则弯矩抛物线下凸。

（3）由式（4-2）可知，在 $F_Q(x)$ 等于零处，$M(x)$ 具有极值。即剪力等于零的截面上弯矩具有极大值或极小值。

（4）在集中力作用处，截面左、右两侧的剪力值发生突变，其突变值等于集中力的大小。弯矩图因该处左右截面上的剪力不同形成尖角，尖角的指向与集中力指向相同。

（5）在集中力偶作用处，剪力图无变化；该处截面左、右侧弯矩值发生突变，其突变值等于该集中力偶的大小。

明确了上述荷载与内力图之间的规律，对绘制和校核剪力图和弯矩图是有很大帮助的。现将这些规律列于表 4-1 中，以供参考。

表 4-1

梁段上外力情况	剪 力 图	弯 矩 图	M_{max} 所在截面的可能位置
$q(x)=0$ 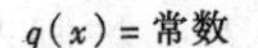	水平线	斜直线	
$q(x)=$ 常数 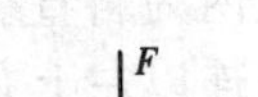	斜直线（斜向下↘）	二次抛物线（向下凸⌣）	在 $F_Q(x)=0$ 的截面
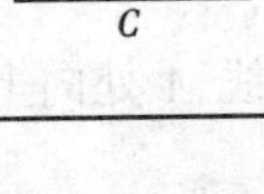 F 作用于 C	F 作用处发生突变 突变值等于 F	F 作用处有尖角	在剪力变号的截面

续表

梁段上外力情况	剪 力 图	弯 矩 图	M_{max}所在截面的可能位置
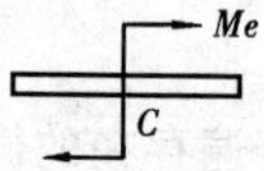 M_e 作用于 C	M_e作用处无变化	M_e作用处发生突变 突变值等于M_e	在$C_左$或$C_右$截面
举例	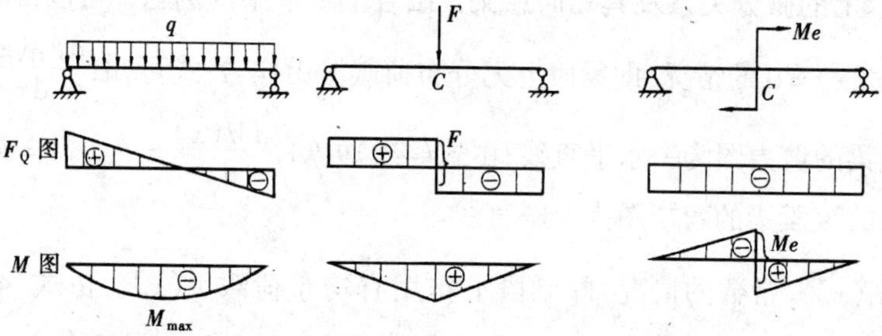		

从表 4-1 中所列的各项规律，根据梁上的外力情况（包括荷载及支座反力），就可以知道该段梁剪力图和弯矩图的形状。因此，只要确定和计算绘制内力图形状的几个控制截面的内力值，就可画出内力图。这种作图方法称为简易法或简捷法。下面举例说明。

【例 4-9】 一悬臂梁受荷载如图 4-17（a）所示，试画出该梁的剪力图和弯矩图。

【解】 对于悬臂梁，可以不求支反力，从自由端开始分析。该梁由于各段荷载分布不同，因此应将梁分为 AB、CD 两段，则 A、B、C 三处截面即为控制截面（分界面）。

1. 求控制截面上的内力

控制截面上的内力可用本章第二节的内力计算直接法求得，即

$F_{Q_A} = F = 10\text{kN}$, $\qquad M_A = 0$

$F_{Q_{B左}} = F = 10\text{kN}$, $\qquad M_B = F \times 2 = 20\text{kN} \cdot \text{m}$

$F_{Q_{C左}} = F - q \times 4 = -22\text{kN}$, $\qquad M_{C左} = F \times 6 - q \times 4 \times 2 = -4\text{kN} \cdot \text{m}$

2. 作剪力图

对于 AB 段，$q(x) = 0$，故剪力图在此段内为水平直线，将 F_{Q_A} 和 $F_{Q_{B左}}$ 控制点值连以直线。

对于 BC 段，其上为均布荷载，即 $q(x) =$ 常数，故剪力图在此段内为斜直线，只要有两点值即可确定。为此，将 $F_{Q_{B右}}$（$F_{Q_{B左}} = F_{Q_{B右}}$）和 $F_{Q_{C左}}$ 两控制点值连以左上右下倾斜直线（$q(x) < 0$）。

由于梁的 A 端有集中力 F 作用，因此剪力图上应有突变，即由基准线 A 处向上突变

F_{Q_A}。梁的另一端 C 截面处,因支座反力 $F_{A_Y} = 22$kN,指向向上,故剪力图向上突变交于基准线。全梁剪力图如图 4-17(b)所示。

3. 作弯矩图

截面 A 处的弯矩为零。

AB 段:其上无荷载,且剪力为正,故弯矩图应为左上右下倾斜直线。为此将 M_A 和 M_B 两控制点值连以斜直线。

BC 段:其上有均布荷载作用,且 $q<0$,故弯矩图为下凸的二次抛物线,除 B、C 两点弯矩值外,再取均布荷载作用梁段的中点 D,其弯矩大小为:

$$M_D = F \times 4 - q \times 2 \times 1 = 24 \text{kN} \cdot \text{m}$$

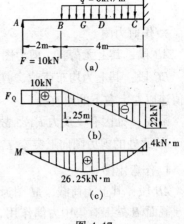

图 4-17

由 M_B、M_D 和 $M_{C左}$ 三个控制点值即可绘出抛物线图。

截面 C 处因有支座反力偶 M_C($M_C = M_{C左}$)作用,故弯矩图向下突变交于基准线。全梁的弯矩图如图 4-17(c)所示。

从剪力图上可以看出,在截面 G 处剪力为零,因此该处的弯矩有极值。于是,根据剪力图 BC 段的两个相似三角形比值关系可确定 G 截面的位置,设 BG 距离为 x,得

$$x = \frac{10}{22+10} \times 4 = 1.25 \text{m}$$

则 G 截面上的弯矩为:

$$M_G = F \times (2 + 1.25) - q \times 1.25 \times \frac{1.25}{2} = 26.25 \text{kN} \cdot \text{m}$$

故全梁最大弯矩位于 G 截面,其值为 $M_{max} = 26.25$kN·m。

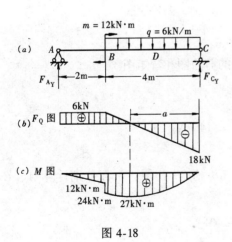

图 4-18

【例 4-10】 试用简易法作出图 4-18(a)所示简支梁 AB 的剪力图和弯矩图。

【解】 1. 求支座反力

由梁整体的平衡条件,可求得

$$F_{A_Y} = 6 \text{kN}, \quad F_{C_Y} = 18 \text{kN}$$

2. 求控制截面上的内力

根据梁上荷载情况,将梁应分为 AB、BC 两段。A、B、C 三点为控制点,其内力值分别为

$$F_{Q_A} = F_{A_Y} = 6 \text{kN}, M_A = 0$$

$$F_{Q_{B右}} = F_{A_Y} = 6 \text{kN}, M_{B左} = F_{A_Y} \times 2 = 12 \text{kN} \cdot \text{m}$$

$$F_{Q_C} = F_{C_Y} = 18\text{kN}, M_C = 0$$

3. 作剪力图

AB 段：其上无荷载，剪力图为水平直线，即将 F_{Q_A} 和 $F_{Q_{B左}}$ 两控制点值连以直线。

BC 段：其上为均布荷载，剪力图为斜直线。故将 $F_{Q_{B右}}$（$F_{Q_{B右}} = F_{Q_{B左}}$）和 F_{Q_C} 两控制点值连以左上右下的斜直线。

梁端 A 处因有支反力 F_{A_Y}，故剪力图由基准线向上突变 F_{A_Y} 值；梁另一端 C 处有反力 F_{C_Y}，故此处的剪力图向上突变 F_{C_Y} 值并交于基准线。全梁的剪力图如图 4-18（b）所示。

4. 作弯矩图

AB 段：其上无荷载，M 图为斜直线，即将 M_A 和 $M_{B左}$ 两控制点值连以斜直线。

截面 B 处因有集中力偶作用，故弯矩图有突变，由于外力偶为顺时针转向力偶，因此自左截面向右截面，弯矩向代数值增大的方向突变，突变值等于外力偶矩 m，即由 $B_左$ 的弯矩 12kN·m 突变为 24kN·m（也就是 $B_右$ 截面的弯矩）。

BC 段：其上有均布荷载，M 图为二次抛物线，除 B、C 两控制点外，取 BC 段中点 D 为控制点，其弯矩值为：

$$M_D = F_{C_Y} \times 2 - q \times 2 \times 1 = 24\text{kN·m}$$

将 $M_{B右}$、M_D 和 M_C 三控制点值连以抛物线。全梁弯矩图如图 4-18（c）所示。

从剪力图上可知，在截面 G 处剪力为零，则弯矩有极值。G 截面位置由 BC 段剪力图的两个相似三角形比值关系确定，即

$$a = \frac{18}{6+18} \times 4 = 3\text{m}$$

则该截面上的弯矩为：

$$M_G = F_{A_Y} \times 3 + m - q \times 1 \times 0.5 = 27\text{kN·m}$$

故全梁最大弯矩位于 G 截面，其值为 $M_{max} = 27$kN·m。

【例 4-11】 试用简易法作图 4-19 所示外伸梁的剪力图和弯矩图。

【解】 1. 求支座反力

由外伸梁整体平衡条件，可求得

$$F_{A_Y} = 72\text{kN}, \quad F_{B_Y} = 148\text{kN}$$

2. 求控制截面上的内力

根据梁上荷载及反力情况，应将梁分为 AC、CB 和 BD 三段。下面分别计算 A、C、B、D 4 个控制点的内力值：

$$F_{Q_A} = F_{A_Y} = 72\text{kN}, \qquad M_A = 0$$

$$F_{Q_{C左}} = F_{A_Y} = 72\text{kN}, \qquad M_{C左} = F_{A_Y} \times 2 = 144\text{kN·m}$$

$$F_{Q_{B右}} = F + q \times 2 - F_{B_Y} = -88\text{kN}, \qquad M_{B右} = -(P \times 2 + q \times 2 \times 1) = -80\text{kN·m}$$

$$Q_D = F = 20\text{kN}, \qquad M_D = 0$$

3. 作剪力图

AC 段：其上无荷载，F_Q 图为水平线段，故将 F_{Q_A} 和 $F_{Q_{C左}}$ 两控制点值连以直线。

CB 段：其上为均布荷载，且 $q<0$，故 F_Q 图为左上右下的斜直线。于是将 $F_{Q_{C右}}$（$F_{Q_{C右}} = F_{Q_{C左}}$）和 $F_{Q_{B左}}$ 连以斜直线。

支座 B 截面处，由于反力 F_{B_Y} 作用，自 B 左截面到 B 右截面，F_Q 图向上突变 F_{B_Y} 值，并得 $F_{Q_{B右}} = 60\text{kN}$。

BD 段：其上为均布荷载，F_Q 图为斜直线。故将 $F_{Q_{B右}}$ 和 F_{Q_D} 两控制点值连以斜直线，且该斜直线与 CB 段 F_Q 图上的斜直线相互平行。请读者思考。

梁端 A 处由于 F_{A_Y} 的作用，由基准线向上突变 F_{Q_A} 值（$F_{Q_A} = F_{A_Y}$）；梁端 D 处由于 F 的作用，剪力图在该处向下变 F 值并交于基准线。

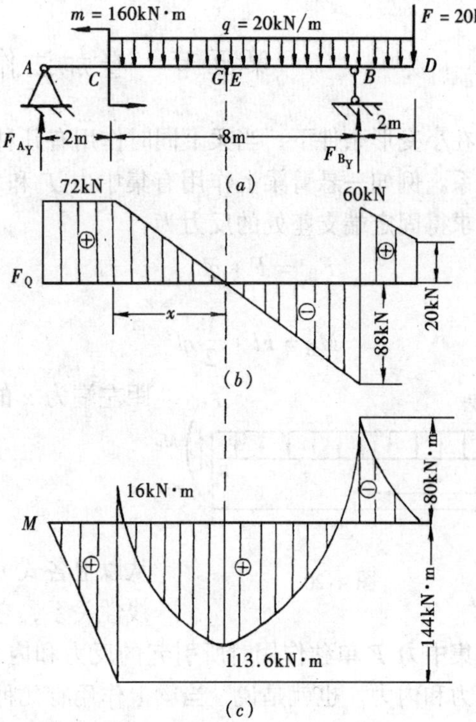

4. 作弯矩图

AC 段：其上无荷载，M 图为斜直线。即将 M_A 和 $M_{C左}$ 连以斜直线。

截面 C 处因有集中力偶作用，故弯矩图在该处有突变。由于外力偶为逆时针转向力偶，自 C 左截面到 C 右截面，弯矩向代数值减小的方向突变，突变值等于外力偶矩 m，即由 $C_左$ 的弯矩 + 144kN·m 变为 − 16kN·m（即 $M_{C右}$ = − 16kN·m）。

CB 段：其上有均布荷载，故 M 图为抛物线，CB 的中点 E 的弯矩为 $M_E = 112\text{kN·m}$。于是将 $M_{C右}$、M_E 和 M_B 三控制点值连以抛物线。

BD 段的弯矩图绘制方法与上相同。故全梁的弯矩图如图 4-19（c）所示。

从剪力图上可以看到，在截面 G 处剪力为零，则该处弯矩应有极值。与 [例 4-10] 计算极值弯矩方法相同，求得 CB 梁段最大弯矩 $M_G = 113.6\text{kN·m}$。而全梁最大弯矩位于 C 左截面处，其值为 $M_{max} = M_{C左} = 144\text{kN·m}$。

由以上三个例题可知，用简易法绘制内力图的基本步骤为：

(1) 求支座反力；

(2) 根据梁上荷载及反力情况将梁分段，分段原则与列 $F_Q(x)$、$M(x)$ 相同，并计算控制截面（梁的端点和分段的界点处截面）上的内力值；

(3) 根据 $q(x)$、$F_Q(x)$ 和 $M(x)$ 之间的微分关系及其规律，判断各梁段内力图的形状，并利用控制截面上内力值连以正确的内力图线，即得到全梁的剪力图和弯矩图。

用简易法绘制内力图十分简便、迅速，应当熟练掌握。但是用列剪力方程和弯矩方程作内力图的方法也是十分重要的，它是绘制内力图的基本方法。

图 4-19

第五节 叠加法作剪力图和弯矩图

在小变形条件下,当梁上同时作用有几种荷载时,梁的反力和内力均与梁上荷载成线性关系。例如一悬臂梁上作用有集中力 F 和均布荷载 q,如图 4-20 所示。由梁的平衡条件,求得固定端支座处的反力为:

$$F_{B_Y} = F + ql$$

$$M_B = Fl + \frac{1}{2}ql^2$$

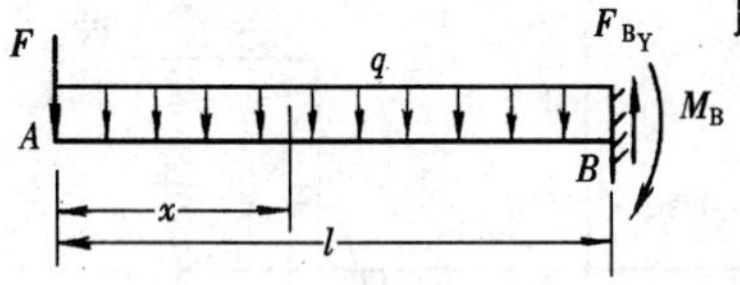

距左端为 x 的截面上的剪力和弯矩分别为:

$$F_Q(x) = -F - qx$$

$$M(x) = -Fx - \frac{1}{2}qx^2$$

图 4-20

从以上各式可以看出,梁的反力和内力与 F 和 q 分别成线性关系,它们是由两部分组成的,等式右边的第一项是在集中力 F 单独作用时所引起的反力和内力,第二项是在均布荷载单独作用下所引起的反力和内力。也就是说,当梁上作用有几种荷载时,其反力和内力等于每一种荷载单独作用下所引起的反力和内力的总和。因此,计算图 4-20 所示梁的反力和内力时,就可先分别计算出 F 和 q 单独作用时的反力和内力,然后再代数相加。这种方法称为叠加法。叠加法实际上应用了力学分析中的叠加原理,即由几个外力共同作用时所引起的某一参数(反力、内力、应力或位移),就等于每个外力单独作用时所引起的该参数值的叠加。

用叠加法作梁的剪力图和弯矩图时,可以先分别作出梁在每个荷载单独作用时的剪力图和弯矩图,然后将剪力图或弯矩图相应截面处的纵坐标叠加,叠加后的图形就是梁在所有荷载共同作用下的剪力图或弯矩图。如图 4-21(e)与图 4-21(f)的叠加就可得到如图 4-21(d)所示的剪力图,图 4-21(h)与图 4-21(i)叠加得到如图 4-21(g)所示的弯矩图。

这里必须指出,所谓内力图的叠加,是指内力图的纵坐标代数值相加,而不是内力图简单合并。

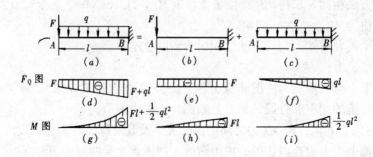

图 4-21

【例 4-12】 试用叠加法作图 4-22(a)所示简支梁的弯矩图。

【解】 首先分别画出 F 与 m 单独作用下的弯矩图，如图 4-22（e）、（f）。然后将相应截面处的纵坐标代数相加。该题由于图 4-22（e）、（f）均为直线图形，所以只需确定 A、B、C 三个截面的弯矩值即可。

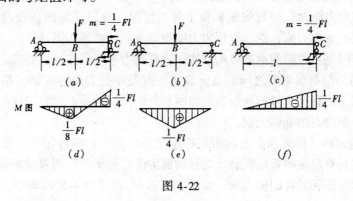

图 4-22

$$M_A = 0$$

$$M_B = \frac{1}{4}Fl - \frac{1}{8}Fl = \frac{1}{8}Fl$$

$$M_C = -\frac{1}{4}Fl$$

然后将 M_A 和 M_B 两控制点值连以直线，将 M_B 和 M_C 两控制点值再连以直线，即得梁的弯矩图，如图 4-22（d）所示。

本 章 小 结

本章的主要内容是研究弯曲变形时梁横截面上内力，即剪力和弯矩的计算以及剪力图和弯矩图的绘制。弯曲问题是材料力学课程的重要内容，熟练掌握梁的内力计算及内力图绘制是进行梁的强度和刚度计算的首要条件，也对后继课程的学习打下了良好的基础。

1. 杆件受到位于纵向对称平面内的外力作用时，杆件将产生平面弯曲。一般情况下，梁在平面弯曲时横截面上有两个内力分量，即剪力 F_Q 和弯矩 M。剪力平行于梁的横截面，对梁有剪切作用；弯矩位于梁的纵向对称平面内，使梁发生弯曲变形。

2. 确定梁横截面上剪力和弯矩的基本方法是截面法。在熟练掌握截面法的基础上，还可利用直接法计算梁的内力。在计算中，必须明确剪力和弯矩的符号规定及其使用方法。

3. 剪力图和弯矩图分别表示了梁内剪力和弯矩沿轴线变化的规律。剪力图和弯矩图的绘制在工程上是十分重要的，必须熟练掌握。

本章介绍了三种绘制内力图的方法：

（1）根据剪力方程和弯矩方程作内力图。

（2）利用 $q(x)$、$F_Q(x)$ 和 $M(x)$ 之间的微分关系作内力图，这种作图方法也称为简易法。

（3）用叠加法作内力图。

上述三种作图方法中，根据剪力方程和弯矩方程作内力图是最基本的。列剪力方程和弯矩方程时，必须确定坐标原点，明确分段原则，利用截面法或直接法正确建立各段内力方程，根据方程形式及其适用范围绘出内力图。

用简易法作内力图时，应首先根据梁上外力情况，分段并判断各段内力图的曲线形状，计算控制截面的内力值，然后根据内力图规律及曲线性质作图。

用叠加法作图是一种简便而有效的方法，在材料力学中只作一般要求。

4. 弯矩、剪力与荷载集度之间的微分关系在直梁中是普遍存在的。根据它们之间的关系及其几何意义，有助于校核和绘制剪力图和弯矩图。因此，应熟记这些关系所得到的一些基本规律，使内力图准确无误。

5. 对于结构对称（指梁和支座约束对称于梁跨中截面）的静定梁，若梁上作用着对称荷载，则该梁具有对称的弯矩图和反对称的剪力图；若梁上作用着反对称荷载，则该梁具有反对称的弯矩图和对称的剪力图。参阅 [例 4-6] 及 [例 4-8]（集中力偶位于跨中的情况）。

思 考 题

4-1 何谓平面弯曲？试从工程实践中列举几例平面弯曲的构件，并画出它们的计算简图。

4-2 何谓剪力和弯矩？它们的正负号是怎样规定的？

4-3 何谓剪力方程、弯矩方程、剪力图和弯矩图？它们与坐标原点的选择有无关系？

4-4 列出梁的剪力方程和弯矩方程时，在何处需要分段？

4-5 在求梁横截面上内力时，可直接由该横截面任一侧梁上的外力来计算，为什么？怎样由外力直接确定所求横截面的内力数值及符号？

4-6 试述荷载集度 q、剪力 F_Q 和弯矩 M 三者之间的微分关系。它们的几何意义是什么？如何利用这一微分关系校核和绘制剪力图和弯矩图？

4-7 一简支梁上作用有均布荷载和集中力偶，其剪力图和弯矩图如图 4-23 所示，试利用 q、F_Q 和 M 的微分关系检查剪力图和弯矩图是否正确。

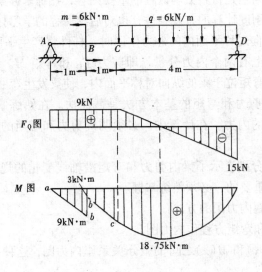

图 4-23 思考题 4-7 图

4-8 试判断以下说法是否正确。
(1) 静定梁的内力只与荷载有关，而与梁的材料、截面形状和尺寸无关。 （ ）
(2) 剪力和弯矩的正负号与坐标的选择有关。 （ ）
(3) 在截面的任一侧，向上的集中力产生正的剪力，向下的集中力产生负的剪力。 （ ）
(4) 在截面的任一侧，向上的集中力产生正的弯矩，向下的集中力产生负的弯矩。 （ ）
(5) 如果某段梁内的弯矩为零，则该段梁内的剪力也为零。 （ ）
(6) 梁弯曲时最大弯矩一定发生在剪力为零的横截面上。 （ ）
(7) 如果简支梁上只作用着若干个集中力，则最大弯矩必发生在最大集中力作用处。 （ ）

4-9 何谓叠加原理？试述用叠加法作弯矩图的基本步骤。

习 题

4-1 试用截面法求图4-24所示各梁指定截面1-1上的剪力和弯矩。

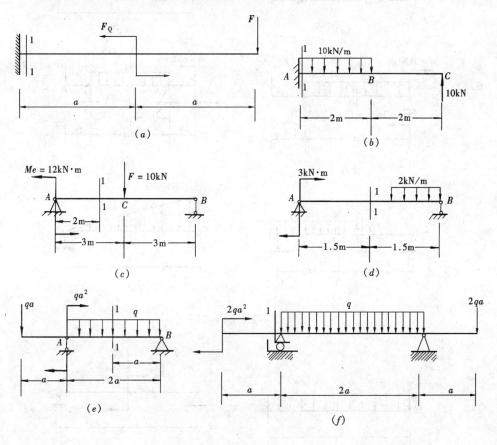

图 4-24 题 4-1 图

4-2 试用直接法求图4-25所示各梁指定截面上的剪力和弯矩。

4-3 写出图4-26所示各梁的剪力方程和弯矩方程，并按方程作剪力图和弯矩图。

4-4 试用简易法作图4-27所示各梁的剪力图和弯矩图，并求出绝对值最大的剪力和弯矩。

4-5 用简易法作图4-25所示各梁的剪力图和弯矩图。

4-6 试根据弯矩、剪力和荷载集度之间的微分关系指出图4-28所示剪力图和弯矩图的错误。

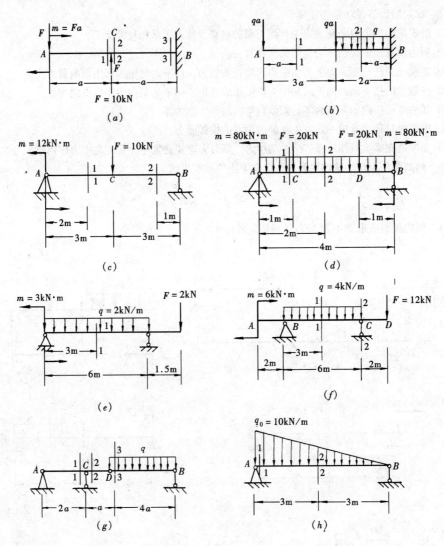

图 4-25 题 4-2 图

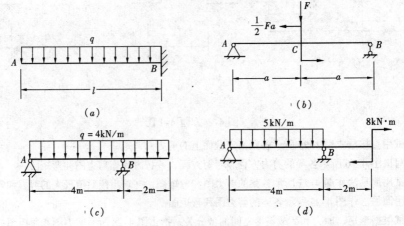

图 4-26 题 4-3 图

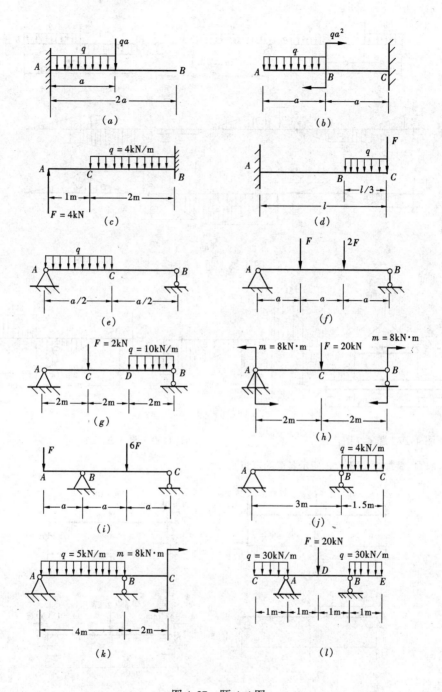

图 4-27 题 4-4 图

4-7 如图 4-29 所示，起吊一根单位长度重量为 q kN/m 的等截面钢筋混凝土梁，要想在起吊中使梁内产生的最大正弯矩与最大负弯矩绝对值相等，试确定起吊点 A、B 的位置（即 $a=?$）。

4-8 已知梁的剪力图如图 4-30 所示，且梁上无集中力偶作用。试根据剪力图作梁的弯矩图和荷载图。

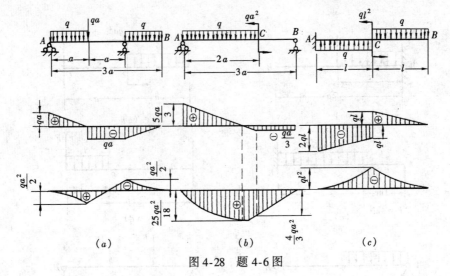

(a)   (b)   (c)

图 4-28   题 4-6 图

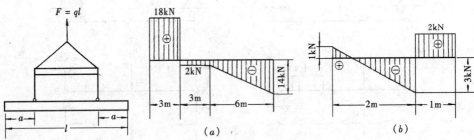

图 4-29   题 4-7 图   图 4-30   题 4-8 图

4-9   试用叠加法作图 4-31 所示各梁的弯矩图。

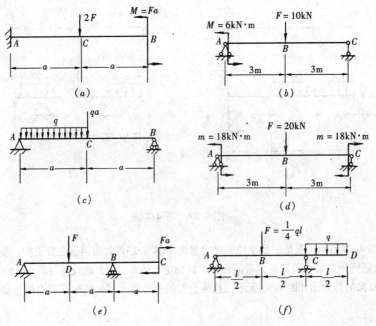

图 4-31   题 4-9 图

4-10 试作出图 4-32 所示楼梯梁的剪力图和弯矩图。

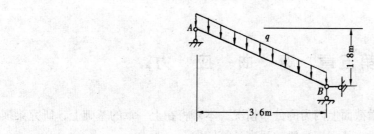

图 4-32 题 4-10 图

第五章 弯 曲 应 力

为了进一步研究梁的横截面上内力的分布情况，本章将在上一章的基础上，研究梁横截面上的应力及其分布规律，从而解决梁的强度计算问题。

从上一章可知，在一般情况下，梁的横截面上既有弯矩，又有剪力。与轴向拉压和扭转问题相同，应力与内力的形式是相联系的。因此，弯矩 M 应是横截面上法向分布内力的合力偶矩；剪力 F_Q 应是横截面上切向分布内力的合力。由此可知，梁横截面上有弯矩时，必然有正应力；梁横截面上有剪力时，必然有切应力。所以，梁横截面上一般是既有正应力，又有切应力。

本章将分别研究梁的正应力和切应力，以及相应的强度条件和应用。

第一节 梁 的 正 应 力

一、纯弯曲时梁的正应力

如图 5-1（a）所示的简支梁上，受两个外力 F 对称地作用在梁的纵向对称平面内。该梁的剪力图和弯矩图分别如图 5-1（b）、（c）所示。由图可见，在 AC 和 DB 段，梁各横截面上剪力 F_Q 和弯矩 M 同时存在，这种情况的弯曲称为横力弯曲或剪切弯曲。在 CD 段，梁各横截面上只有弯矩没有剪力，这种情况的弯曲称为纯弯曲。因此，纯弯曲的梁段，其横截面上只有正应力，而无切应力。纯弯曲是弯曲理论中最简单最基本的情况。

研究纯弯曲时梁横截面上正应力的计算公式，与推导圆轴扭转时的切应力计算公式相仿，需要综合考虑几何、物理和静力三个方面。

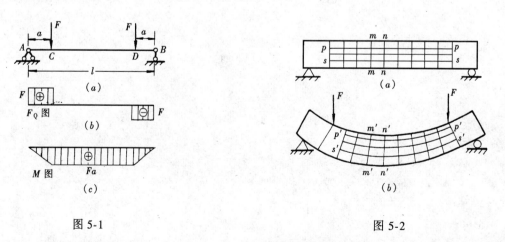

图 5-1   图 5-2

（一）几何方面

为了找出纯弯曲梁的变形几何关系，现用矩形截面的橡皮梁进行试验。实验前，在梁的侧面画上一些纵向线和横向线,如图5-2(a)所示,然后在对称位置上加集中力F,如图5-2(b)所示。梁受力后中部梁段发生纯弯曲变形,并可观察到如下一些现象:

(1) 变形前相互平行的纵向直线,变形后变成了圆弧线。

(2) 变形前的横向直线,变形后仍为直线且与纵向弧线相垂直,只是相对旋转了一个角度。

根据上述实验结果,可以假设,变形前原为平面的梁的横截面变形后仍保持平面,且仍垂直于变形后的梁轴线。这就是弯曲变形的平面假设。同时,设想梁由无数条纵向纤维所组成。在纯弯曲时,各纵向纤维之间无挤压作用,这个假设称为单向受力假设。又由于图5-2(b)所示的弯曲变形凸向向下,则靠近底面的纤维伸长,靠近顶面的纤维缩短。纵向纤维自上至下由缩短到伸长的连续变形中,其间必定有一层纤维的长度不变。这一层纤维称为中性层。中性层与横截面的交线称为中性轴。纯弯曲时,梁横截面就是绕中性轴作微小的转动。

现从纯弯曲梁段内截出长为dx的微段,在横截面上选取竖向对称轴为y轴,中性轴为z轴(其位置尚待确定),如图5-3(a)所示。根据上述的分析,弯曲变形时微段dx的左、右横截面仍为平面,只是相对转过一个角度$d\theta$,如图5-3(b)、(c)所示。

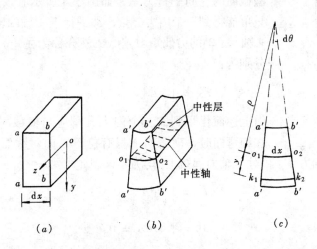

图 5-3

设曲线$\overparen{O_1O_2}$位于中性层上,其长度为dx,且$\overparen{O_1O_2} = dx = \rho d\theta$。距中性层为$y$的$K_1K_2$的原长为$dx$,变形后曲线$\overparen{K_1K_2}$长为:

$$\overparen{K_1K_2} = (\rho + y)d\theta$$

上式中,ρ为中性层的曲率半径。由线应变的定义,则$\overparen{K_1K_2}$的线应变ε为:

$$\varepsilon = \frac{\overparen{K_1K_2} - dx}{dx} = \frac{(\rho + y)d\theta - \rho d\theta}{\rho d\theta}$$

整理后得

$$\varepsilon = \frac{y}{\rho} \quad (a)$$

式(a)表明,纵向纤维的线应变与它到中性层的距离y成正比。式中的ρ对于同一横截面来说是个常量。

（二）物理关系

由上述单向受力假设可知，纵向纤维处于单向受拉或受压状态。当材料处于线弹性范围内，则根据单向受力状态的胡克定律

$$\sigma = E\varepsilon$$

将式（a）代入上式，得

$$\sigma = E\frac{y}{\rho} \tag{b}$$

式（b）表明，横截面上任一点的正应力与该点到中性轴的距离成正比，即横截面上的正应力沿截面高度按线性规律分布。在中性轴上，各点的 y 坐标为零，故中性轴上各点处的正应力为零，距中性轴最远的上下边缘处正应力为最大或最小。

但式（b）中 $\frac{1}{\rho}$ 和中性轴位置均未确定，故还不能直接用来计算截面上的正应力。

（三）静力关系

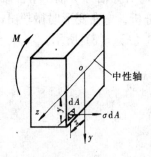

图 5-4

在横截面上，取微面积 dA，其上微内力 σdA 组成了垂直于横截面的空间平行力系，如图 5-4 所示。该力系向 O 点简化，只可能得到三个内力分量，即平行于 x 轴的轴力 N（主矢），对 y 轴和 z 轴的力偶矩 M_y 和 M_z（合称为主矩）。三个内力分量应分别为：

$$F_N = \int_A \sigma dA, \qquad M_y = \int_A z\sigma dA, \quad M_z = \int_A y\sigma dA$$

由上述简化得到的三个内力分量应与横截面上的内力相一致。

在纯弯曲时，横截面上只有位于纵向对称面内的弯矩，即对 z 轴的力偶矩，而轴力 F_N 和对 y 轴力偶矩 M_y 均为零，因此

$$F_N = \int_A \sigma dA = 0 \tag{c}$$

$$M_y = \int_A z\sigma dA = 0 \tag{d}$$

$$M_z = M = \int_A y\sigma dA \tag{e}$$

将式（b）代入式（c），得

$$\int_A \sigma dA = \frac{E}{\rho}\int_A y dA = 0 \tag{f}$$

式中 $\frac{E}{\rho}$ = 常量，不能为零，故只有 $\int_A y dA = 0$。由截面性质可知，静矩 $S_z = \int_A y dA = 0$，必须 z 轴（中性轴）通过截面形心。这就完全确定了中性轴的位置。梁内各截面的中性轴都包含在中性层内，所以梁的轴线也在中性层内，且梁弯曲时其长度不变。

将式（b）代入式（d），得

$$\int_A z\sigma dA = \frac{E}{\rho}\int_A yz dA = 0 \tag{g}$$

式中积分 $\int_A yz dA$ 为横截面对 z、y 轴的惯性矩 I_{zy}，由于 y 轴是横截面的对称轴，根据截面

几何性质可知，$I_{zy} = 0$。故上式自然成立。

将式（b）代入式（e），得

$$M = \int_A y\sigma dA = \frac{E}{\rho}\int_A y^2 dA \qquad (h)$$

式中积分 $\int_A y^2 dA$ 为横截面对 z 轴的惯性矩 I_z，即

$$\int_A y^2 dA = I_z$$

于是式（h）可以写成

$$\frac{1}{\rho} = \frac{M}{EI_z} \qquad (5\text{-}1)$$

式中 $\frac{1}{\rho}$ 是梁轴线变形后的曲率。上式表明，纯弯曲时，其轴线曲率 $\frac{1}{\rho}$ 与弯矩 M 成正比，与 EI_z 成反比。由于 EI_z 越大，则曲率 $\frac{1}{\rho}$ 越小，故 EI_z 称为梁的抗弯刚度。从式（5-1）和式（b）中消去 $\frac{1}{\rho}$，得

$$\sigma = \frac{M}{I_z}y \qquad (5\text{-}2)$$

这就是纯弯曲时梁的正应力计算公式。上式表明，纯弯曲时，梁横截面上任一点的正应力与弯矩 M 成正比，与横截面对中性轴 z 的惯性矩 I_z 成反比，与该点到中性轴的距离 y 成正比。即正应力沿截面高度呈直线规律分布，距中性轴愈远处正应力愈大（绝对值），中性轴上各点正应力等于零，如图 5-5 所示。

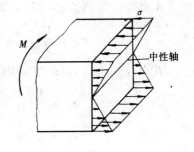

图 5-5

在应用公式（5-2）时，M 和 y 通常均以绝对值代入，正应力 σ 的正负号仍以拉应力为正，压应力为负。一般由梁的变形直接判定。以中性层为界，梁凸出的一侧受拉，凹入的一侧受压。

在推导公式（5-2）过程中，应用了胡克定律。因此只有当正应力不超过材料的比例极限时公式才适用。公式（5-2）是用矩形截面梁导出的，在推导过程中没有用过矩形的几何特性。因此，对于具有一个纵向对称平面的梁（如圆形、T 形、槽形等），且荷载作用在该纵向对称平面内，公式（5-1）、（5-2）均适用。

二、横力弯曲时梁的正应力

工程上最常见的弯曲是横力弯曲。在这种情况下，梁的横截面上不仅有弯矩，而且还有剪力。由于剪应力的存在，横截面不能再保持为平面，将发生翘曲。同时，在与中性层平行的纵截面上，还有由横向力引起的挤压应力。因此，梁在纯弯曲时所作的平面假设和单向受力假设都不能成立。但是，精确理论分析证明，工程中常见的梁，当跨度与高度之比 l/h（简称跨高比）大于 5 时，正应力计算公式（5-2）可以推广应用于横力弯曲，其计算结果略低于精确解。随着跨高比 l/h 的增大，其误差就越小。

在横力弯曲时，梁的弯矩 $M(x)$ 随着横截面位置坐标 x 的变化而改变。因此，横力

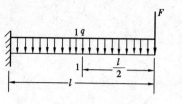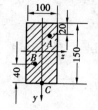

弯曲时梁横截面上任意一点正应力计算公式为：

$$\sigma = \frac{M(x)}{I_z}y \qquad (5\text{-}3)$$

图 5-6

【例 5-1】 矩形截面悬臂梁的截面尺寸如图 5-6 所示。已知梁的长度 $l = 2\text{m}$，集中荷载 $F = 1\text{kN}$，均布荷载 $q = 0.6\text{kN/m}$。试计算该梁 1-1 截面上 A、B、C 三点的弯曲正应力。

【解】 1. 求 1-1 截面的弯矩

$$M_1 = -F \cdot \frac{l}{2} - q \cdot \frac{l}{2} \cdot \frac{l}{4} = -1 \times 1 - \frac{1}{2} \times 0.6 \times \frac{1}{4} \times 2^2 = -1.3\text{kN} \cdot \text{m}$$

2. 计算截面的惯性矩 I_z

$$I_z = \frac{bh^3}{12} = \frac{100 \times 150^3}{12} = 28.1 \times 10^6 \text{mm}^4$$

3. 计算各点的正应力

A 点： $y_A = -(75 - 20) = -55\text{mm}$

$$\sigma_A = \frac{M_1}{I_z} y_A = \frac{-1.3 \times 10^3 \times (-55) \times 10^{-3}}{28.1 \times 10^6 \times 10^{-6}} = 2.54\text{MPa}$$

B 点： $y_B = 75 - 40 = 35\text{mm}$

$$\sigma_B = \frac{M_1}{I_z} y_B = \frac{-1.3 \times 10^3 \times 35 \times 10^{-3}}{28.1 \times 10^6 \times 10^{-6}} = -1.62\text{MPa}$$

C 点： $y_C = 75\text{mm}$

$$\sigma_C = \frac{M_1}{I_z} y_C = \frac{-1.3 \times 10^3 \times 75 \times 10^{-3}}{28.1 \times 10^6 \times 10^{-6}} = -3.47\text{MPa}$$

上述各点的正应力是利用式 (5-3) 计算得出的。另外，B、C 两点的应力还可利用求得的 σ_A 和直线分布规律来计算，即

$$\sigma_B = \frac{y_B}{y_A} \sigma_A = \frac{35}{-55} \times 2.54 = -1.62\text{MPa}$$

$$\sigma_C = \frac{y_C}{y_A} \sigma_A = \frac{75}{-55} \times 2.54 = -3.47\text{MPa}$$

计算结果 σ_A 为正值，表明该点为拉应力，σ_B 和 σ_C 为负值，B、C 两点为压应力。

第二节　梁的正应力强度计算

一、梁的正应力强度条件

对于等截面直梁，由公式 (5-3) 可知，梁的最大正应力发生在弯矩最大的横截面上，且距中性轴最远的各点处，即

$$\sigma_{max} = \frac{M_{max}}{I_z} y_{max} \tag{5-4}$$

令

$$W_z = \frac{I_z}{y_{max}} \tag{5-5}$$

则式（5-4）可改写成：

$$\sigma_{max} = \frac{M_{max}}{W_z} \tag{5-6}$$

式中，W_z 称为抗弯截面系数。它与截面的尺寸和几何形状有关，常用单位为"mm^3"或"m^3"。

对于高为 h，宽为 b 的矩形截面，则

$$W_z = \frac{I_z}{y_{max}} = \frac{bh^3/12}{h/2} = \frac{bh^2}{6} \tag{5-7}$$

对于直径为 D 的圆截面，则

$$W_z = \frac{I_z}{y_{max}} = \frac{\pi D^4/64}{D/2} = \frac{\pi D^3}{32} \tag{5-8}$$

各种型钢的 W_z 值可以从型钢表中查得。

梁在横力弯曲时，横截面上既有正应力，又有切应力。但在最大正应力作用的上、下边缘各点处，切应力等于零（详见下节讨论）。因此，横截面的上下边缘各点处，材料处于单向受力状态。这样，仿照轴向拉（压）时的强度条件来建立梁的正应力强度条件，即梁的横截面上的最大正应力 σ_{max}，不得超过材料的许用弯曲正应力 $[\sigma]$。因此，梁弯曲时正应力强度条件可表示为：

$$\sigma_{max} = \frac{M_{max}}{W_z} \leq [\sigma] \tag{5-9}$$

对于抗拉和抗压强度相同的材料，如低碳钢，只要绝对值最大的正应力不超过许用应力 $[\sigma]$ 即可。对抗拉和抗压强度不等的材料，如铸铁，则分别要求最大拉应力和最大压应力不超过材料的许用拉应力 $[\sigma_t]$ 和许用压应力 $[\sigma_c]$。

二、梁的正应力强度计算

利用梁的正应力强度条件，即公式（5-9），可以解决工程中常见的三类强度计算问题。

(1) **强度校核** 当已知梁的截面形状和尺寸，梁所用的材料和梁上荷载时，可校核梁是否满足了强度要求。即校核梁是否满足下列关系：

$$\frac{M_{max}}{W_z} \leq [\sigma]$$

(2) **选择截面** 当已知梁所用的材料和梁上荷载时，可根据强度条件，先求出抗弯截面系数 W_z，即

$$W_z = \frac{M_{max}}{[\sigma]}$$

然后，依据所选用的截面形状，由 W_z 值确定截面的尺寸。

(3) **确定梁的许用荷载** 当已知梁所用的材料、截面形状和尺寸，根据强度条件，先

求出梁所能承受的最大弯矩,即

$$M_{\max} = W_z[\sigma]$$

然后,根据 $M_{\max}$ 与荷载的关系,计算出梁所能承受的最大荷载。

利用强度条件进行上述各项计算时,为了确保既安全可靠又节约材料的原则,设计规范还规定,梁内的工作应力 $\sigma_{\max}$ 允许略大于 $[\sigma]$,但不得超过 $[\sigma]$ 的 5%。

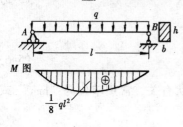

图 5-7

【例 5-2】 一矩形截面简支木梁,梁上作用有均布荷载 q,如图 5-7 所示。已知:$l=4\text{m}$,$b=140\text{mm}$,$h=210\text{mm}$,$q=2\text{kN/m}$,弯曲时木材的许用正应力 $[\sigma]=10\text{MPa}$,试校核该梁的强度。

【解】 1. 求最大弯矩 $M_{\max}$

梁中最大弯矩位于跨中截面上,其值为:

$$M_{\max} = \frac{ql^2}{8} = \frac{2 \times 4^2}{8} = 4\text{kN}\cdot\text{m}$$

2. 计算截面的 W_z

$$W_z = \frac{bh^2}{6} = \frac{1}{6} \times 0.14 \times 0.21^2 = 0.103 \times 10^{-2}\text{m}^3$$

3. 校核梁的强度

$$\sigma_{\max} = \frac{M_{\max}}{W_z} = \frac{4 \times 10^3}{0.103 \times 10^{-2}} = 3.88\text{MPa} < [\sigma]$$

故满足强度要求。

【例 5-3】 悬臂钢梁受均布荷载作用,如图 5-8 所示。已知材料的许用应力 $[\sigma]=170\text{MPa}$,试按正应力强度条件选择下述截面尺寸,并比较所耗费的材料:(1)圆截面;(2)高宽比 $\dfrac{h}{b}=2$ 的矩形截面;(3)工字形截面。

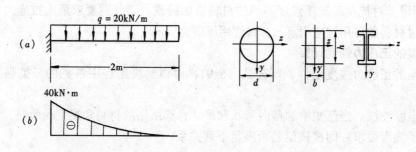

图 5-8

【解】 1. 求最大弯矩。

由 M 图可知,梁的固定端处截面弯矩为最大,其值为:

$$M_{\max} = 40\text{kN}\cdot\text{m}$$

2. 确定梁的抗弯截面系数 W_z 和截面尺寸

由强度条件

$$\sigma_{\max} = \frac{M_{\max}}{W_z} \leqslant [\sigma],\text{可得}$$

$$W_z \geqslant \frac{M_{\max}}{[\sigma]} = \frac{40 \times 10^3}{170 \times 10^6} = 235 \times 10^3 \text{mm}^3 \qquad (a)$$

根据 W_z 的取值范围，即可求出各种形状截面尺寸及面积。

(1) 圆截面

设圆截面的直径为 d，则 $W_z = \dfrac{\pi d^3}{32}$，代入式 (a)，得

$$d \geqslant \sqrt[3]{\frac{32 W_z}{\pi}} = \sqrt[3]{\frac{32 \times 235 \times 10^3}{3.14}} = 133.8 \text{mm}$$

其最小面积为：

$$A_1 = \frac{1}{4}\pi d^2 = \frac{1}{4} \times \pi \times (133.8)^2 = 14060 \text{mm}^2$$

(2) 矩形截面

由于 $W_z = \dfrac{bh^2}{6}$，且 $\dfrac{h}{b} = 2$，代入式 (a)，得

$$b \geqslant \sqrt[3]{\frac{3 W_z}{2}} = \sqrt[3]{\frac{3 \times 235 \times 10^3}{2}} = 20.6 \text{mm}$$

其最小面积为：

$$A_2 = bh = 2b^2 = 2 \times 70.6^2 = 9970 \text{mm}^2$$

(3) 工字形截面

根据式 (a) 中 W_z 值，查型钢表，可选用 20a 工字钢，其 $W_z = 237\text{cm}^3 = 237 \times 10^3 \text{mm}^3$，其面积由表中查得：

$$A_3 = 35.5 \text{cm}^2 = 3550 \text{mm}^2$$

3. 比较材料用量

由于该等直梁的长度及荷载一定，因此所耗费材料之比，就等于横截面面积之比，即

$$A_1 : A_2 : A_3 = 1 : 0.709 : 0.252$$

由此可见，在满足梁的正应力强度条件下，工字形截面最省料，矩形截面次之，圆截面耗费材料最多。

【例 5-4】 图 5-9 所示梁 ABD 由两根 8 号槽钢组成，B 点由钢拉杆 BC 支承。已知 $d = 20\text{mm}$，梁和杆的许用应力 $[\sigma] = 160\text{MPa}$。试求许用均布荷载集度 q，并校核钢拉杆的强度。

【解】 1. 作 F_Q、M 图，求最大弯矩

由图示受力情况，可求得支座反力

$$F_{A_Y} = 0.75q,\quad F_{B_Y} = 2.25q$$

作 F_Q、M 图如图 5-9 (b)、(c) 所示。从 F_Q 图上看出在 $x = 0.75\text{m}$ 处，$F_Q = 0$，M 有极值，其值为：

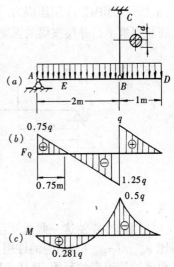

图 5-9

$$M_E = 0.75^2 q - \frac{1}{2} q \times 0.75^2 = 0.281q$$

在 B 处, 弯矩值为:

$$M_B = -0.5q$$

故危险截面在 B 处, 其最大弯矩为:

$$M_{max} = |M_B| = 0.5q$$

2. 计算截面的 W_z

由型钢表查得一根 8 号槽钢的抗弯截面模量为 $W'_z = 25.3 \times 10^3 \text{mm}^3$, 梁由两根槽钢组成, 故梁的抗弯截面模量为:

$$W_z = 2W'_z = 50.6 \times 10^3 \text{mm}^3,$$

3. 求许用均布荷载 q

根据强度条件 $\dfrac{M_{max}}{W_z} \leq [\sigma]$, 则

$$M_{max} \leq [\sigma] W_z$$

即

$$0.5q \leq [\sigma] W_z$$

故

$$q \leq 2 \times 160 \times 10^6 \times 50.6 \times 10^3 \times 10^{-6} = 16.2 \text{kN/m}$$

4. 校核钢拉杆强度

钢拉杆所受的轴力 $F_N = F_{B_Y} = 2.25q = 36.5 \text{kN}$

由拉 (压) 强度条件, 可得

$$\frac{F_N}{A} = \frac{4 \times 36.5 \times 10^3}{\pi \times 20^2 \times 10^{-6}} = 116 \text{MPa} < [\sigma]$$

故拉杆 BD 满足强度要求。

【例 5-5】 跨长 $l = 2\text{m}$ 的铸铁梁受力如图 5-10 (a) 所示。已知材料的许用拉应力 $[\sigma_t] = 30\text{MPa}$, 许用压应力 $[\sigma_c] = 90\text{MPa}$。试根据截面最为合理的要求, 确定 T 形截面腹板厚度 δ, 并校核梁的强度。

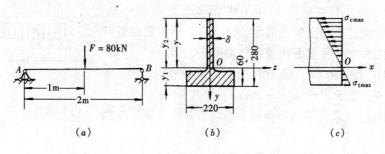

图 5-10

【解】 要使这一截面最合理, 必须使梁的同一横截面上的最大拉应力与最大压应力之比 $\sigma_{tmax}/|\sigma_{cmax}|$ 与相应的许用应力之比 $[\sigma_t]/[\sigma_c]$ 相等。因为这样就可使材料的拉、压强度得到同等程度的利用, 且使危险截面上的 $(\sigma_t)_{max}$ 和 $(\sigma_c)_{max}$ 同时满足抗拉和抗压的强度条件。

1. 确定 δ 值

根据公式 (5-2) $\sigma = \dfrac{M}{I_z}y$，可得

$$\sigma_{t\max} = \dfrac{M}{I_z}y_1, \qquad \sigma_{c\max} = \dfrac{M}{I_z}y_2$$

又知 $[\sigma_t]/[\sigma_c] = \dfrac{30}{90} = \dfrac{1}{3}$，所以

$$\dfrac{\sigma_{t\max}}{\sigma_{c\max}} = \dfrac{y_1}{y_2} = \dfrac{[\sigma_t]}{[\sigma_c]} = \dfrac{1}{3} \qquad (a)$$

由图 5-9 (b) 可知

$$y_1 + y_2 = 280\text{mm} \qquad (b)$$

由式 (a)、(b) 解得

$$y_1 = 70\text{mm}, \qquad y_2 = 210\text{mm}$$

由 y_1、y_2 值就确定了中性轴 z 的位置如图 5-10 (b) 所示。由于中性轴是截面的形心轴，固此截面对 z 轴的静矩应等于零，即

$$S_z = 220 \times 60 \times \left(70 - \dfrac{60}{2}\right) + (70-60)\delta \times 5 - 210\delta \times \dfrac{210}{10} = 0$$

由上式求得

$$\delta = 24\text{mm}$$

2. 校核梁的强度

首先计算梁截面对中性轴 z 的惯性矩 I_z：

$$I_z = \dfrac{220 \times 60^3}{12} + 220 \times 60 \times \left(70 - \dfrac{60}{2}\right)^2 + \dfrac{24 \times 220^3}{12}$$

$$+ 24 \times 220 \times \left(210 - \dfrac{220}{2}\right)^2 = 99.3 \times 10^{-6} \text{m}^4$$

梁的最大弯矩位于跨中截面处，其值为：

$$M_{\max} = \dfrac{1}{4}Fl = \dfrac{1}{4} \times 80 \times 2 = 40 \text{kN} \cdot \text{m}$$

校核该截面上的最大拉（压）应力，即

$$\sigma_{t\max} = \dfrac{M_{\max}}{I_z}y_1 = \dfrac{40 \times 10^3 \times 70 \times 10^{-3}}{99.3 \times 10^{-6}} = 28.27\text{MPa} < [\sigma_t]$$

故梁满足强度要求。对于该梁的最大压应力是否还需要校核，建议读者自行考虑。

第三节 梁横截面上的切应力

横力弯曲时，梁横截面上既有弯矩又有剪力，所以横截面上除有正应力外，还有切应力。本节将讨论几种常见截面形状梁的切应力计算公式。

一、矩形截面梁的切应力

在梁的横截面上，切应力的分布是比较复杂的。但是为了简化计算，根据研究证明，对于矩形截面梁横截面上的切应力分布规律，一般可作如下两个假设：

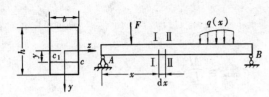

(1) 横截面上各点切应力方向都平行于剪力 F_Q；

(2) 切应力沿截面宽度是均匀分布的。

由弹性力学进一步的研究可知，以上两个假设，对于高度大于宽度的矩形截面梁是足够精确的。

图 5-11

如图 5-11 所示一矩形截面梁受任意横向荷载作用，梁截面高为 h，宽为 b。如以 Ⅰ-Ⅰ、Ⅱ-Ⅱ 两横截面假想地从梁中截出长为 dx 的微段，其左侧截面上有剪力 F_Q 和弯矩 M，右侧截面上有剪力 F_Q（假设该微段上设有横向荷载）和弯矩 $M+dM$，如图 5-12（a）所示。微段梁左、右侧的应力情况如图 5-12（b）所示。

为了计算 Ⅰ-Ⅰ 截面上任一高度处各点的切应力 τ，再用一距中性层为 y 的水平面沿 aa 位置将微段梁截开，取 aa 以下部分为脱离体。脱离体的左、右侧面上有正应力和竖向切应力。在侧面 aa' 处竖向切应力为 τ，根据切应力互等定理，则脱离体顶面上必有切应力 τ'，且 $\tau' = \tau$，如图 5-12（c）所示。设脱离体左、右侧面上法向内力的总和分别为 F_{N_1} 和 F_{N_2}，顶面上切应力的总和为 dT，如图 5-12（d）所示。由平衡条件 $\Sigma F_X = 0$，得

$$F_{N_2} - F_{N_1} - dT = 0 \qquad (a)$$

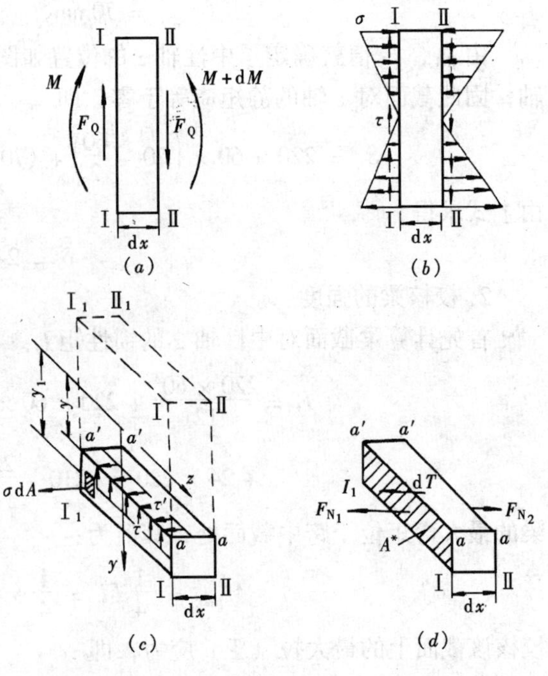

上式中 F_{N_1} 为左侧面上法向内力的总和，即

$$F_{N_1} = \int_{A^*} \sigma dA$$

图 5-12

其中 $\sigma = \dfrac{M}{I_z} y_1$（$y_1$ 为侧面上任一点距中性层的距离），A^* 为脱离体侧面面积，则上式改写成：

$$F_{N_1} = \dfrac{M}{I_z} \int_{A^*} y_1 dA = \dfrac{M}{I_z} S_z^* \qquad (b)$$

式中 S_z^* 为脱离体侧面面积对中性轴 z 的静矩

$$S_z^* = \int_{A^*} y_1 dA$$

同理可得

$$F_{N_2} = \dfrac{M + dM}{I_z} S_z^* \qquad (c)$$

由于微段的长度 dx 很小，脱离体顶面上的切应力可认为是均匀分布的，故

$$dT = \tau b dx \qquad (d)$$

将 (b)、(c)、(d) 三式代入式 (a)，得

$$\frac{M + dM}{I_z} S_z^* - \frac{M}{I_z} S_z^* - \tau b dx = 0$$

经整理得

$$\tau = \frac{dM}{dx} \cdot \frac{S_z^*}{I_z b} \qquad (e)$$

上式中 $\frac{dM}{dx} = F_Q$，代入式 (e)，得

$$\tau = \frac{F_Q S_z^*}{I_z b} \qquad (5\text{-}10)$$

式中　F_Q——横截面上的剪力；

　　　I_z——横截面对中性轴 z 的惯性矩；

　　　b——所求切应力处的截面宽度；

　　　S_z^*——距中性轴为 y 的截面横线与相近的上边缘（或下边缘）所围成的面积对中性轴的静矩。

公式 (5-10) 就是矩形截面梁弯曲切应力计算公式。它表明，横截面上任一点处的切应力 τ 与 F_Q 和 S_z^* 成正比，与 I_z 和 b 成反比。

应用该公式时，F_Q 和 S_z^* 均以绝对值代入，切应力 τ 的方向可依剪力 F_Q 的方向来确定。

对于某一给定的横截面如图 5-13 所示，公式 (5-10) 中的 F_Q、I_z、b 均为常量，S_z^* 随所求点的位置不同而改变。是坐标 y 的函数，可表示为：

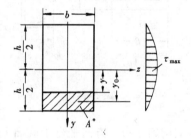

图 5-13

$$S_z^* = A^* y_0 = b\left(\frac{h}{2} - y\right)\left[y + \left(\frac{h}{2} - y\right)/2\right] = \frac{b}{2}\left(\frac{h^2}{4} - y^2\right)$$

式中　y_0——阴影面积 A^* 形心到中性轴 z 的距离。

将上式和 $I_z = \frac{bh^3}{12}$ 代入式 (5-10)，得

$$\tau = \frac{6F_Q}{bh^3}\left(\frac{h^2}{4} - y^2\right) \qquad (5\text{-}11)$$

由式 (5-11) 可以看出，沿截面高度切应力 τ 按抛物线规律变化，如图 5-13 所示。当 $y = \pm \frac{h}{2}$ 时，$\tau = 0$，表明截面上、下边缘各点处切应力等于零；当 $y = 0$ 时，τ 为最大值，即最大切应力位于中性轴上，其值为：

$$\tau_{\max} = \frac{3}{2} \frac{F_Q}{bh} = \frac{3}{2} \frac{F_Q}{A} \qquad (5\text{-}12)$$

上式说明，矩形截面上的最大切应力是该截面上平均切应力 $\dfrac{F_Q}{A}$ 的 1.5 倍。

二、工字形截面

对于工字形截面，其腹板截面是一个狭长矩形，关于矩形截面上切应力分布的两个假设仍然适用。因此，导出的切应力计算公式与（5-10）相同，即

$$\tau = \frac{F_Q S_z^*}{I_z b}$$

切应力沿腹板高度按抛物线规律分布，中性轴上切应力最大，如图 5-14 所示。但腹板上的最大切应力与最小切应力相差不大。特别是当腹板的宽度较小时，二者相差更小。因此，可近似地认为腹板上的切应力是均匀分布的，即

$$\tau = \frac{F_Q}{hb}$$

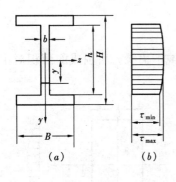

图 5-14

在翼缘上，切应力的情况比较复杂，既有与切应力 F_Q 平行的切应力分量，也有与翼缘长边平行的切应力分量，但与腹板上的切应力比较，数值很小，所以在一般情况下不予考虑。

工字梁的翼缘距中性轴较远，各点的正应力都比较大，所以翼缘负担了截面上的大部分弯矩。腹板负担了横截面上绝大部分剪力（约 95%～97% 的剪力）。

三、圆形截面和圆环形截面

圆形截面和圆环形截面上的切应力分布比较复杂。理论分析可知，最大切应力仍发生在中性轴上，且在中性轴上均匀分布，方向平行于截面上的剪力，如图 5-15（a）、（b）所示。圆形截面和圆环形截面上的最大切应力计算公式分别为：

圆形　　　　　$\tau_{\max} = \dfrac{4}{3} \dfrac{F_Q}{A_1}$ 　　　　　(5-13)

圆环形　　$\tau_{\max} = 2 \dfrac{F_Q}{A_2}$ 　　(5-14)

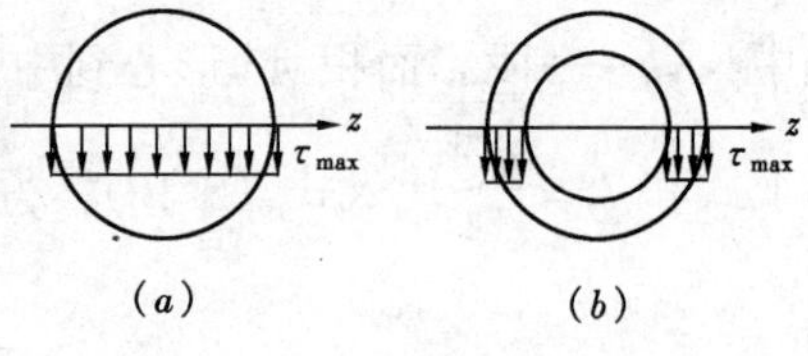

式中　F_Q——横截面上的剪力；
　　　A_1——圆形截面的面积；
　　　A_2——圆环形截面面积。

图 5-15

【例 5-6】 矩形截面简支梁在跨中受集中力 $F = 40\mathrm{kN}$ 的作用，如图 5-16（a）所示。已知 $l = 10\mathrm{m}$，$b = 100\mathrm{mm}$，$h = 200\mathrm{mm}$。

（1）求 $m-m$ 截面上距中性轴 $y = 50\mathrm{mm}$ 处切应力，如图 5-16（b）所示。

（2）比较梁中的最大正应力和最大切应力。

（3）若采用 32a 工字钢，如图 5-16（c）所示，求最大切应力。

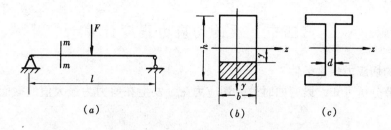

图 5-16

【解】 1. 计算矩形截面的 I_z 和 W_z 及阴影部分 S_z^*

$$I_z = \frac{bh^3}{12} = \frac{0.1 \times 0.2^3}{12} = 66.7 \times 10^{-6} \text{m}^4$$

$$W_z = \frac{I_z}{h/2} = \frac{2 \times 667 \times 10^{-6}}{0.2} = 667 \times 10^{-5} \text{m}^3$$

$$S_z^* = A^* y_c^* = 0.1 \times 0.05 \times (0.05 + 0.025) = 375 \times 10^{-6} \text{m}^3$$

2. 求 $m-m$ 截面 y 处的切应力

$m-m$ 截面上的剪力 $F_Q = 20 \text{kN}$

由式（5-10）得 $y = 50 \text{mm}$ 处的切应力为：

$$\tau = \frac{F_Q S_z^*}{b I_z} = \frac{20 \times 10^3 \times 375 \times 10^{-6}}{0.1 \times 66.7 \times 10^{-6}} = 1.12 \text{MPa}$$

3. 比较梁中的 σ_{max} 和 τ_{max}

该梁跨中左（右）侧截面上剪力和弯矩均为最大值，即

$$F_{Q_{max}} = 20 \text{kN}$$

$$M_{max} = \frac{1}{4} Fl = \frac{1}{4} \times 40 \times 10 = 100 \text{kN} \cdot \text{m}$$

跨中截面上最大正应力为：

$$\sigma_{max} = \frac{M_{max}}{W_z} = \frac{100 \times 10^3}{667 \times 10^{-6}} = 150 \text{MPa}$$

由式（5-12）得梁中最大切应力为：

$$\tau_{max} = \frac{3}{2} \frac{F_{Q_{max}}}{A} = \frac{3}{2} \times \frac{20 \times 10^3}{0.1 \times 0.2} = 1.5 \text{MPa}$$

两者之比为：

$$\sigma_{max} : \tau_{max} = 150 : 1.5 = 100 : 1$$

由此可以看出，对于细长梁，梁中的最大正应力较最大切应力要大得多。一般说来，在校核实体梁的强度时，可以忽略剪力的影响。

4. 求 32a 工字钢截面最大切应力

由型钢表查得 $I_z / S_z = 27.5 \text{cm}$，腹板厚度 $b = 0.95 \text{cm}$。由式（5-10）得工字钢中性轴上最大切应力为：

$$\tau_{max} = \frac{F_{Q_{max}} S_z}{b I_z} = \frac{20 \times 10^3}{0.95 \times 27.5 \times 10^{-4}} = 7.66 \text{MPa}$$

第四节 梁的切应力强度计算

一、梁的切应力强度条件

由上一节分析可知,梁弯曲时最大切应力 τ_{max} 发生在剪力为最大值的截面中性轴上,其值为:

$$\tau_{max} = \frac{F_{Q_{max}} S^*_{z\,max}}{I_z b} \tag{5-15}$$

式中 $S^*_{z\,max}$ 是中性轴以上或以下部分截面对中性轴的静矩。

为了保证梁的安全工作,梁在荷载作用下产生的最大切应力 τ_{max} 不能超过材料弯曲时的许用切应力 $[\tau]$。因此,梁的弯曲切应力强度条件可表示为:

$$\tau_{max} \leq [\tau] \tag{5-16}$$

二、梁的剪应力强度计算

一般说来,在进行梁的弯曲强度计算时,除应满足弯曲正应力强度条件外,还应满足切应力强度条件。在工程中,通常是以梁的正应力强度条件作为控制条件,以切应力强度条件进行校核。比如,在选择梁的截面时,一般都按正应力强度条件设计截面尺寸,然后按切应力强度条件进行校核。对于细长梁,如果满足正应力强度条件,一般都能满足切应力强度条件。因此,细长梁可以不再进行切应力强度校核。只有在下述一些情况下,必须进行切应力强度校核:

(1) 梁的跨度较小或者在支座附近作用较大的荷载,使梁的弯矩较小,而剪力可能很大;

(2) 铆接或焊接的组合截面梁,如工字形截面、槽形截面等,若腹板较薄且高度很大,致使厚度与高度的比值小于型钢的相应比值,腹板上产生较大的切应力;

(3) 对于木梁,由于木材的顺纹抗剪能力很差,当截面上切应力很大时,木梁可能沿中性层剪坏。

【例 5-7】 一外伸工字型钢梁,工字钢型号为 22a,梁上荷载如图 5-17 所示。已知 $l = 6m$, $F = 30kN$, $q = 6kN/m$,材料的许用应力 $[\sigma] = 170MPa$、$[\tau] = 100MPa$,校核该梁的强度。

【解】 1. 作出梁的 F_Q、M 图,求 M_{max} 和 $F_{Q_{max}}$

根据梁上荷载可得支座反力为:

$$F_{B_Y} = 29kN, \qquad F_{D_Y} = 13kN$$

作梁的剪力图和弯矩图,如图 5-17 所示。由 F_Q 图和 M 图可知,最大弯矩和最大剪力分别为:

$$M_{max} = 39kN \cdot m$$
$$F_{Q_{max}} = 17kN$$

2. 查型钢表

由型钢表查得 22a 工字钢有关数据为:

$$W_z = 309 cm^3$$

$$\frac{I_z}{S_z} = 18.9\text{cm}$$
$$b = d = 7.5\text{mm}$$

3. 校核梁的强度

梁的最大正应力为：

$$\sigma_{\max} = \frac{M_{\max}}{W_z} = \frac{39 \times 10^3}{309 \times 10^{-6}} = 126\text{MPa} < [\sigma]$$

梁的最大切应力为：

$$\tau_{\max} = \frac{F_{Q_{\max}} S_z}{b I_z} = \frac{17 \times 10^3}{7.5 \times 10^{-3} \times 18.9 \times 10^{-2}} = 12\text{MPa} < [\tau]$$

故梁满足强度要求。

【例 5-8】 一简支梁受有 4 个集中荷载作用 $F_1 = 120\text{kN}$，$F_2 = 30\text{kN}$，$F_3 = 40\text{kN}$，$F_4 = 12\text{kN}$，如图 5-18（a）所示。此梁由两根槽钢组成，如图 5-18（b）所示。已知材料的许用应力为 $[\sigma] = 170\text{MPa}$，$[\tau] = 100\text{MPa}$。试选择槽钢的型号。

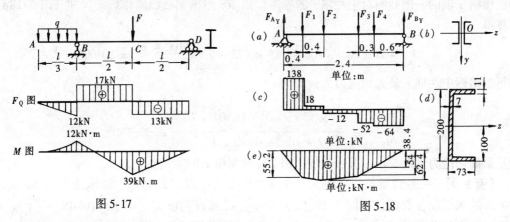

图 5-17

图 5-18

【解】 1. 作出梁的 F_Q、M 图，求 $F_{Q_{\max}}$ 和 $M_{\max}$

由梁上荷载可求得支座反力为：

$$F_{A_Y} = 138\text{kN}, \qquad F_{B_Y} = 64\text{kN}$$

作出梁的 F_Q、M 图，如图 5-18（c）、（e）所示。由 F_Q、M 图可知，最大弯矩和最大剪力分别为：

$$M_{\max} = 62.4\text{kN} \cdot \text{m}$$
$$F_{Q_{\max}} = 138\text{kN}$$

2. 设计截面

由梁的正应力强度条件 $\sigma_{\max} = \frac{M_{\max}}{W_z} \leq [\sigma]$，可得梁的抗弯截面系数，即

$$W_z \geq \frac{M_{\max}}{[\sigma]} = \frac{62.4 \times 10^3}{170 \times 10^6} = 367 \times 10^{-6}\text{m}^3$$

则每一根槽钢应有抗弯截面系数为：

$$W'_z = \frac{W_z}{2} = 183.5 \times 10^{-6} \mathrm{m}^3 = 183.5 \mathrm{cm}^3$$

从型钢表中选用20a号槽钢，其抗弯截面系数为：

$$W''_z = 178 \mathrm{cm}^3$$

W''_z 小于按强度条件所需最小值 W'_z 约为3%。需要重新计算选用两根20a槽钢时的最大正应力

$$\sigma_{\max} = \frac{M_{\max}}{2W''_z} = \frac{62.4 \times 10^3}{2 \times 178 \times 10^{-6}} = 175 \mathrm{MPa}$$

超过许用正应力 $[\sigma]$ 约3%，由于在规定的5%范围内，故允许使用。

3．校核梁的剪应力强度

由于梁跨长较短，且荷载 F_1 作用在 A 支座附近，为此，必须校核梁的切应力强度

由型钢表查得20a槽钢的有关数据为：

$$I_z = 1780 \mathrm{cm}^4$$
$$b = d = 7 \mathrm{mm}$$

每根槽钢 z 轴的一侧截面对中性轴 z 的静矩，由20a号槽钢截面简化后的尺寸（图5-18d）计算得

$$S_z^* = 73 \times 100 \times 50 - (100-11) \times (73-7) \times \frac{100-11}{2} = 104000 \mathrm{mm}^3$$

则每根槽钢中性轴上最大切应力为：

$$\tau_{\max} = \frac{\dfrac{F_{Q\max}}{2} S_z^*}{b I_z} = \frac{\dfrac{1}{2} \times 138 \times 10^3 \times 0.104 \times 10^{-3}}{7 \times 10^{-3} \times 1780 \times 10^{-8}} = 57.5 \mathrm{MPa} < [\tau]$$

满足梁的切应力强度要求，故可使用2根20a槽钢组成的梁。

【例5-9】 一悬臂梁长为900mm，在自由端受集中力 F 的作用。此梁由三块50mm×100mm的木板胶合而成，如图5-19（a）所示。已知许用应力 $[\sigma]_木 = 10 \mathrm{MPa}$，$[\tau]_木 = 1 \mathrm{MPa}$，胶合缝许用应力 $[\tau]_缝 = 0.35 \mathrm{MPa}$。试求许用荷载 $[F]$ 值。

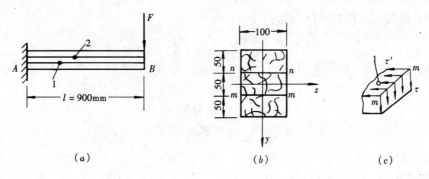

图5-19

【解】 1．计算最大弯矩和剪力

由梁的受力情况可知，A 处截面弯矩最大，其值为：

$$M_{\max} = FL = 0.9F \mathrm{kN} \cdot \mathrm{m}$$

全梁剪力均为 F 值,即

$$F_Q = F$$

2. 计算截面 I_z 和 W_z

$$I_z = \frac{bh^3}{12} = \frac{1}{12} \times 0.1 \times 0.15^3 = 0.281 \times 10^{-4} \text{m}^4$$

$$W_z = \frac{I_z}{h/2} = \frac{2 \times 0.281 \times 10^{-4}}{0.15} = 3.75 \times 10^{-4} \text{m}^3$$

3. 确定许可荷载 $[F]$

(1) 由木板的强度条件确定许可荷载

由梁的弯曲正应力强度条件 $\frac{M_{\max}}{W_z} \leq [\sigma]$,可得

$$M_{\max} \leq W_z[\sigma]$$
$$0.9F \leq W_z[\sigma]$$

故

$$F \leq \frac{W_z[\sigma]}{0.9} = \frac{3.75 \times 10^{-4} \times 10 \times 10^6}{0.9} = 4.17 \text{kN}$$

由梁的切应力强度条件 $\frac{3}{2}\frac{F_{Q_{\max}}}{A} \leq [\tau]$,可得

$$F_{Q_{\max}} = P \leq \frac{2}{3}A[\tau] = \frac{2}{3} \times 0.1 \times 0.15 \times 1 \times 10^6 = 10 \text{kN}$$

(2) 由胶缝的强度确定许用荷载

由于横截面对称于中性轴,因此两胶缝处的切应力相同。由切应力互等定理可知,胶合面 1 上的切应力 τ' 在数值上等于横截面内 $m\text{-}m$ 线上各点的切应力 τ,如图 5-19(c) 所示。由矩形截面切应力计算公式 (5-10) 可求得 τ 值。为此,先计算胶合缝 $m\text{-}m$ 以下部分截面对 z 轴的静矩

$$S_z^* = 0.1 \times 0.05 \times (0.025 + 0.025) = 2.5 \times 10^{-4} \text{m}^3$$

由切应力强度条件 $\tau' \leq [\tau]_{缝}$,即

$$\tau' = \tau = \frac{F_Q S_z^*}{bI_z} = \frac{F S_z^*}{bI_z} \leq [\tau]_{缝}$$

则

$$F \leq \frac{bI_z[\tau]_{缝}}{S_z^*} = \frac{0.1 \times 0.281 \times 10^{-4} \times 0.35 \times 10^6}{2.5 \times 10^{-4}} = 3.94 \text{kN}$$

综合比较可知,梁所能承受的荷载由胶合缝切应力强度所控制。故该梁的许用荷载 $[F] = 3.9 \text{kN}$。

第五节 提高梁弯曲强度的措施

梁是工程中最常见的一种构件。在设计梁时,既要节省材料、减轻梁的自重,又要尽量提高梁的强度,来满足工程上既安全又经济的要求。如前所述,由于弯曲正应力是控制梁强度的主要因素,因此,提高梁强度的措施,必须以弯曲正应力强度条件作为主要依

据，即

$$\sigma_{max} = \frac{M_{max}}{W_z} \leqslant [\sigma]$$

从上式可以看出，要提高梁的承载能力，一方面要合理安排梁的受力情况，以降低 M_{max} 的数值，另一方面应采取合理的截面形状，充分利用材料，以提高 W_z 的数值。下面将常用的几种措施分述如下：

一、合理安排梁的荷载和支座

合理安排梁上荷载，可降低梁的最大弯矩值。如图 5-20（a）所示简支梁跨中承受集中力 F 作用，梁的最大弯矩 $M_{max}=\frac{1}{4}Fl$。若采用一个辅梁，使集中力通过辅梁再作用到梁上，则梁的最大弯矩降低了。在图 5-20（b）中，梁的最大弯矩 $M_{max}=\frac{1}{8}Fl$。

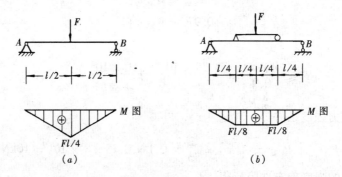

图 5-20

同理，合理安排支座位置，也可降低梁内的最大弯矩。如图 5-21（a）所示简支梁承受均布荷载 q 作用，其跨中最大弯矩 $M_{max}=\frac{1}{8}ql^2$。若将两端支座分别向内移动 $0.2l$，则最大弯矩 $M_{max}=\frac{1}{40}ql^2$，只有前者的 $\frac{1}{5}$，如图 5-21（b）所示。

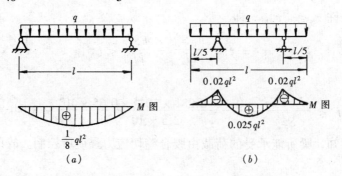

图 5-21

二、合理选取梁的截面

由弯曲正应力强度条件可知，当弯矩一定时，截面上的最大正应力与抗弯截面系数成反比，因此，增大抗弯截面模量 W_z 和减小截面面积，就能达到提高梁的强度和减轻自重的目的。所以，合理的截面形状，应该是截面的抗弯截面模量 W 与其面积 A 之比尽可能地大。例如对于截面高度 h 大于宽度 b 的矩形截面梁，如把它竖放，则 $W_z = \dfrac{bh^2}{6}$；若把它平放，则 $W_y = \dfrac{hb^2}{6}$，如图 5-22（a）、（b）所示。两者之比是：

$$\frac{W_z}{W_y} = \frac{h}{b} > 1$$

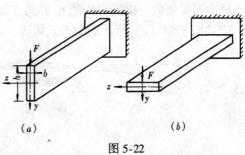

图 5-22

可见竖放较之平放有较高的抗弯强度。为此，在土建工程中，矩形截面梁一般都应竖放的。

在表 5-1 中，列出了几种常用截面的 W_z 和 A 的比值。从表中所列数值可以看出，工字形截面或槽形截面比矩形截面经济合理，矩形截面比圆形截面经济合理。本章第二节［例 5-3］也说明了上述结论。究其原因，是由于抗弯截面模量 W_z 与截面高度的平方成正比。若将较多的材料分布到距中性轴较远处，就能充分发挥材料的潜力，提高梁的承载能力。因此，在工程中常将实心圆截面改为空心圆截面，将矩形截面改为工字形、箱形等。

几种截面的 W_z 和 A 的比值　　　　表 5-1

截面形状	矩　形	圆　形	槽　钢	工字钢
$\dfrac{W_z}{A}$	$0.167h$	$0.125d$	$(0.27 \sim 0.31)h$	$(0.27 \sim 0.31)h$

在选取合理截面形状时，还应考虑材料的特性。对抗拉和抗压强度相等的材料（如碳钢），宜采用对中性轴对称的截面，如圆形、矩形、工字形等，这样可使截面上、下边缘处的最大拉（压）应力相等，且同时接近许用应力。对抗拉和抗压强度不等的材料（如铸铁），宜采用中性轴偏于受拉侧的截面形状，如图 5-23 所表示的一些截面。对这类截面，应使 y_1 和 y_2 之比接近下列关系：

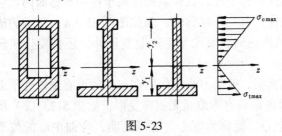

$$\frac{\sigma_{t\max}}{\sigma_{c\max}} = \frac{M_{\max}}{I_z} y_1 \bigg/ \frac{M_{\max}}{I_z} y_2 = \frac{y_1}{y_2} = \frac{[\sigma_t]}{[\sigma_c]}$$

式中 $[\sigma_t]$ 和 $[\sigma_c]$ 分别表示许用拉应力和许用压应力。上式表明，梁内最大弯矩截面上的最大拉（压）应力同时接近许用应力。这样，就能充分利用材料的特性。

图 5-23

三、等强度梁的概念

前面讨论的是等截面直梁，用改善梁的受力情况或者提高抗弯截面系数等措施，使梁内最大弯矩处的最大应力满足弯曲正应力的强度条件。但梁的其余各截面上的弯矩较小，应力也就较小，材料没有充分利用。为此，根据梁的弯矩图，用改变截面尺寸的方法，使抗弯截面系数随弯矩而变化。即在弯矩较大处采用较大截面，而在弯矩较小处，采用较小截面。这种截面沿轴线变化的梁，称为变截面梁。变截面梁的正应力计算仍可近似地用等截面梁的公式。如使变截面梁的各横截面上的最大正应力都相等，且都等于许用应力，这种变截面梁称为等强度梁。例如，雨篷或阳台的悬臂梁常采用图 5-24（a）所示的形式，对于跨中弯矩较大，梁端弯矩较小的简支梁，常采用图 5-24（b）所示的上下加盖板的梁，或如图 5-24（c）所示的角膜式梁等。

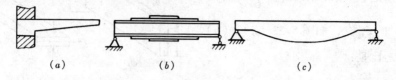

图 5-24

以上主要是从弯曲强度的角度来考虑的，但在实际工程中，设计一个构件时，还应考虑刚度、稳定性、工艺条件、加工制造等多方面的因素。经综合考虑比较后，再正确地选用具体措施。

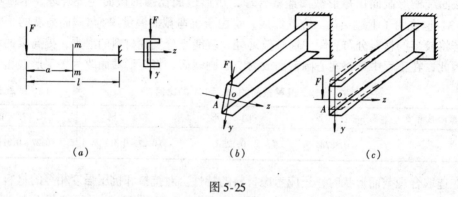

图 5-25

第六节　弯曲中心的概念

前面讨论的弯曲问题，要求梁具有纵向对称平面，且荷载都作用于这一对称面内。但在工程中常采用的某些薄壁梁，其截面往往只有一个对称轴，例如图 5-25（a）所示的槽形截面梁。当外力 F 作用在纵向非对称截面内时，梁除发生弯曲变形外，还会发生扭转变形，如图 5-25（b）所示。

实验和理论都证实，对于开口薄壁截面梁，横向力必须作用在与梁的形心主惯性平面平行的平面内的某一特定点 A 时，才能保证梁只有弯曲而无扭转变形，如图 5-25（c）所示。横截面内的这一特定点 A 称为弯曲中心，简称为弯心。可以证明，弯曲中心的位置与荷载无关，只与截面形状和尺寸有关。因此，它也是截面几何性质之一。

对于许多开口薄壁截面梁，因其抗扭刚度较差，容易发生扭转变形，这对梁十分不利。为了避免扭转变形的产生，应确定薄壁截面的弯曲中心位置，并使梁上的荷载通过截面的弯曲中心。

对于一般常见的开口薄壁截面，其弯曲中心位置的确定，可应用下面几条规则：

(1) 具有两个对称轴的截面，则两个对称轴的交点就是弯曲中心，如图 5-26（a）、(b) 所示；

(2) 具有一个对称轴的截面，弯曲中心一定位于对称轴上，如图 5-26（c）所示；

(3) 如果截面是由中心线相交于一点的几个狭长矩形所组成，则此交点就是弯曲中心，如图 5-26（d）、（e）所示。

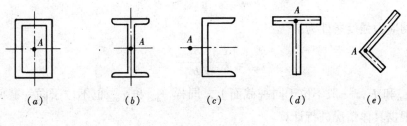

图 5-26

本 章 小 结

本章的主要内容是在上一章研究梁的内力基础上，进一步研究梁在平面弯曲情况下，横截面上正应力和切应力的分布规律和强度计算问题。

1. 梁的弯曲正应力公式的推导方法，与轴向拉（压）时正应力公式、圆轴扭转切应力公式推导相似，综合考虑了几何、物理和静力三个方面关系。学习本章时，应进一步理解和掌握材料力学分析问题的这一重要方法。

2. 梁弯曲时横截面上正应力计算公式是：

$$\sigma = \frac{M}{I_z} y \tag{5-2}$$

使用该公式时应注意以下几点：

（1）公式（5-2）是在纯弯曲情况下建立的，推广应用于横力弯曲，是忽略了剪力的影响；

（2）上述公式的应用条件是材料服从胡克定律，且梁处于平面弯曲；

（3）梁横截面上的正应力沿截面高度呈线性分布，在中性轴上正应力为零，在上、下边缘处正应力最大；

（4）中性层将梁分成受拉区和受压区，正应力的正负号，可根据弯矩的正负及梁的变形状况来确定；

（5）中性轴是中性层与梁横截面的交线，它必通过截面形心。

3. 梁弯曲时横截面上剪应力计算公式是：

$$\tau = \frac{F_Q S_z^*}{I_z b} \tag{5-10}$$

该公式是从矩形截面梁导出的，但可推广应用于其他截面形状的梁，只要代入相应的 S_z^* 和 b。使用公式（5-10）时应注意以下几点：

（1）上述公式中的剪力 F_Q 和截面对中性轴的惯矩性 I_z，对某一确定截面是常量，S_z^* 是所求切应力点处以上或以下部分截面对中性轴的静矩，b 是所求切应力点处的截面宽度；

（2）对于矩形截面，切应力沿截面高度呈二次抛物线规律分布，在中性轴上切应力最大，在截面上、下边缘处切应力为零；

（3）对于矩形截面，各点切应力的方向与该截面上剪力方向一致。

4. 梁的弯曲正应力强度条件为：

$$\sigma_{\max} = \frac{M_{\max}}{W_z} \leqslant [\sigma] \tag{5-9}$$

梁的切应力强度条件为:

$$\tau_{\max} = \frac{F_{Q_{\max}} S_{z\max}^*}{I_z b} \leqslant [\tau] \tag{5-15}$$

式中的 $M_{\max}$ 和 $F_{Q_{\max}}$ 一般不位于同一截面上,同样 $\sigma_{\max}$ 和 $\tau_{\max}$ 也不位于同一截面、同一点处。均须根据具体情况进行计算。

使用上述强度条件时应注意以下几点:

(1) 按照强度条件,同样可以解决三类强度问题,即强度校核、截面设计和许可荷载的确定。在这三类问题中,由于弯曲正应力是控制梁的主要因素,因此,一般都按正应力强度条件进行计算,只在某些特殊情况下,才按切应力强度条件进行校核。

(2) 对于材料抗拉、抗压性能不同的梁,如果其横截面不对称于中性轴,则应分别进行强度计算,即

$$\sigma_{t\max} \leqslant [\sigma_t]$$
$$\sigma_{c\max} \leqslant [\sigma_c]$$

思 考 题

5-1 何谓纯弯曲?为什么推导梁的弯曲正应力计算公式时,首先从纯弯曲梁开始进行研究?

5-2 在推导弯曲正应力公式时,作了哪些假设?有什么作用?

5-3 下列的一些概念:纯弯曲和横力弯曲;中性轴和形心轴;轴惯性矩和极惯性矩;抗弯刚度和抗弯截面模量等有何区别?

5-4 梁在纯弯曲时正应力计算公式的使用范围是什么?它在什么条件下可推广到横力弯曲中?

5-5 在推导矩形截面梁弯曲切应力计算公式时,作了哪些假设?切应力在横截面上是怎样分布的?

5-6 试判断下列论述是否正确:

(1) 梁内最大弯曲正应力一定发生在弯矩值最大的横截面上,距中性轴最远点处。( )

(2) 梁在纯弯曲时,横截面上的切应力一定为零。( )

(3) 对于等截面直梁,横截面上最大拉应力 $\sigma_{\max}$ 和最大压应力 $\sigma_{\min}$ 在数值上必定相等。( )

(4) 非对称薄壁截面梁承受横向力作用,使其产生弯曲而不扭转的条件是:横向力作用面与形心主惯性平面平行或重合。( )

5-7 截面形状和尺寸完全相同的一根木梁和一根钢梁,如果所受外力相同,则这两根梁的内力图是否相同?横截面上正应力和切应力的大小及分布规律是否相同?对应点处的线应变是否相同?

5-8 由 4 根 100mm×80mm×10mm 不等边角钢焊成一体的梁,在纯弯曲条件下按图 5-27 示 4 种形式组合,试问哪一种强度最高?哪一种强度最低?

5-9 梁的截面面积为 A,抗弯截面系数为 W,衡量截面合理性和经济性的指标是什么?

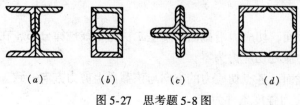

(a)　　　(b)　　　(c)　　　(d)

图 5-27 思考题 5-8 图

5-10 提高梁的抗弯强度的主要措施是哪些?

习 题

5-1 如图5-28所示悬臂梁，试求$a-a$截面A、B、C、D 4点的正应力，并绘出该截面的正应力分布图。

5-2 如图5-29所示，长度为250mm，截面尺寸为$h \times b = 0.8 \times 25 mm^2$的薄钢尺，由于两端外力偶$m$的作用而弯成圆心角60°的圆弧。已知薄钢尺材料的弹性模量$E = 2.1 \times 10^5 MPa$。试求钢尺横截面上最大正应力?

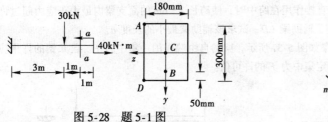
图5-28 题5-1图

图5-29 题5-2图

5-3 一对称T形截面梁受均布荷载作用，梁的尺寸如图5-30所示。已知$l = 1.5m$，$q = 8kN/m$，求梁中横截面上的最大拉应力和最大压应力。

5-4 两个矩形截面的简支木梁，其跨度，荷载及截面尺寸都相同，一个是整体，另一个是由两根方木叠落而成（二方木之间不加任何联系），如图5-31所示。试分别计算两个梁的最大正应力，并分别画出横截面上正应力分布规律图。

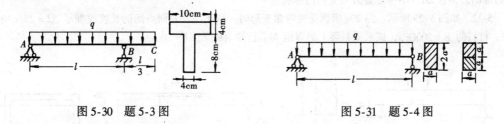
图5-30 题5-3图　　　　　　　图5-31 题5-4图

5-5 由两个16a号槽钢组成的外伸梁，梁上荷载如图5-32所示，已知$l = 6m$，钢材的容许应力$[\sigma] = 170MPa$，求梁能承受的最大荷载P_{max}。

5-6 一圆截面木梁如图5-33所示。已知$l = 3m$，$q = 3kN/m$，$F = 3kN$，弯曲时木材的许用应力$[\sigma] = 10MPa$，试按正应力强度条件选择圆木的值径d。

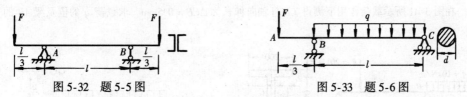
图5-32 题5-5图　　　　　　　图5-33 题5-6图

5-7 如图5-34所示，欲从直径为d的圆木中截取一矩形截面梁，要使其抗弯截面模量最大，试求出矩形截面最合理的高、宽尺寸。

5-8 图5-35所示，外伸梁由25a工字钢制成，其跨长$l = 6m$，且在全梁上受集度q的均布荷载作用。当支座A、B处与跨中截面C处的最大正应力均为$\sigma = 140MPa$时，试求外伸部分的长度a及荷载集度q各等于多少?

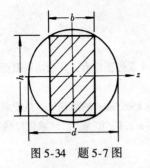
图 5-34 题 5-7 图

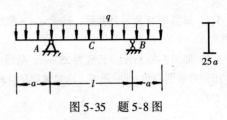
图 5-35 题 5-8 图

5-9 如图 5-36 所示，当荷载 F 直接作用在跨中时，使跨长 $l=6\mathrm{m}$ 的简支梁内最大正应力超过许用值 30%。为了消除此过载现象，配置了辅助梁 CD，试求该辅助梁最小的长度 a。

5-10 由 40a 工字钢制成的悬臂梁如图 5-37 所示，梁的自由端作用一集中力 F。已知钢的许用应力 $[\sigma]=150\mathrm{MPa}$。若考虑梁的自重试确定集中力 F 的许可值。

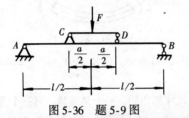
图 5-36 题 5-9 图

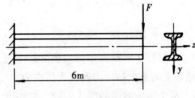
图 5-37 题 5-10 图

5-11 一矩形截面简支梁，承受荷载及截面尺寸如图 5-38 所示。已知材料的弹性模量为 E，试求梁下边缘的总伸长 Δl（不考虑剪力对变形的影响）。

5-12 如图 5-39 所示，当 20a 槽钢受纯弯曲变形时，测出 A、B 两点间的长度改变了 $\Delta l=27\times 10^{-2}$ mm，材料的 $E=200\mathrm{GPa}$，试求梁截面上的弯矩 M。已知 AB 原长 $l=50\mathrm{mm}$。

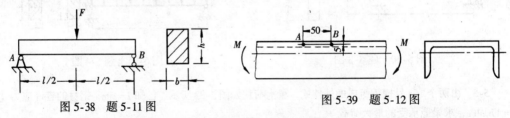
图 5-38 题 5-11 图　　　　　　　图 5-39 题 5-12 图

5-13 铸铁梁的荷载及截面尺寸如图 5-40 所示，许用拉应力 $[\sigma_t]=40\mathrm{MPa}$，许用压应力 $[\sigma_c]=160\mathrm{MPa}$。试按正应力强度条件校核梁的强度。若荷载不变，而将梁倒置成⊥形，是否合理？何故？

5-14 梁 AB 和杆 CB 均为圆形截面，而且材料相同。$E=200\mathrm{GPa}$，$[\sigma]=160\mathrm{MPa}$，杆 CB 直径 $d=20\mathrm{mm}$。在图 5-41 所示载荷作用下测得 CB 杆轴向伸长为 $\Delta CB=0.5\mathrm{mm}$。求载荷 q 的值及梁 AB 的安全直径。

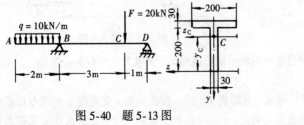
图 5-40 题 5-13 图

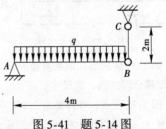
图 5-41 题 5-14 图

5-15 一矩形截面木梁如图 5-42 所示。已知 $q=1.3\mathrm{kN/m}$，许用弯曲正应力 $[\sigma]=10\mathrm{MPa}$，许用切

应力 $[\tau] = 2\text{MPa}$。试校核该梁的正应力强度和切应力强度。

5-16 图 5-43 示简支梁由三块截面为 $40 \times 90 \text{mm}^2$ 的木板胶合而成。已知 $l = 3\text{m}$，胶缝的许用切应力 $[\tau] = 0.5\text{MPa}$，试按胶缝的切应力强度确定梁所能承受的最大荷载 F。

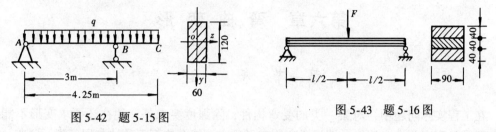

图 5-42 题 5-15 图   图 5-43 题 5-16 图

5-17 一简支工字钢梁，梁上荷载如图 5-44 所示。已知 $l = 6\text{m}$，$q = 6\text{kN/m}$，$F = 20\text{kN}$，钢材的许用应力 $[\sigma] = 170\text{MPa}$，$[\tau] = 100\text{MPa}$，试选择工字钢的型号。

5-18 图 5-45 所示简支梁受一个可移动荷载 $F = 40\text{kN}$ 作用，已知 $[\sigma] = 10\text{MPa}$，$[\tau] = 3\text{MPa}$，木梁横截面为矩形，其高宽之比 $\dfrac{h}{b} = \dfrac{3}{2}$。试选择该梁的截面尺寸。

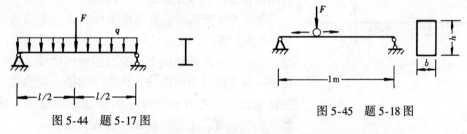

图 5-44 题 5-17 图   图 5-45 题 5-18 图

5-19 如图 4-46 所示，矩形截面悬臂梁受均布荷载 q 作用，假设从中性层将梁截为上、下两部分，试问：
(1) 中性层截面上切应力沿梁长度的变化规律；
(2) 被截出的下半部分梁是如何平衡的？

*5-20 如果梁在 xy 平面（x 为杆轴线）内承受弯矩 $M(x)$，试问对图 5-47 所示各种截面（图中 c 为截面形心），哪些能用公式 $\sigma = \dfrac{M(x)}{I_z} y$ 计算正应力，为什么？

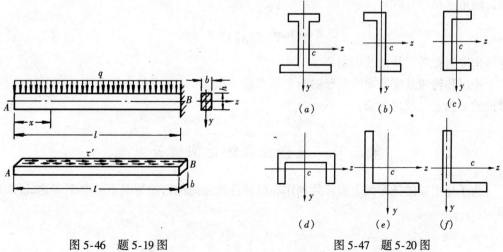

图 5-46 题 5-19 图   图 5-47 题 5-20 图

121

第六章 弯曲变形

第一节 概　　述

在工程实际问题中，对梁一类的受弯构件，除强度要求外，往往还要求变形不能过大，即满足刚度要求。例如，楼板梁弯曲变形过大，就会使下面的抹灰层开裂、脱落。又如，吊车梁变形过大时，将使梁上小车行走出现爬坡现象，并会引起梁的振动。这些都说明对梁进行弯曲变形计算是十分必要的。此外，梁的变形还用于求解超静定问题。

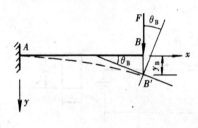

图 6-1

本章主要研究等截面直梁在对称弯曲时求解梁变形的原理和方法，以及梁的刚度计算。

如图 6-1 所示，研究弯曲变形时，以变形前梁的轴线 AB 为 x 轴，y 轴向下为正，xy 平面是梁的纵向对称面，在对称弯曲的情况下，变形后梁的轴线 AB' 是 xy 平面中一条光滑连续的曲线，称为挠曲线。挠曲线上一点的纵坐标 y，表示坐标为 x 的横截面形心沿 y 轴的位移，称为挠度。于是挠曲线的方程式是：

$$y = f(x) \tag{6-1}$$

实际问题中，梁的变形很小，挠度 y 一般远小于梁的跨度 l，挠曲线是一条非常平坦的曲线。因而尽管梁的轴线由直线变为曲线，梁截面形心沿 x 轴的位移仍可略去不计。依据平面假设，变形前垂直于 x 轴的横截面，变形后仍然垂直于挠曲线，如图 6-1 所示。这样，横截面对其原来位置的中性轴将转过一个角度 θ，θ 称为截面转角。θ 是挠曲线法线与 y 轴的夹角，它等于挠曲线切线与 x 轴的夹角（即挠曲线的倾角）。又因挠曲线非常平坦，倾角 θ 很小，故有

$$\theta \approx \tan\theta = \frac{dy}{dx} = f'(x) \tag{6-2}$$

即转角 θ 近似等于挠曲线的斜率。

挠度和转角是度量梁的变形的两个基本量。在图 6-1 所示的坐标系中，向下的 y 和顺时针的 θ 为正，反之为负。

第二节　梁挠曲线的近似微分方程

为了导出梁的挠曲线方程，须利用在线弹性范围内纯弯曲情况下的曲率表达式(5-1)，即

$$\frac{1}{\rho} = \frac{M}{EI_z}$$

式中曲率 $\frac{1}{\rho}$ 是一个表示挠曲线弯曲程度的量,对于纯弯曲情况下的等截面直梁,弯矩 M 和抗弯刚度 EI_z 均为常量,挠曲线是一条曲率半径为 ρ 的圆弧曲线。

在横力弯曲时,梁横截面上除弯矩 M 外还有剪力 F_Q,对跨度远大于截面高度的梁,剪力对弯曲变形的影响很小,可以略去不计,所以上式仍可应用。但这时式中的 M 和 ρ 都是 x 的函数,即

$$\frac{1}{\rho(x)} = \frac{M(x)}{EI_z} \tag{a}$$

另外,从几何方面来看,平面曲线的曲率可以写作

$$\frac{1}{\rho(x)} = \pm \frac{\dfrac{d^2 y}{dx^2}}{\sqrt{\left[1+\left(\dfrac{dy}{dx}\right)^2\right]^3}} \tag{b}$$

由 (a)、(b) 两式得

$$\pm \frac{\dfrac{d^2 y}{dx^2}}{\sqrt{\left[1+\left(\dfrac{dy}{dx}\right)^2\right]^3}} = \frac{M(x)}{EI_z} \tag{c}$$

这就是梁的挠曲线微分方程。由于工程上常用的梁,其挠曲线是一条极其平坦的曲线,因此,$\dfrac{dy}{dx}$ 是一个很小的量(例如 0.01rad),$\left(\dfrac{dy}{dx}\right)^2$ 与 1 相比十分微小而可略去不计,于是式 (c) 又可近似地写为:

$$\pm \frac{d^2 y}{dx^2} = \frac{M(x)}{EI_z} \tag{d}$$

式 (d) 左边的正负号,取决于坐标系的选择和弯矩正负号的规定。习惯上规定 x 轴以向右为正,y 轴以向下为正。按照第四章关于弯矩正、负的规定,即挠曲线下凸时,M 为正,上凸时,M 为负。这样,当 M 为正时,挠曲线向下凸出,其二阶导数 $\dfrac{d^2 y}{dx^2}$ 为负值;当 M 为负时,挠曲线向上凸出,$\dfrac{d^2 y}{dx^2}$ 为正值,如图 6-2 所示。可见,$M(x)$ 与 $\dfrac{d^2 y}{dx^2}$ 的符号

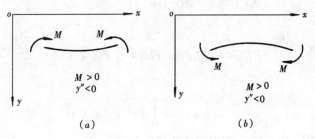

图 6-2

总是相反,故式 (d) 的左、右两侧应取不同的符号,即

$$\frac{d^2 y}{dx^2} = -\frac{M(x)}{EI_z} \quad \text{或} \quad y'' = -\frac{M(x)}{EI_z} \tag{6-3}$$

公式（6-3）通常称为梁的挠曲线近似微分方程，这是因为：（1）略去了剪力 F_Q 的影响；（2）在 $\sqrt{\left[1+\left(\frac{dy}{dx}\right)^2\right]^3}$ 中略去了 $\left(\frac{dy}{dx}\right)^2$ 项。求解这一方程，就可得出梁的转角方程和挠曲线方程，从而可确定任一截面的转角和挠度。

第三节 用积分法计算梁的变形

对于等截面直梁，抗弯刚度 EI_z 为常量，现将式（6-3）改写为：
$$EI_z y'' = -M(x)$$

将上式两边各乘以 dx，积分一次得转角方程

$$EI_z \theta = EI_z y' = \int -M(x)dx + C \tag{6-4}$$

再积分一次，得挠曲线方程

$$EI_z y = \int\left[\int -M(x)dx\right]dx + cx + D \tag{6-5}$$

以上两式中的积分常数 C、D，可以通过梁挠曲线上已知的位移条件来确定。例如在铰支座处，挠度等于零；在固定端，挠度和转角均等于零；在弯曲变形对称点上，转角等于零。像这类条件统称为边界条件。又如，挠曲线应该是一条连续光滑的曲线，在挠曲线的任意点上应有惟一确定的挠度和转角，这种条件称为连续性条件。根据边界条件和连续性条件，便可确定式（6-4）、式（6-5）中的积分常数。下面举例说明积分法的具体应用。

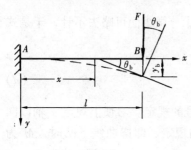

图 6-3

【例 6-1】 如图 6-3 所示，一抗弯刚度为 EI_z 的悬臂梁，在自由端受一集中力 F 作用，试求梁的转角方程、挠曲线方程以及自由端截面的转角和挠度。

【解】 1. 建立坐标系如图 6-3 所示，列出弯矩方程
$$M(x) = -F(l-x)$$

2. 建立挠曲线微分方程，并积分
$$EI_z y'' = -M(x) = Fl - Fx$$

积分一次，得
$$EI_z y' = EI_z \theta = Flx - \frac{1}{2}Fx^2 + C \tag{a}$$

再积分一次，得
$$EI_z y = \frac{1}{2}Fx^2 - \frac{1}{6}Fx^3 + Cx + D \tag{b}$$

3. 确定积分常数，求出转角方程和挠曲线方程

悬臂梁的边界条件是在固定端处的转角和挠度都等于零，即当 $x=0$ 时，$\theta=0$，$y=0$。根据这两个边界条件，由式（a）、（b）可以得到
$$C = 0 \text{ 和 } D = 0$$

把它们代入式（a）和（b）中，即得转角方程为：

$$\theta = \frac{1}{EI_z}\left(Flx - \frac{1}{2}Fx^2\right) \tag{c}$$

$$y = \frac{1}{EI_z}\left(\frac{1}{2}Flx^2 - \frac{1}{6}Fx^3\right) \tag{d}$$

4. 求自由端的转角和挠度

将 $x = l$ 代入式 (c)、(d)，即得截面 B 的转角和挠度

$$\theta_B = \frac{Fl^2}{2EI_z}, \qquad y_B = \frac{Fl^3}{3EI_z}$$

求得的 θ_B 为正值，表示 B 截面的转角为顺时针转向；y_B 为正值，表示截面 B 的挠度是向下的。

【例 6-2】 如图 6-4 所示，一抗弯刚度 EI_z 的简支梁，在全梁上受集度为 q 的均布荷载作用，求梁的最大挠度 y_{max} 和最大转角 $F_{Q_{max}}$。

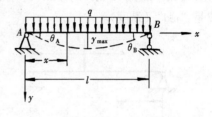

图 6-4

【解】 1. 建立坐标系如图 6-4 所示，列出梁的弯矩方程

$$M(x) = \frac{1}{2}qlx - \frac{1}{2}qx^2$$

2. 建立挠曲线近似微分方程，并积分

$$EI_z y'' = -M(x) = \frac{1}{2}qx^2 - \frac{1}{2}qlx$$

积分一次，得

$$EI_z y' = \frac{1}{6}qx^3 - \frac{1}{4}qlx^2 + C \tag{a}$$

再积分一次，得

$$EI_z y = \frac{1}{24}qx^4 - \frac{1}{12}qlx^3 + Cx + D \tag{b}$$

3. 确定积分常数，求出转角方程和挠曲线方程

简支梁的边界条件是左、右两端铰支座处的挠度都等于零，即：当 $x = 0$ 时，$y = 0$；当 $x = l$ 时，$y = 0$。

根据这两个边界条件，由式 (b) 可以解得

$$D = 0, \qquad C = \frac{ql^3}{24}$$

把它们代入式 (a) 和式 (b) 中，即得转角方程为：

$$\theta = \frac{q}{24EI_z}(4x^3 - 6lx^2 + l^3) \tag{c}$$

$$y = \frac{q}{24EI_z}(x^4 - 2lx^3 + l^3 x) \tag{d}$$

4. 求最大挠度和最大转角

由对称关系可以知道，最大挠度发生在梁跨中点，将 $x = \frac{l}{2}$ 代入式 (d)，得

$$y_{max} = \frac{5ql^4}{384EI_z}$$

正号表示 y_{max} 的方向向下。

支座截面的转角最大，将 $x=0$ 和 $x=l$ 分别代入式（c）得

$$\theta_A = \frac{ql^3}{24EI_z}, \qquad \theta_B = -\frac{ql^3}{24EI_z}$$

正号表示 θ_A 是顺时针转向的，负号表示 θ_B 的转向为逆时针。

需要指出的是，计算挠度和转角的具体数值时，应该注意统一单位。例如，F 用 N，q 用 N/m，M 用 N·m，l 用 m，I_z 用 m^4，E 用 Pa，这时求得的挠度单位是"m"，转角单位是"rad"（弧度）。

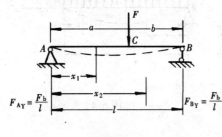

图 6-5

【例 6-3】 如图 6-5 所示，一抗弯刚度为 EI_z 的简支梁，C 点处受一集中力 F 作用。求 C 截面的挠度、A 截面的转角以及梁的最大挠度。

【解】 1. 建立坐标系如图 6-5 所示，求出支座反力，并分段列出梁的弯矩方程

梁的支座反力分别为：

$$F_{A_Y} = \frac{Fb}{l}, F_{B_Y} = \frac{Fa}{l}$$

AC 段和 CB 段的弯矩方程分别为：

$$M(x_1) = \frac{Fb}{l}x_1 \quad (0 \leqslant x_1 \leqslant a)$$

$$M(x_2) = \frac{Fb}{l}x_2 - F(x_2 - a) \quad (a \leqslant x_2 \leqslant l)$$

2. 分段建立挠曲线近似微分方程，并积分

AC 段：

$$EI_z y_1'' = -M(x_1) = -\frac{Fb}{l}x_1$$

$$EI_z y_1' = EI_z \theta_1 = -\frac{Fb}{2l}x_1^2 + C_1 \tag{a}$$

$$EI_z y_1 = -\frac{Fb}{6l}x_1^3 + C_1 x_1 + D_1 \tag{b}$$

CB 段：

$$EI_z y_2'' = -M(x_1) = -\frac{Fb}{l}x_1 + F(x_2 - a)$$

$$EI_z y_2' = EI_z \theta_2 = -\frac{Fb}{2l}x_2^2 + \frac{F}{2}(x_2 - a)^2 + C_2 \tag{c}$$

$$EI_z y_2 = -\frac{Fb}{6l}x_2^3 + \frac{F}{6}(x_2 - a)^3 + C_2 x_2 + D_2 \tag{d}$$

3. 确定积分常数，求出转角方程和挠曲线方程

上述积分出现 4 个常数，需要 4 个条件来确定。梁的边界条件只有两个，即

$$在 x_1 = 0 处, y_1 = 0 \tag{e}$$

$$在 x_2 = 0 处, y_2 = 0 \tag{f}$$

因此，还必须考虑梁变形的连续性。由于挠曲线是一条连续光滑的曲线，故在两段交界的截面 C 上，由式（a）确定的转角应等于由式（c）确定的转角；由式（b）确定的挠度应等于由式（d）确定的挠度。即在 $x_1 = x_2 = a$ 处，应该有

$$y_1' = y_2' \tag{g}$$

$$y_1 = y_2 \tag{h}$$

式（g）、（h）称为变形连续性条件。将其分别代入式（a）、（c）和式（b）、（d），得

$$-\frac{Fb}{2l}a^2 + C_1 = -\frac{Fb}{2l} + C_2$$

$$-\frac{Fb}{6l}a^3 + C_1 a + D_1 = -\frac{Fb}{6l}a^3 + C_2 a + D_2$$

由以上两式可得

$$C_1 = C_2$$

$$D_1 = D_2$$

将式（e）代入式（b），得

$$D_1 = D_2 = 0$$

将式（f）代入式（d），得

$$C_1 = C_2 = \frac{Fb}{6l}(l^2 - b^2)$$

将求得的积分常数代入（a）、（b）、（c）、（d）各式，便得到两段梁的转角方程和挠曲线方程。

AC 段：

$$\theta_1 = y_1' = \frac{Fb}{6lEI_z}(l^2 - b^2 - 3x_1^2) \quad (0 \leqslant x_1 \leqslant a) \tag{i}$$

$$y_1 = \frac{Fbx_1}{6lEI_z}(l^2 - b^2 - x_1^2) \quad (0 \leqslant x_1 \leqslant a) \tag{j}$$

BC 段：

$$\theta_2 = y_2' = \frac{F}{EI_z}\left[\frac{b}{6l}(l^2 - b^2 - 3x_2^2) + \frac{1}{2}(x_2 - a)^2\right] \quad (a \leqslant x_2 \leqslant l) \tag{k}$$

$$y_2 = \frac{F}{EI_z}\left[\frac{b}{6l}(l^2 - b^2 - x_2^2)x_2 + \frac{1}{6}(x_2 - a)^3\right] \quad (0 \leqslant x_2 \leqslant l) \tag{l}$$

4. 求 C 截面的挠度和 A 截面的转角

将 $x = x_1 = a$ 代入式（j）得 C 截面挠度为：

$$y_c = \frac{Fab}{6lEI_z}(l^2 - b^2 - a^2)$$

将 $x = x_1 = 0$ 代入式 (i)，得 A 截面转角为：

$$\theta_A = \frac{Fb}{6lEI_z}(l^2 - b^2)$$

5. 求梁的最大挠度

在本例题中设 $a > b$，当 $x_1 = 0$ 时，$\theta_A > 0$，当 $x_1 = a$ 时，$\theta_c = \frac{Fab}{3EI_z l}(a-b) < 0$。因此 $\theta = 0$ 的截面位置（即最大挠度所在的位置）必定发生在 AC 段内。

令
$$\frac{dy_1}{dx_1} = \theta_1 = 0$$

解得极值点的坐标为：

$$x_0 = \sqrt{\frac{l^2 - b^2}{3}} \qquad (m)$$

将 x_0 代入式 (j)，求得最大挠度为

$$y_{max} = \frac{Fb}{9\sqrt{3}EI_z l}\sqrt{(l^2 - b^2)^3}$$

当集中力 F 无限接近于右端支座，即当 $b \to 0$ 时，由式 (m) 可得

$$x_0' = \frac{l}{\sqrt{3}} = 0.577l$$

由此可见，最大挠度的截面位置总是在梁的中点附近。所以，可用中点的挠度近似代替最大挠度。由式 (j) 可求得梁中点的挠度为：

$$y_{max} \approx y_{x=\frac{l}{2}} = \frac{Fb}{48EI_z}(3l^2 - 4b^2)$$

因此，在工程上，当简支梁的挠曲线没有拐点时，可用梁中点的挠度近似代替梁的最大挠度。

从上例可以看出，当荷载将梁划分为弯矩方程不同的许多段时，用积分法计算是比较麻烦的。因为在积分以后，每一段的挠曲线方程内就包含有两个积分常数，如果梁被划分为 n 段，则为了确定 $2n$ 个积分常数，必须求解 $2n$ 个方程。为了简化确定积分常数的工作，应遵循以下两个原则（参阅【例 6-3】）：

（1）在建立每段梁的弯矩方程时，都由同一坐标原点到所取截面之间的梁段上的外力来建立，所以后一段梁的弯矩方程中总是包含了前面一段梁弯矩方程；只增加了包含 $(x - a)$ 的项。

（2）对包含 $(x - a)$ 的项积分时，用 $(x - a)$ 作为自变量。这样，由挠曲线在 $x = a$ 处的变形连续性条件，就可得到两段梁上相应的积分常数都相等的结果，从而简化了确定积分常数的工作。

积分法是求梁变形的基本方法。虽然用该法计算梁的转角和挠度比较繁琐，但在理论上是比较重要的。

为了实用上的方便，在一般设计手册中，将简单荷载作用下常用梁的转角和挠度计算

公式及挠曲线方程列成表格，以备查用。表 6-1 中列举了一些常见的情况。

简单荷载作用下梁的转角和挠度 表 6-1

支承和荷载情况	梁端转角	最大挠度	挠曲线方程式
	$\theta_B = \dfrac{Fl^2}{2EI_z}$	$y_{max} = \dfrac{Fl^3}{3EI_z}$	$y = \dfrac{Fx^2}{6EI_z}(3l - x)$
	$\theta_B = \dfrac{Fa^2}{2EI_z}$	$y_{max} = \dfrac{Fa^2}{6EI_z}(3l - a)$	$y = \dfrac{Fx^2}{6EI_z}(3a - x),\ 0 \leq x \leq a$ $y = \dfrac{Fa^2}{6EI_z}(3x - a),\ a \leq x \leq l$
	$\theta_B = \dfrac{ql^3}{6EI_z}$	$y_{max} = \dfrac{ql^4}{8EI_z}$	$y = \dfrac{qx^2}{24EI_z}(x^2 + 6l^2 - 4lx)$
	$\theta_B = \dfrac{ml}{EI_z}$	$y_{max} = \dfrac{ml^2}{2EI_z}$	$y = \dfrac{mx^2}{2EI_z}$
	$\theta_A = -\theta_B = \dfrac{Fl^2}{16EI_z}$	$y_{max} = \dfrac{Fl^3}{48EI_z}$	$y = \dfrac{Fx}{48EI_z}(3l^2 - 4x^2),\ 0 \leq x \leq \dfrac{l}{2}$
	$\theta_A = -\theta_B = \dfrac{ql^3}{24EI_z}$	$y_{max} = \dfrac{5ql^4}{384EI_z}$	$y = \dfrac{qx}{24EI_z}(l^3 - 2lx^2 + x^3)$
	$\theta_A = \dfrac{Fab(l+b)}{6lEI_z}$ $\theta_B = \dfrac{-Fab(l+a)}{6lEI_z}$	$y_{max} = \dfrac{Fb}{9\sqrt{3}EI}(l^2 - b^2)^{3/2}$ 在 $x = \dfrac{\sqrt{l^2 - b^2}}{3}$ 处	$y = \dfrac{Fbx}{6lEI_z}(l^2 - b^2 - x^2)\ x,\ 0 \leq x \leq a$ $y = \dfrac{F}{EI_z}\left[\dfrac{b}{6l}(l^2 - b^2 - x^2)\ x + \dfrac{1}{6}(x-a)^3\right],\ a \leq x \leq l$
	$\theta_A = \dfrac{ml}{6EI_z}$ $\theta_B = -\dfrac{ml}{3EI_z}$	$y_{max} = \dfrac{ml^2}{9\sqrt{3}EI_z}$ 在 $x = \dfrac{l}{\sqrt{3}}$ 处	$y = \dfrac{mx}{6lEI_z}(l^2 - x^2)$

第四节 用叠加法计算梁的变形

从上节例题中可以看出，由于梁的变形微小，而且梁的材料是在线弹性范围内工作，所以梁的转角和挠度均与梁上的荷载成线性关系。这样，梁上某一荷载所引起的变形，不受同时作用的其他荷载的影响，即各荷载对弯曲变形的影响是各自独立的。因此，梁在几项荷载（集中力、集中力偶或分布力）同时作用下某一截面的转角和挠度，就分别等于每一项荷载单独作用下该截面的转角和挠度的叠加。当每一项荷载所引起的转角在同一平面内（例如均在 xy 平面内），其挠度为同一方向（例如均在 y 轴方向）时，则叠加就是代数和。这就是计算梁变形的叠加法。

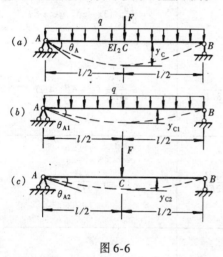

图 6-6

在工程实际中，往往需要计算梁在几项荷载同时作用下的最大挠度和最大转角。由于梁在每项荷载单独作用下的挠度和转角均可查表，因而用叠加法进行计算就比较简便。

【例 6-4】 试用叠加法求如图 6-6 所示简支梁在跨度中点的挠度。

【解】 梁的变形是均布荷载 q 和集中力 F 共同引起的。

由表 6-1 查得，在均布荷载单独作用下，梁跨度中点的挠度为：

$$y_{C1} = \frac{5ql^4}{384EI_z}$$

在集中力下单独作用下，梁跨度中点的挠度为

$$y_{C2} = \frac{Fl^3}{48EI_z}$$

叠加以上结果，求得在均布荷载和集中力共同作用下，梁跨度中点的挠度为：

$$y_C = y_{C1} + y_{C2} = \frac{5ql^4}{384EI_z} + \frac{Fl^3}{48EI_z}$$

【例 6-5】 一悬臂梁，其抗弯刚度为 EI_z，梁上荷载如图 6-7（a）所示，试求 C 截面的挠度和转角。

【解】 表 6-1 中没有图 6-7（a）所示的计算公式，但此题仍可用叠加法计算。图 6-7（a）的情况相当于图 6-7（b）、（c）两种情况的叠加。

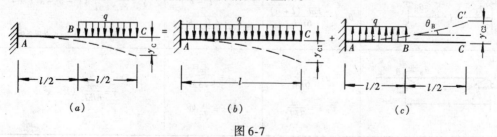

图 6-7

图 6-7 (b) 中 C 截面的挠度和转角由表 6-1 查得,其值为:

$$y_{C1} = \frac{ql^4}{8EI_z}, \quad \theta_{C1} = \frac{ql^3}{6EI_z}$$

图 6-7 (c) 中,C 截面的挠度可看作由两部分组成,一部分为 y_B,即 BC 段随 B 截面挠度平移至 $B'C'$,另一部分用 B 截面转过 θ_B 而使 $B'C'$ 绕 B' 点转过 θ_B,引起 C 截面产生挠度 $\frac{l}{2}\theta_B$。y_B、θ_B 由表 6-1 可查得

$$y_B = -\frac{q\left(\frac{l}{2}\right)^4}{8EI_z} = -\frac{ql^4}{128EI_z}, \quad \theta_B = -\frac{q\left(\frac{l}{2}\right)^3}{6EI_z} = -\frac{ql^3}{48EI_z}$$

则

$$y_{C2} = y_B + \frac{l}{2}\theta_B = -\frac{ql^4}{128EI_z} + \frac{l}{2}\left(-\frac{ql^3}{48EI_z}\right) = -\frac{7ql^4}{384EI_z}$$

图 6-7 (c) 中 C 截面的转角等于 B 截面转角,即

$$\theta_{C2} = \theta_B = -\frac{ql^3}{48EI_z}$$

叠加以上结果,即得图 6-7 (a) 所示梁 C 截面的挠度和转角,其值为:

$$y_C = y_{C1} + y_{C2} = \frac{ql^4}{8EI_z} - \frac{ql^4}{384EI_z} = \frac{41ql^4}{384EI_z}$$

$$\theta_C = \theta_{C1} + \theta_{C2} = \frac{ql^3}{6EI_z} - \frac{ql^3}{48EI_z} = \frac{7ql^3}{48EI_z}$$

y_C 为正,表示 C 截面挠度向下;θ_C 为正,表示 C 截面转角为顺时针转。

【例 6-6】 一外伸梁,其抗弯刚度为 EI_z,荷载如图 6-8 (a) 所示,试用叠加法求梁 C 截面的挠度和转角。

【解】 表 6-1 中没有外伸梁的计算公式,为了应用它来解题,就须将这外伸梁沿 B 截面截成两段,看成是由一根简支梁和一根悬臂梁组成的,如图 6-8 (b)、(c) 所示。

简支梁 AB 除跨中作用有集中力 F 外,还有被截开 B 截面上的剪力 qa 和弯矩 $M_B = \frac{1}{2}qa^2$,如图 6-8 (b) 所示,其受力情况与原外伸梁 AC 的 AB 段受力情况相同,因此,按叠加原理求得的简支梁 AB 的 θ_B 也就是原外伸梁 AC 的 θ_B。简支梁 AB 上三项荷载中,B 截面上的剪力直接作用在支座上,对梁的变形无

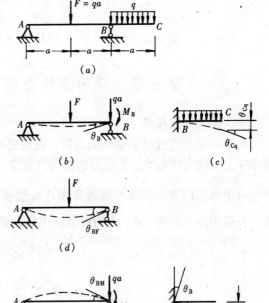

图 6-8

影响,而由表6-1可分别查出由集中力 F 和力偶矩 M_B 所引起的转角 θ_{BF}、θ_{BM},如图6-8 (d)(e)所示,其值分别为:

$$\theta_{BF} = -\frac{qa(2a)^2}{16EI_z} = -\frac{qa^3}{4EI_z}$$

$$\theta_{BM} = \frac{\frac{1}{2}qa^2(2a)}{3EI_z} = \frac{qa^3}{3EI_z}$$

叠加以上结果,得 B 截面转角为:

$$\theta_B = \theta_{BF} + \theta_{BM} = -\frac{qa^3}{4EI_z} + \frac{qa^3}{3EI_z} = \frac{qa^3}{12EI_z}$$

由图6-8(a)、(b)、(c)可以看出,由于截面 B 发生转动,带动 BC 段一起作刚体转动,由此引起 C 截面挠度 $y'_C = a\theta'_C$,转角 $\theta'_C = \theta_B$,如图6-8(f)所示。又由于在荷载 q 作用下,BC 段本身的变形,使 BC 段梁在已有 y'_C、θ'_C 的基础上再按悬臂梁的情况产生挠度 y_{Cq} 和转角 θ_{Cq},因此,C 截面的挠度 y_C、转角 θ_C 应为:

$$y_C = y'_C + y_{Cq} = a\theta_B + y_{Cq}$$
$$\theta_C = \theta'_C + \theta_{Cq} = \theta_B + \theta_{Cq}$$

由表6-1查得

$$y_{Cq} = \frac{qa^4}{8EI_z}, \qquad \theta_{Cq} = \frac{qa^3}{6EI_z}$$

将查得的 y_{Cq}、θ_{Cq} 及上述 θ_B 值代入上两式,得

$$y_C = \frac{qa^4}{12EI_z} + \frac{qa^4}{8EI_z} = \frac{5qa^4}{24EI_z}$$

$$\theta_C = \frac{qa^3}{12EI_z} + \frac{qa^3}{6EI_z} = \frac{qa^3}{4EI_z}$$

第五节 梁的刚度校核及提高梁刚度的措施

一、梁的刚度校核

在按强度条件选择了梁的截面后,往往还要对梁进行刚度校核。也就是要求梁的最大挠度 y_{max} 或最大转角 θ_{max} 不超过它们的许可值。

对于梁的挠度,其许可值通常用许可挠度与梁跨长的比值 $\left[\frac{f}{l}\right]$ 作为标准。对于转角,一般用许可转角 $[\theta]$ 作为标准。因此,梁的刚度条件可写为:

$$\left.\begin{aligned} \frac{y_{max}}{l} &\leqslant \left[\frac{f}{l}\right] \\ \theta_{max} &\leqslant [\theta] \end{aligned}\right\} \tag{6-6}$$

按照各类构件的工程用途,在有关设计规范中,对 $\left[\frac{f}{l}\right]$ 均有具体规定。例如在土建工程方面,$\left[\frac{f}{l}\right]$ 的值,一般限制在 $\frac{1}{1000} \sim \frac{1}{250}$ 范围内。

应当指出，强度条件和刚度条件都是梁必须满足的。在土建工程中，通常强度条件起控制作用。所以在工程计算中，一般是根据强度条件选择梁的截面，然后对其进行刚度校核，而且往往只需校核挠度。

【例 6-7】 对【例 6-2】中，如图 6-4 所示的简支梁，若已知 $l = 6\text{m}$、$q = 4\text{kN/m}$、$\left[\dfrac{f}{l}\right] = \dfrac{1}{400}$。根据强度条件已初步选择梁的横截面为 22a 号工字钢，其弹性模量为 $E = 200\text{GPa}$，试校核梁的刚度。

【解】 查得工字钢的惯性矩为：

$$I_z = 0.34 \times 10^{-4} \text{m}^4$$

梁跨中的最大挠度为：

$$y_{\max} = \frac{5ql^4}{384EI_z} = \frac{5 \times 4 \times 10^3 \times 6^4}{384 \times 200 \times 10^9 \times 0.34 \times 10^{-4}} \approx 0.01\text{m}$$

$$\frac{y_{\max}}{l} = \frac{0.01}{6} = \frac{1}{600} < \frac{1}{400}$$

满足刚度要求。

二、提高梁刚度的措施

由表 6-1 的变形公式可知，梁的变形与梁的抗弯刚度 EI、跨度 l、支座条件、荷载形式及作用位置有关。当梁的刚度不够时，在使用要求允许的情况下，可采取下列措施：

1. 增大梁的抗弯刚度 EI

梁的抗弯刚度包含 E 和 I 两个因素。不同材料的 E 值是不同的。对于钢材来说，采用高强度钢可以显著提高梁的强度，但对提高刚度的作用不大，因为高强度钢与普通低碳钢的 E 值是相近的。因此，增大梁的刚度，应设法增大 I 值。在截面面积不变的情况下，采用合理的截面形状，以增大截面惯性矩 I。如采用工字形、箱形、T 形等截面，不仅提高了梁的刚度，同时也提高了梁的强度。

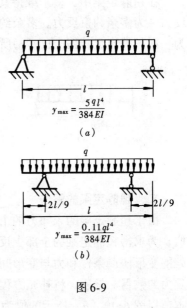

图 6-9

2. 调整跨长和改善结构

梁的转角和挠度与梁的跨长的 n 次方成正比，因此，设法缩短梁的跨长，将会显著减小梁的变形。例如，将简支梁改变为两端外伸的结构，如图 6-9（b）所示，同在均布荷载 q 作用下，简支梁的跨中挠度为 $\dfrac{5ql^4}{384EI_z}$，而图 6-9（b）所示的外伸梁跨中挠度仅为 $\dfrac{0.11ql^4}{384EI_z}$，此外，增加梁的支座也可减小梁的挠度，如图 6-10 所示。但采用这种措施后，原来的静定梁就改变为超静定梁。

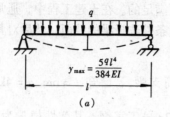 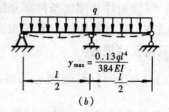

图 6-10

第六节 简单超静定梁

一、超静定梁的概念

前面所研究过的梁,如简支梁和悬臂梁等,其支座反力可以仅由静力平衡方程全部确定,这一类梁称为静定梁。但在工程实际中,有时为了提高梁的强度和刚度,或由于构造上的需要,往往给静定梁再增加一个或几个约束。这样,梁的支座反力的数目便超过了静力平衡方程式的数目,只凭静力平衡方程式不能解出全部支座反力,这一类梁称为超静定梁。

在超静定梁中,多于维持其静力平衡所必需的约束,称为多余约束,与其相应的约束反力称为多余约束反力。多余约束的个数,称为超静定次数。如图 6-11 (a)、(b) 所示为一次超静定梁,图 6-11 (c) 所示为二次超静定梁。

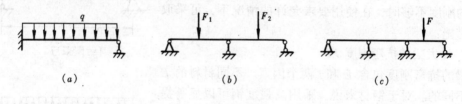

图 6-11

二、超静定梁的解法

由于超静定梁的未知力的个数超过静力平衡方程个数,与求解拉(压)超静定问题相似,为求得超静定梁的全部支反力,除应建立静力平衡方程外,还需要根据梁在多余约束处的变形协调条件和力与变形间物理关系建立补充方程,且使补充方程的数目等于多余支反力的数目。然后,将补充方程与静力平衡方程联立求解,就可以解出梁的全部支反力。本节以图 6-12 (a) 所示的梁为例,说明超静定梁的解法。设 EI_z 为常数。

由图 6-12 看出,该梁共有三个未知的支反力(已知 A 端水平反力为零),而独立的平衡方程只有两个,这是一次超静定梁,故需建立一个补充方程。若以支座 B 作为多余约束,解除这一多余约束,并以多余约束反力 F_{B_Y} 代之,如图 6-12 (b) 所示。这样,便把原来的超静定梁在形式上转变为静定系统。这种形式上的静定系统,称为原超静定梁的基本静定系。在基本静定系上作用着均布荷载 q 和多余约束反力 F_{B_Y}。若以 y_{Bq} 和 y_{BF} 分别表示 q 和 F_{B_Y} 各自单独作用时 B 端的挠度,如图 6-12 (c)、(d) 所示,则当 q 和 F_{B_Y} 共同作用时,B 端的挠度可由叠加法求得,即

$$y_B = y_{Bq} + y_{BF} \quad (a)$$

基本静定系在 q 和 F_{B_Y} 共同作用下的变形，应与原超静定梁完全相同。原超静定梁 B 端为可动铰支座，不可能产生挠度，即

$$y_B = 0 \quad (b)$$

将式 (a) 代入式 (b) 得

$$y_{Bq} + y_{B_F} = 0 \quad (c)$$

这就是基本静定系应满足的变形协调条件。式 (c) 中的 y_{Bq} 和 y_{BF} 可以由表 8-1 查得，即

$$y_{Bq} = \frac{ql^4}{8EI_z} \quad (d)$$

$$y_{BF} = -\frac{F_{B_Y}l^3}{3EI_z} \quad (e)$$

式 (d) 和式 (e) 即为力与变形间的物理关系。将它们代入式 (c)，得

$$\frac{ql^4}{8EI_z} - \frac{F_{B_Y}l^3}{3EI_z} = 0 \quad (f)$$

图 6-12

这就是所需的补充方程。由该方程可解出多余约束反力为：

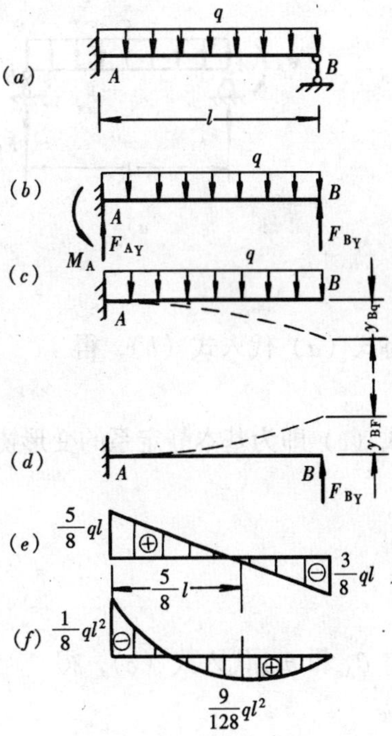

$$F_{B_Y} = \frac{3}{8}ql$$

求得多余约束反力后，由基本静定系的静力平衡条件，求出其他支座反力为：

$$F_{A_Y} = \frac{5}{8}ql, \quad M_A = \frac{1}{8}ql^2$$

剪力图和弯矩图如图 6-12 (e)、(f) 所示。

由以上解题过程可见，变形协调条件是通过基本静定系与原超静定梁在 B 端的变形相比较后得到的，故称利用这一条件求解超静定梁约束反力的方法为变形比较法。

这里需要指出的是，多余约束的选择不是惟一的，对于同一超静定梁，若选取的多余约束不同，则相应的基本静定系、变形协调条件和补充方程也随之不同。多余约束的选取原则是，其相应的基本静定系必须是静定的，而且便于求解。例如，对上述超静定梁，也可选取 A 端阻止转动的约束作为多余约束，其相应的多余约束反力为约束力偶 M_A。解除该多余约束，并用多余约束力偶 M_A 来代替，这样，其相应的基本静定系就变成为如图 6-13 (a) 所示的简支梁。在基本静定系上作用均布荷载 q 和多余约束力偶 M_A。若以 θ_{Aq} 和 θ_{AM} 分别表示 q 和 M_A 各自单独作用时在截面 A 的转角，如图 6-13 (b)、(c) 所示，则当 q 和 M_A 共同作用时，A 端截面的转角可由叠加法求得，即

$$\theta_A = \theta_{Aq} + \theta_{AM} \quad (a)$$

因为原超静定梁 A 端为固定端支座，截面 A 没有转角，即

$$\theta_A = 0 \quad (b)$$

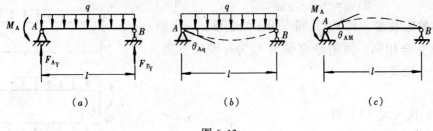

图 6-13

将式（a）代入式（b），得

$$\theta_{Aq} + \theta_{AM} = 0 \qquad (c)$$

式（c）即为基本静定系的变形协调条件。式中的 θ_{Aq} 和 θ_{AM} 可由表 6-1 查得，即

$$\theta_{Aq} = \frac{ql^3}{24EI_z}$$

$$\theta_{AM} = -\frac{M_A l}{3EI_z}$$

将 θ_{Aq} 和 θ_{AM} 代入式（c），得

$$\frac{ql^3}{24EI_z} - \frac{M_A l}{3EI_z} = 0$$

这就是所需的补充方程。由此解得

$$M_A = \frac{1}{8}ql^2$$

其结果与前面求解的完全相同。

综上所述，求解超静定梁（变形比较法）的方法和步骤是：

（1）选取基本静定系。解除多余约束并以相应的多余约束反力代替其作用。

（2）列出变形协调条件。基本静定系在解除约束处的变形条件，必须与原超静定梁多余约束处的边界条件相一致。

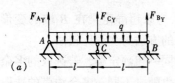

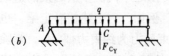

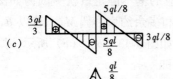

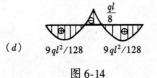

图 6-14

（3）建立补充方程并解出多余约束反力。分别计算基本静定系在原荷载及多余约束反力作用下解除约束处的变形（力与变形间的物理关系），并代入变形协调方程中，即得补充方程，并由此解出多余约束反力。

（4）用静力平衡条件求出其他支座反力。

（5）在基本静定系上进行原超静定梁的强度或刚度计算。

【例 6-8】 图 6-14（a）所示的三支座连续梁，受均布荷载 q 作用，试作此梁的剪力图和弯矩图。设梁的 EI_z 为常数。

【解】 1. 选取基本静定系

该梁未知支座反力是三个，而独立的静力平衡方程为两个，故为一次超静定梁。选支座 C 为多余约束，解除支座 C 处的约束，并用多余约束反力代替其作用，得到如图

6-14（b）所示的简支梁为基本静定系。

2. 列出变形协调条件

在基本静定系上作用着均布荷载 q 及多余约束反力 F_{C_Y}，若以 y_{Cq} 和 y_{CF} 分别表示 q 和 F_{C_Y} 各自单独作用时在 C 处的挠度，则当 q 和 F_{C_Y} 共同作用时，C 点的挠度可由叠加法求得即

$$y_C = y_{Cq} + y_{CF} \tag{a}$$

原超静定梁 C 处是可动铰支座，其挠度应为零，即

$$y_C = 0 \tag{b}$$

基本静定系与原超静定梁在 C 处的挠度应该相同，故有

$$y_{Cq} + y_{CF} = 0 \tag{c}$$

这就是变形协调条件。上式中的 y_{Cq} 和 y_{CF} 可由表6-1查得，即

$$y_{Cq} = \frac{5q(2l)^4}{384EI_z} = \frac{5ql^4}{24EI_z} \tag{d}$$

$$y_{CF} = -\frac{F_{C_Y}(2l)^3}{48EI_z} = -\frac{F_{C_Y}l^3}{6EI_z} \tag{e}$$

3. 建立补充方程

将式（d）和（e）代入式（c），得补充方程为：

$$\frac{5ql^4}{24EI_z} - \frac{F_{C_Y}l^3}{6EI_z} = 0$$

由此解得多余约束反力为

$$F_{C_Y} = \frac{5}{4}ql$$

4. 根据基本静定系的静力平衡条件，可求得其余两个支座反力为：

$$F_{A_Y} = F_{B_Y} = \frac{3}{8}ql$$

5. 在基本静定系上绘出剪力图和弯矩图，如图6-14（c）、（d）所示。

本 章 小 结

本章主要研究直梁在对称弯曲时的变形计算和刚度问题，并介绍了简单超静定梁的解法。

1. 梁的挠曲线及其近似微分方程

在平面弯曲的情况下，变形后梁的轴线将成为纵向对称面（也是荷载作用平面）内的一条光滑、连续的平面曲线，称为挠曲线。梁轴线上各点（横截面形心）在垂直于原轴线方向的竖向线位移 y 称为挠度；各横截面绕中性轴转过的角度 θ 称为转角；各截面的挠度和转角都是 x 的函数，转角等于挠度的一阶导数。挠度和转角是度量梁的变形的基本量。

在小变形、线弹性条件下挠曲线近似微分方程 $\dfrac{d^2y}{dx^2} = -\dfrac{M(x)}{EI_z}$ 是计算弯曲变形的基本

方程，应该注意到，等式右边有一负号是在图 6-1 所示的坐标系下得到的，所选的坐标系不同，等式右边的正负号将不相同。

2. 计算梁变形的基本方法是积分法

用积分法求梁的变形，就是将梁的弯矩方程列出后代入挠曲线近似微分方程，积分一次得到转角方程，再积分一次得到挠曲线方程。积分常数是利用边界条件和连续性条件来确定的。边界条件是指梁支座处已知的位移条件。连续性条件是指两段梁分界处的位移条件。当梁的弯矩方程仅用一个函数表达式时，利用边界条件就可确定两个积分常数；当弯矩方程分段列出时，需用边界条件和连续性条件来确定积分常数，且遵循一定规则时，可使积分常数的确定得以简化。

用积分法求解梁变形的关键是正确列出各段梁的弯矩方程和挠曲线近似微分方程，并能正确运用边界条件和连续性条件确定积分常数。

3. 叠加法是求梁变形的一种简便有效的方法，在工程计算中具有重要的实用意义。

（1）对于等截面简支梁或悬臂梁，将梁上作用的复杂荷载分解为表 6-1 中的几个简单荷载，分别计算每种荷载单独作用时梁的变形，然后进行代数叠加。

（2）对于等截面外伸梁，一般先将其分解为简支梁和悬臂梁，然后运用叠加法计算变形。

4. 梁的刚度条件是对梁变形的限制条件，即 $\frac{y_{max}}{l} \leq [\frac{f}{l}]$，$\theta_{max} \leq [\theta]$。一般情况下只作校核用。在校核时，常需计算梁的最大挠度（指绝对值）。简支梁的最大挠度发生在转角 θ 等于零的截面处，但是当梁的挠曲线有拐点时，极值挠度不止一个，应比较后确定其最大值。对外伸梁的最大挠度，除了可能发生在转角为零处外，也可能发生在外伸端。至于悬臂梁，最大挠度常发生在自由端处，但也可能发生在除固定端外的转角为零的截面处。

5. 简单超静定梁的解法

约束反力超出静力平衡方程数目的梁称为超静定梁，其未知约束反力超出静力平衡方程的数目，称为超静定次数。由此可见，超静定梁具有多余约束，解除多余约束而得到的静定梁，称为基本静定系。把解除的多余约束代之以相应的支反力，写出多余支反力作用处的变形协调条件，再结合物理关系来建立补充方程式，从而解出多余支反力，该法称为变形比较法，它是求解超静定问题的最基本的方法。

应着重指出的是，解超静定梁的主要任务是求出多余支反力，关键是列出变形协调条件并建立补充方程，所有计算均应在基本静定系上进行。

思 考 题

6-1 梁的变形基本公式是什么？它与梁的挠曲线近似微分方程有何关系？

6-2 根据荷载及支座情况，画出图 6-15 所示各梁挠曲线的大致形状。

6-3 图 6-16 所示梁 AC 段的挠曲线方程为 $y = \frac{M_0 x^2}{2EI}$（$0 \leq x \leq a$），则该梁截面 B 的转角及挠度为多大？

6-4 梁的截面位移与变形有何区别？它们之间又有何联系？上题中 AC 和 CB 梁段各部分是否都产

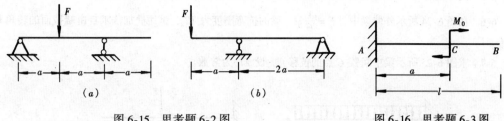

图 6-15 思考题 6-2 图   图 6-16 思考题 6-3 图

生了位移？这两段梁是否都有变形存在？

6-5 左端固定，右端自由并作用一集中力偶矩 M_0 的纯弯曲梁，由 $\dfrac{1}{\rho}=\dfrac{M}{EI}$ 知，梁的挠曲线为一圆弧。而由积分法求得 $y=\dfrac{M_0 x^2}{2EI}$，表明梁的挠曲线为二次抛物线。试解释其原因。

6-6 什么是位移边界条件？什么是变形连续性条件？写出图 6-17 所示各梁的位移边界条件和变形连续性条件。

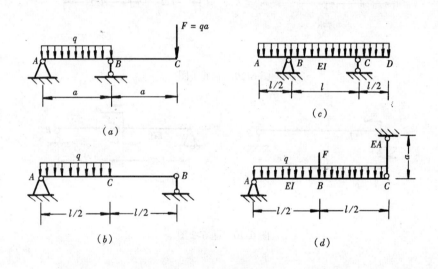

图 6-17 思考题 6-6 图

6-7 若两梁的长度、抗弯刚度和弯矩方程均相同，则两梁的变形是否相同？为什么？
6-8 叠加原理的适用条件是什么？
6-9 怎样用叠加法求图 6-18 所示梁 C 截面的挠度和转角？
6-10 如何求梁的最大挠度？最大弯矩处是否就是最大挠度处？
6-11 将平板加工成波纹板有什么优点？
6-12 何谓超静定梁？简述简单超静定梁的解法。

图 6-18 思考题 6-9 图

习 题

6-1 用积分法求图 6-19 所示悬臂梁自由端截面的转角和挠度。

6-2 用积分法求图 6-20 所示简支梁 A、B 截面的转角和跨中截面 C 的挠度。

6-3 用积分法求图 6-21 所示外伸梁自由端截面的转角和挠度。

6-4 试用叠加法求图 6-22 所示梁自由端截面的转角和挠度。

6-5 抗弯刚度为 EI 的悬臂梁如图 6-23 所示。用叠加法求梁自由端 B 的挠度。

6-6 在图 6-24 所示外伸梁中，$F = \dfrac{1}{6}ql$、梁的抗弯刚度为 EI_z，试用叠加法求自由端截面的转角和挠度。

6-7 求图 6-25 所示梁中间铰 C 点的位移 f_c。设 EI_z 为常数。

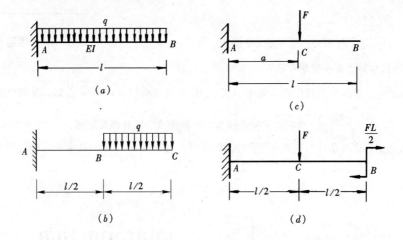

图 6-19 题 6-1 图

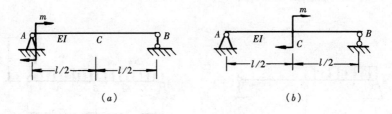

图 6-20 题 6-2 图

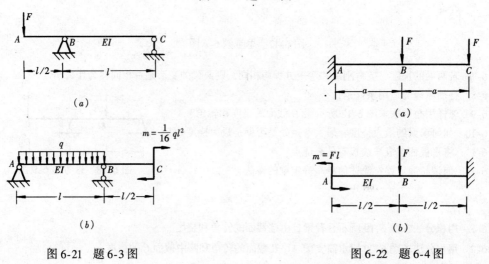

图 6-21 题 6-3 图　　　　　　　　　　图 6-22 题 6-4 图

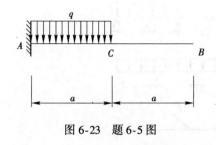

图 6-23 题 6-5 图

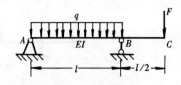

图 6-24 题 6-6 图

6-8 图 6-26 所示木梁在 B 点用钢杆支承。已知梁的横截面为边长等于 0.2m 的正方形，$F = 10\text{kN}$，$q = 40\text{kN/m}$，$E_1 = 10\text{GPa}$；钢杆的横截面面积为 $A_2 = 250\text{mm}^2$，$E_2 = 210\text{GPa}$。试求钢拉杆的伸长 Δl 及梁 D 点的位移 Δ_D。

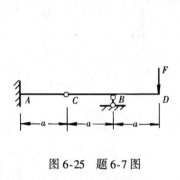

图 6-25 题 6-7 图

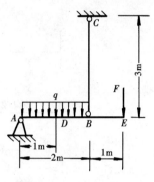

图 6-26 题 6-8 图

6-9 图 6-27 所示工字形截面梁，$l = 6\text{m}$，$q = 4\text{kN/m}$，$E = 200\text{GPa}$，$[f/l] = 1/500$，$I_z = 0.34 \times 10^{-4}\text{m}^4$。校核梁的刚度。

6-10 悬臂梁承受荷载如图 6-28 所示。已知 $q = 15\text{kN/m}$，$a = 1\text{m}$，$E = 200\text{GPa}$，$[\sigma] = 160\text{GPa}$，$\left[\dfrac{f}{l}\right] = \dfrac{1}{500}$（其中 $l = 2a$）。试选取工字钢的型号。

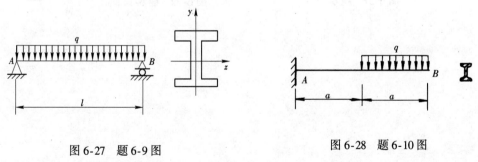

图 6-27 题 6-9 图   图 6-28 题 6-10 图

6-11 在图 6-29 所示各梁中：(1) 指明哪些是超静定梁；(2) 判定各超静定梁的次数。

6-12 抗弯刚度为 EI 的两端固定梁受载如图 6-30 所示，作梁的 M 图。

6-13 在图 6-31 所示结构中，已知横梁的抗弯刚度为 EI_z，竖杆的抗拉刚度为 EA，试求在图示荷载作用下竖杆的内力及横梁 B 截面的挠度。

6-14 图 6-32 所示两梁在连接处作用集中力 F。当 $l_1 = 1.5 l_2$，$EI_1 = 0.8 EI_2$，两梁材料相同时，试求两梁连接处的约束反力。

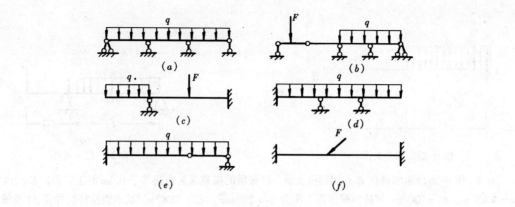

图 6-29 题 6-11 图

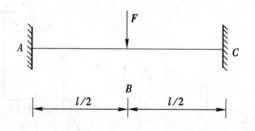

图 6-30 题 6-12 图

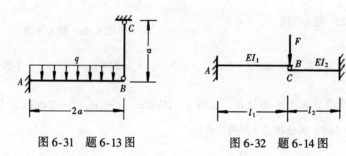

图 6-31 题 6-13 图 　　　图 6-32 题 6-14 图

第七章 应力状态和强度理论

第一节 应力状态的概念

一、一点处的应力状态及其表示方法

前几章研究了杆件轴向拉压、扭转、弯曲等基本变形时的应力和强度计算问题。由于这些杆件横截面上危险点处仅有正应力或切应力（处于单向拉压应力状态或纯切应力状态），因此可与许用拉压应力 $[\sigma]$ 或许用切应力 $[\tau]$ 相比较而建立强度条件。但对于一般情况，构件各点处既有正应力，又有切应力。当需按这些点处的应力对构件进行强度计算时，就不能分别按正应力和切应力来建立强度条件，而必须综合考虑这两种应力对材料强度的影响。还有，对受力构件的破坏现象，例如，低碳钢试件受拉伸至屈服时，表面出现约与轴线成 45°的滑移线；铸铁压缩试验时，在荷载逐渐加大，横截面强度还足够的时候，发生沿斜截面破坏的现象等，如图 7-1 所示。出现这种沿斜截面破坏现象的原因，用前面建立的横截面强度条件是不能解释的。因此，必须研究杆件内任意一点处，特别是危险点处各个斜截面上的应力情况，找出它们的变化规律，从而求出最大应力值及其所在截面的方位，为全面解决构件的强度问题提供理论依据。

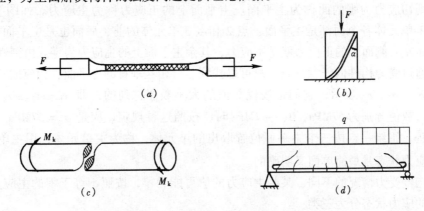

图 7-1

(a) 钢试件约在 45°斜截面上滑移；(b) 铸铁受压试件沿 α 斜截面破坏；
(c) 铸铁圆轴扭转约在 45°斜截面破坏；(d) 钢筋混凝土梁支座端的斜裂缝

一般说来，通过受力构件内任意一点处不同方位截面上应力是不相同的。通过受力构件内一点处所有截面应力情况的总体，称为一点处的应力状态。

为了研究受力构件内一点处的应力状态，通常是围绕该点取出一个微小的正六面体，称为单元体。由于单元体各边长均为无穷小量，故可认为在单元体各个表面上的应力都是均匀的，而且任意一对平行平面上的应力都是相等的。单元体每个面上的应力等于通过该点的同方位截面上的应力。如果单元体各个面上的应力均为已知时，单元体内任意斜截面

的应力便可用截面法求得。这样该点处的应力状态也就完全确定了。所以单元体三个互相垂直面上的应力就表示了这一点的应力状态。

通常单元体的截取是任意的，截取方位不同，单元体各个面上的应力也就不同。由于杆件横截面上的应力可以用有关的应力公式确定，因此一般截取平行于横截面的两个面作为单元体的一对侧面，另两对侧面都是平行于轴线的纵向平面。如图7-2（a）所示，简支梁中1、2、3点的应力状态，可用图7-2（b）所示的各单元体表示。

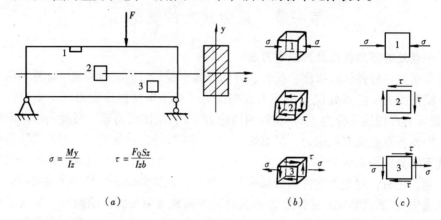

图 7-2

二、主平面、主应力及应力状态分类

一般而言，单元体表面上既有正应力又有切应力。如果单元体表面上只有正应力而无切应力，则切应力为零的面称为主平面。主平面上的正应力称为主应力。如图7-2（b）所示，点1单元体各个面都是主平面，点2和点3单元体的前、后面也是主平面。显然，点1单元体左右侧面上的正应力就是主应力，其余主平面上的主应力为零。由弹性力学可以证明：通过受力构件内任意一点，总可以找到三对相互垂直的主平面，相应的三个主应力通常用 σ_1、σ_2、σ_3 表示，它们是按代数值的大小顺序排列的，即 $\sigma_1 \geq \sigma_2 \geq \sigma_3$。例如，三个主应力数值分别为57MPa、0、-7MPa时，按照这种规定，应是 $\sigma_1 = 57$MPa，$\sigma_2 = 0$，$\sigma_3 = -7$MPa。围绕一点按三个主平面位置取出的单元体，称为主单元体，用主单元体表示一点处应力状态是最简单而又明确的。

由于构件受力情况的不同，某些主应力的值可能为零，按照不等于零的主应力数目，可将一点的应力状态分为三类：

1. 单向应力状态

只有一个主应力不等于零。例如，直杆受轴向拉伸或压缩和承受纯弯曲时，除中性轴各点外杆中各点的应力都属于单向应力状态。横力弯曲时，横截面内上、下边缘各点处也是单向应力状态，如图7-3（a）所示。

2. 二向（平面）应力状态

有两个主应力不等于零。例如，圆轴扭转时，除轴线各点外，其他任意一点的应力情况；直梁受横力弯曲时，除横截面上、下边缘以外的其他各点的应力情况，都属二向应力状态，如图7-3（b）所示。

3. 三向（空间）应力状态

三个主应力都不等于零。例如，火车车轮与钢轨的接触点，由于轮压应力 σ_1 使得单元体向四周扩伸，但周围材料限制它扩伸，因而产生纵向和横向的压应力 σ_2、σ_3，故接触点处的应力状态为三个主应力均为压应力的三向应力状态，如图 7-3（c）所示。

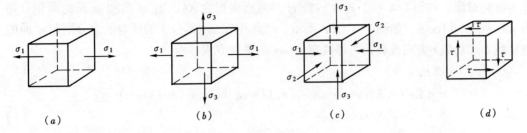

图 7-3

在二向应力状态中，若单元体 4 个侧面上只有切应力而无正应力，则称为纯切应力状态，是二向应力状态的一种特殊情况，如图 7-3（d）所示。

单向应力状态也称为简单应力状态，二向和三向应力状态统称为复杂应力状态。

第二节　二向应力状态分析

本节所讨论的问题是，在二向应力状态下，已知某一单元体各个面上的应力，如何求出其他斜截面上的应力，并从而确定主应力和主平面。

一、解析法

已知一平面应力状态单元体上的应力 σ_x、τ_x 和 σ_y、τ_y 如图 7-4（a）所示。由于其前、后两个平面上没有应力，故可将该单元体用如图 7-4（b）的平面图形来表示。现欲求与该单元体前、后两平面垂直的任一斜截面上的应力。设斜截面 ef 的外法线 n 与 x 轴的夹角为 α，可简称该斜截面为 α 面，α 面上的正应力用 σ_α 表示，切应力用 τ_α 表示。应力的正负号规定同前，即正应力以拉应力为正，压应力为负；切应力以其对单元体内任一

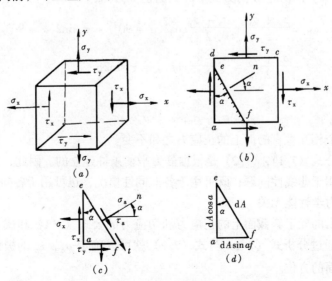

图 7-4

点的矩为顺时针转向为正，反之为负。并规定 α 角，由 x 轴转到外法线 n 为逆时针转向时，α 为正，反之为负。如图 7-4（b）所示，除 τ_y 为负外，其余各应力和 α 角均为正。

为了求出斜截面 ef 上的应力，假想用一平面沿 ef 将单元体截分为二，取脱离体 aef 作为研究对象，如图 7-4（c）所示。设 ef 斜截面面积为 dA，则 af 面和 ae 面的面积分别为 dAsinα 和 dAcosα，如图 7-4（d）所示。把作用在 aef 部分上的所有的力分别向 ef 面的外法线 n 和切线 t 方向投影，可得脱离体 aef 的平衡方程，即

$$\Sigma F_n = 0$$
$$\sigma_\alpha dA + (\tau_x dA\cos\alpha)\sin\alpha - (\sigma_x dA\cos\alpha)\cos\alpha + (\tau_y dA\sin\alpha)\cos\alpha$$
$$- (\sigma_y dA\sin\alpha)\sin\alpha = 0 \tag{a}$$

$$\Sigma F_t = 0$$
$$\tau_\alpha dA - (\tau_x dA\cos\alpha)\cos\alpha - (\sigma_x dA\cos\alpha)\sin\alpha + (\tau_y dA\sin\alpha)\sin\alpha$$
$$+ (\sigma_y dA\sin\alpha)\cos\alpha = 0 \tag{b}$$

由切应力互等定理可知，τ_x 和 τ_y 在数值上相等。以 τ_x 代换 τ_y，代入式（a）和式（b）。并利用三角函数关系，得

$$\cos^2\alpha = \frac{1 + \cos\alpha}{2}, \quad \sin^2\alpha = \frac{1 - \cos\alpha}{2}, \quad 2\sin\alpha\cos\alpha = \sin 2\alpha$$

经整理后得到

$$\sigma_\alpha = \frac{\sigma_x + \sigma_y}{2} + \frac{\sigma_x - \sigma_y}{2}\cos 2\alpha - \tau_x \sin 2\alpha \tag{7-1}$$

$$\tau_\alpha = \frac{\sigma_x - \sigma_y}{2}\sin 2\alpha + \tau_x \cos 2\alpha \tag{7-2}$$

上列两式就是平面应力状态下，任一斜截面上应力 σ_α 和 τ_α 的计算公式。该两式表明，σ_α 和 τ_α 随 α 角的改变而变化，它们都是 α 的函数。若已知单元体互相垂直面上的应力 σ_x、σ_y 和 τ_x，则可用它们计算出任一斜截面上的应力 σ_α 和 τ_α。

由式（7-1），与 α 角成 90°的另一个面上的正应力为：

$$\sigma_{\alpha+90°} = \frac{\sigma_x + \sigma_y}{2} + \frac{\sigma_x - \sigma_y}{2}\cos 2(\alpha + 90°) - \tau_x \sin 2(\alpha + 90°)$$

$$= \frac{\sigma_x + \sigma_y}{2} - \frac{\sigma_x - \sigma_y}{2}\cos 2\alpha + \tau_x \sin 2\alpha$$

从而有

$$\sigma_\alpha + \sigma_{\alpha+90°} = \sigma_x + \sigma_y \tag{7-3}$$

说明任意两个相互垂直的面上的正应力之和不变。

应该指出，公式（7-1），（7-2）是根据静力平衡条件建立的。因此，它们既适用于线弹性问题，也适用于非线性问题；既可用于各向同性情况，也可用于各向异性情况，也就是说，与材料的力学性能无关。

根据上面导出的确定斜截面上的正应力和切应力的公式（7-1）和式（7-2）可知 σ_α、τ_α 是 α 的函数，通过分析式（7-1）与式（7-2）就可以确定 σ_α、τ_α 的极值（最大值或最小值）及其作用面的方位。

为此，将公式（7-1）对 α 求导，得

$$\frac{d\sigma_\alpha}{d\alpha} = -2\left[\frac{\sigma_x - \sigma_y}{2}\sin\alpha + \tau_x\cos2\alpha_0\right]$$

令
$$\frac{d\sigma_\alpha}{d\alpha} = 0,$$

$$\frac{\sigma_x - \sigma_y}{2}\sin2\alpha_0 + \tau_x\cos2\alpha_0 = 0 \tag{7-4}$$

由此得出
$$\tan2\alpha_0 = -\frac{2\tau_x}{\sigma_x - \sigma_y} \tag{7-5}$$

由上式可求出两个角度 α_0、$\alpha_0 + 90°$，它们是两个互相垂直的截面，由式（7-3）知，其中一个面上的作用的正应力是极大值，另一个面上的正应力是极小值。将式（7-4）与式（7-2）比较可见，极大、极小正应力作用的截面上切应力 τ_α 等于零。由于切应力为零的截面是主平面，主平面上的正应力是主应力，所以主应力就是单元体内最大或最小的正应力。由式（7-5）可得

$$\sin2\alpha_0 = \pm\frac{\tau_x}{\sqrt{\left(\frac{\sigma_x - \sigma_y}{2}\right)^2 + \tau_x^2}}$$

$$\cos2\alpha_0 = \pm\frac{\frac{\sigma_x - \sigma_y}{2}}{\sqrt{\left(\frac{\sigma_x - \sigma_y}{2}\right)^2 + \tau_x^2}}$$

再代入（7-1），求得最大及最小的正应力为：

$$\left.\begin{array}{c}\sigma_{\max}\\ \sigma_{\min}\end{array}\right\} = \frac{\sigma_x - \sigma_y}{2} \pm \sqrt{\left(\frac{\sigma_x - \sigma_y}{2}\right)^2 + \tau_x^2} \tag{7-6}$$

在使用上述公式时，如约定用 σ_x 表示两个正应力中代数值较大的一个，即 $\sigma_x \geq \sigma_y$，则式（7-5）确定的两个角度 α_0，$\alpha_0 + 90°$ 中，绝对值较小的一个角度确定 $\sigma_{\max}$ 所在的平面。

与正应力相类似，也可以确定切应力的极值。将（7-2）对 α 求导，得

$$\frac{d\tau_\alpha}{d\alpha} = (\sigma_x - \sigma_y)\cos2\alpha - 2\tau_x\sin2\alpha \tag{7-7}$$

由 $\frac{d\tau_\alpha}{d\alpha} = 0$，则求得极值切应力所在截面的方位，设其方位角为 α_1，求得

$$\tan2\alpha_1 = \frac{\sigma_x - \sigma_y}{2\tau_x} \tag{7-8}$$

上式也有两个根：α_1，$\alpha_1 + 90°$。求出 $\sin2\alpha_1$ 和 $\cos2\alpha_1$ 代入式（7-2），求得切应力的最大和最小值为：

$$\left.\begin{array}{c}\tau_{\max}\\ \tau_{\min}\end{array}\right\} = \pm\sqrt{\left(\frac{\sigma_x - \sigma_y}{2}\right)^2 + \tau_{xy}^2} \tag{7-9}$$

比较式（7-5）和式（7-8）可得

$$\tan2\alpha_0 = -\frac{1}{\tan2\alpha_1}$$

即有 $\alpha_1 = \alpha_0 + 45°$。

由此可知，极值切应力平面与主平面成 45°。

【例 7-1】 已知单元体的应力情况如图 7-5 所示，试用解析法求。(1) 指定截面上的应力；(2) 主应力的数值及主平面的方位；(3) 绘出主平面的位置及主应力的方向；(4) τ_{max} 和 τ_{min} 的数值。

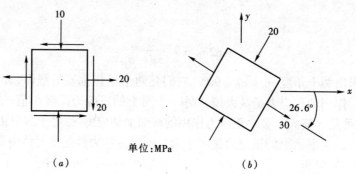

图 7-5

【解】 (1) 求斜截面上的应力。各应力值和 α 角分别为 $\sigma_x = 20MPa$，$\sigma_y = -10MPa$，$\tau_x = 20MPa$。$\alpha = 60°$，将上述数值代入公式 (7-1) 和 (7-2) 有

$$\sigma_{30°} = \frac{20-10}{2} + \frac{20-(-10)}{2}\cos60° - 20\sin60°$$

$$= 5 + 15 \times \frac{1}{2} - 20 \times \frac{\sqrt{3}}{2}$$

$$= -4.82MPa$$

$$\tau_{30°} = \frac{20-(-10)}{2}\sin60° + 20\cos60°$$

$$= 15 \times \frac{\sqrt{3}}{2} + 20 \times \frac{1}{2}$$

$$= 22.99MPa$$

(2) 利用公式 (7-6)，可得

$$\left.\begin{array}{c}\sigma_{max}\\ \sigma_{min}\end{array}\right\} = \frac{20-10}{2} \pm \sqrt{\left[\frac{20-(-10)}{2}\right]^2 + 20^2} = \left\{\begin{array}{c}30MPa\\ -20MPa;\end{array}\right.$$

校核：利用公式 (7-3)：

$$\sigma_{max} + \sigma_{min} = 30 - 20 = 10MPa, \sigma_x + \sigma_y = 20 - 10 = 10MPa, 无误。$$

(3) 利用公式 (7-5)，主应力作用面的方位角 α_0 为：

$$\alpha_0 = \frac{1}{2}\tan^{-1}\frac{-2\tau_x}{\sigma_x - \sigma_y} = \frac{1}{2}\tan^{-1}\frac{-2 \times 20}{20-(-10)} = \frac{1}{2} \times \left\{\begin{array}{c}-53.1°\\ 126.9°\end{array}\right. = \left\{\begin{array}{c}-26.6°\\ 63.4°\end{array}\right.$$

对此例，由于 $\sigma_x > \sigma_y$，所以根据判别规则，σ_{max} 作用面的方位角为

$$\alpha_1 = -26.6°$$

相应的主应力状态的单元体绘于图 7-5 (b)。

(4) 利用公式 (7-9) 得

$$\left.\begin{array}{c}\tau_{\max}\\ \tau_{\min}\end{array}\right\} = \pm\sqrt{\left(\frac{\sigma_x-\sigma_y}{2}\right)^2+\tau_x^2} = \pm\sqrt{\left[\frac{20-(-10)}{2}\right]^2+20^2} = \pm 25\text{MPa}$$

无误。

二、图解法

斜截面上的应力 σ_α 和 τ_α 除了可由公式（7-1）和式（7-2）算得外，还可以利用图解法求得。式（7-1）和（7-2）可以看作是以 2α 为参变量的参数方程。为消去 2α，将该两式改写成：

$$\sigma_\alpha - \frac{\sigma_x+\sigma_y}{2} = \frac{\sigma_x-\sigma_y}{2}\cos2\alpha - \tau_x\sin2\alpha$$

$$\tau_\alpha = \frac{\sigma_x-\sigma_y}{2}\sin2\alpha + \tau_x\cos2\alpha$$

将以上等式两边平方，然后相加，得

$$\left(\sigma_\alpha - \frac{\sigma_x+\sigma_y}{2}\right)^2 + \tau_\alpha^2 = \left(\frac{\sigma_x-\sigma_y}{2}\right)^2 + \tau_x^2 \quad (a)$$

将上式与 $x-y$ 平面内的圆周方程

$$(x-a)^2 + (y-b)^2 = R^2$$

作比较，可以看出，式 (a) 是在 $\sigma-\tau$ 坐标平面内的圆周方程，圆心 C 的坐标为 $\left(\frac{\sigma_x+\sigma_y}{2}, 0\right)$，半径为 $\sqrt{\left(\frac{\sigma_x-\sigma_y}{2}\right)^2+\tau_x^2}$，如图 7-6 所示。这个圆称为应力圆，或称为莫尔圆。对于给定的二向应力状态单元体，在 $\sigma-\tau$ 坐标平面内必有一确定的应力圆与其相对应。

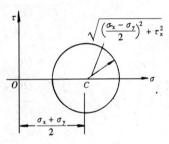

图 7-6

现以图 7-7（a）所示的单元体为例，说明由单元体上的已知应力 σ_x、τ_x 和 σ_y、τ_y（$=-\tau_x$），作出相应应力圆的方法。

(1) 如图 7-7（b）所示，在直角坐标系 $\sigma-\tau$ 平面内，按选定的比例尺，量取 $\overline{OA}=\sigma_x$、$\overline{AD_x}=\tau_x$，确定 D_x 点。D_x 点的横坐标和纵坐标就代表单元体 x 面（以 x 为法线的面）上的应力。量取 $\overline{OB}=\sigma_y$、$\overline{BD_y}=\tau_y$，确定 D_y 点。D_y 点的纵坐标和横坐标就代表单元体 y 面（以 y 为法线的面）上的应力。

(2) 连接 D_x、D_y，与 σ 轴交于 C 点，以 C 点为圆心，$\overline{CD_x}$ 或 $\overline{CD_y}$ 为半径作圆。

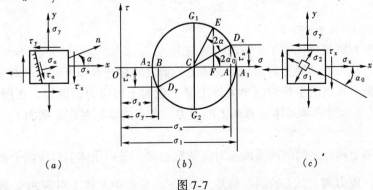

图 7-7

现在证明这个圆就是我们所要作的应力圆。

如图 7-7（b）所示，圆心坐标在 σ 轴上，且

$$\overline{OC} = \overline{OB} + \overline{BC} = \sigma_y + \frac{\sigma_x - \sigma_y}{2} = \frac{\sigma_x + \sigma_y}{2}$$

所以该圆圆心 C 的坐标为 $\left(\dfrac{\sigma_x + \sigma_y}{2},\ 0\right)$。

该圆的半径 $\overline{CD_x}$ 为：

$$\overline{CD_x} = \sqrt{\overline{CA}^2 + \overline{AD_x}^2} = \sqrt{\left(\frac{\sigma_x - \sigma_y}{2}\right)^2 + \tau_x^2}$$

所以，按照上述步骤所作的圆是满足式（a）的应力圆。

利用应力圆求任意斜截面上的应力。如图 7-7 所示，由于 D_x 点的坐标为 $(\sigma_x,\ \tau_x)$，因而 D_x 点代表单元体 x 平面上的应力。若要求此单元体某一 α 截面上的应力 σ_α 和 τ_α，可以从应力圆的半径 $\overline{CD_x}$ 按方位角 α 的转向转动 2α 角，得到半径 $\overline{CE}$，圆周上 E 点的 σ、τ 坐标分别满足式（7-1）和式（7-2），因而，它们依次为 σ_α 和 τ_α。这是因为 E 点的横坐标为：

$$\begin{aligned}
\overline{OF} &= \overline{OC} + \overline{CF} \\
&= \overline{OC} + \overline{CE}\cos(2\alpha_0 + 2\alpha) \\
&= \overline{OC} + \overline{CE}\cos 2\alpha_0 \cos 2\alpha - \overline{CE}\sin 2\alpha_0 \sin 2\alpha \\
&= \overline{OC} + (\overline{CD_x}\cos 2\alpha_0)\cos 2\alpha - (\overline{CD_x}\sin 2\alpha_0)\sin 2\alpha \\
&= \overline{OC} + \overline{CA}\cos 2\alpha - \overline{AD_x}\sin 2\alpha \\
&= \frac{\sigma_x + \sigma_y}{2} + \frac{\sigma_x - \sigma_y}{2}\cos 2\alpha - \tau_x \sin 2\alpha \\
&= \sigma_\alpha
\end{aligned}$$

E 点的纵坐标为：

$$\begin{aligned}
\overline{EF} &= \overline{CE}\sin(2\alpha_0 + 2\alpha) \\
&= \overline{CD_x}\sin 2\alpha_0 \cos 2\alpha + \overline{CD_x}\cos 2\alpha_0 \sin 2\alpha \\
&= \overline{AD_x}\cos 2\alpha + \overline{CA}\sin 2\alpha \\
&= \tau_x \cos 2\alpha + \frac{\sigma_x - \sigma_y}{2}\sin 2\alpha \\
&= \tau_\alpha
\end{aligned}$$

这就证明了，E 点的坐标代表了 α 截面上的应力。

综上所述，应力圆圆周上的点与单元体上的面之间存在着如下的一一对应关系：

（1）应力圆上某点的坐标对应单元体上某个截面上的应力。例如，在图 7-7（b）中圆周上 D_x 点的坐标对应单元体 x 截面上的应力，E 点的坐标对应 α 截面上的应力（点面对应关系）。

（2）应力圆上两点之间的圆弧段所对应的圆心角，是单元体上对应两个截面之间夹角的两倍。例如，应力圆上 $\overset{\frown}{D_x E}$ 的圆心角是 $\angle D_x CE$，它是单元体上对应的 x 截面与 α 截面

之间夹角 α 的两倍（二倍角关系）。

(3) 应力圆上沿圆周由一点转到另一点所转动的方向，与单元体上对应两个截面外法线转动的方向相一致。例如，由 D_x 点沿圆周转到 E 的转向，与单元体上 x 截面的外法线 x 轴转到 α 截面外法线 n 的转向相一致，它们都是逆钟向（转向相同）。

正确掌握上述对应关系，是利用应力圆对构件内一点处进行应力状态分析的关键。

利用应力圆确定主应力、主平面和切应力极值。从图 7-7 (b) 可知，在应力圆上 A_1 和 B_1 两点的横坐标（正应力）分别为最大和最小，它们的纵坐标（切应力）都等于零。因此这两点的横坐标分别表示图 7-7 (a) 所示平面应力状态的最大和最小正应力，即：

$$\sigma_{\max} = \overline{OA_1} = \overline{OC} + \overline{CA_1} = \overline{OC} + \overline{CD_x}$$

$$= \frac{\sigma_x + \sigma_y}{2} + \sqrt{\left(\frac{\sigma_x - \sigma_y}{2}\right)^2 + \tau_x^2} \tag{7-10}$$

$$\sigma_{\min} = \overline{OB_1} = \overline{OC} - \overline{CA_1} = \overline{OC} - \overline{CD_x}$$

$$= \frac{\sigma_x + \sigma_y}{2} - \sqrt{\left(\frac{\sigma_x - \sigma_y}{2}\right)^2 + \tau_x^2} \tag{7-11}$$

由点面之间的对应关系可知，A_1 和 A_2 点代表的正是单元体上切应力为零的两个主平面，$\sigma_{\max}$ 和 $\sigma_{\min}$ 分别为这两个主平面上的主应力，即：

$$\sigma_1 = \sigma_{\max}, \quad \sigma_2 = \sigma_{\min}, \quad \sigma_3 = 0$$

现在来确定主平面的位置。由于应力圆上 D_x 点和 A_1 点分别对应于单元体上的 x 平面和 σ_1 所在的主平面，$\angle D_x CA_1 = 2\alpha_0$ 为上述两平面间夹角 α_0 的两倍，从 D_x 点转到 A_1 点是顺时针转向的，所以在单元体上从 x 平面转到 σ_1 所在主平面的转角也是顺时针转向的，按前述对 α_0 正负号的规定，此角应为负值。因此，从应力圆上可得 $2\alpha_0$ 角的数值为：

$$\tan(-2\alpha_0) = \frac{\overline{AD_x}}{\overline{CA}} = \frac{\tau_x}{\dfrac{\sigma_x - \sigma_y}{2}}$$

即

$$\tan 2\alpha_0 = \frac{-2\tau_x}{\sigma_x - \sigma_y} \tag{7-12}$$

由此可定出主应力 σ_1 所在的主平面位置。由于 $\overline{A_2 A_1}$ 为应力圆直径，因而，另一主应力 σ_2 所在的主平面与 σ_1 所在的主平面垂直。

由图 7-7 (b) 的应力圆上还可以看出，G_1 和 G_2 两点的纵坐标分别为最大和最小值，它们分别代表了平面应力状态中的最大和最小切应力。因为 $\overline{CG_1}$ 和 $\overline{CG_2}$ 都是应力圆的半径，故有

$$\left.\begin{array}{c}\tau_{\max}\\ \tau_{\min}\end{array}\right\} = \pm\sqrt{\left(\frac{\sigma_x - \sigma_y}{2}\right)^2 + \tau_x^2} \tag{7-13}$$

又因为应力圆的半径也等于 $\dfrac{\sigma_1 - \sigma_2}{2}$，故又可写成

$$\left.\begin{array}{c}\tau_{\max}\\ \tau_{\min}\end{array}\right\} = \pm\frac{\sigma_1 - \sigma_2}{2} \tag{7-14}$$

在应力圆上,由点 A_1 到点 G_1 所对的圆心角为逆时针转 $90°$,即在单元体上,由 σ_1 所在主平面的法线到 τ_{max} 所在平面的法线应为逆时针转 $45°$。这里,必须指出的是,公式(7-12)中的 τ_{max} 和 τ_{min} 只是单元体上平行 σ_2 各平面的切应力极值,还不是单元体各斜截面中的 τ_{max} 和 τ_{min} (见第四节)。以上,利用应力圆导出了式(7-10)至(7-14)诸公式。

【**例 7-2**】 已知应力状态如图 7-8(a)所示,试用图解法求:(1) $\alpha = 45°$ 斜截面上的应力;(2) 主应力和主平面方位,并绘出主应力单元体;(3) 切应力极值。

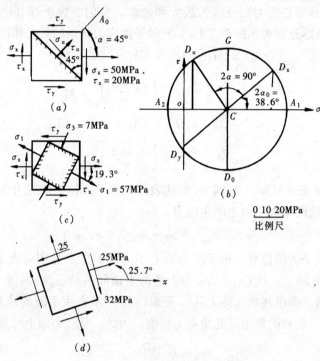

图 7-8

【**解**】 1. 作应力圆

在 σ-τ 坐标系中,按选定的比例尺,确定点 D_x(50、20)和点 D_y(0、-20)。连接 D_x、D_y 两点,与 σ 轴交于点 C。以点 C 为圆心,以 $\overline{CD_x}$ 为半径作应力圆,如图 7-8(b)所示。

2. 求 $\alpha = 45°$ 截面上的应力

由应力圆上 D_x 点沿圆周逆时针方向转到 D_α 点,使 $\overparen{D_xD_\alpha}$ 所对圆心角为 $2\alpha = 90°$。量取 D_α 点的横、纵坐标得

$$\sigma_{45°} = 5\text{MPa}, \quad \tau_{45°} = 25\text{MPa}$$

按正负号规定,绘于图 7-8(a)中。

3. 求主应力和主平面方位

在应力圆上量取 A_1 和 A_2 两点的横坐标得 $\sigma_{max} = 57\text{MPa}$,$\sigma_{min} = -7\text{MPa}$,故图示应力状态的三个主应力分别为:

$$\sigma_1 = 57\text{MPa}, \quad \sigma_2 = 0, \quad \sigma_3 = -7\text{MPa}$$

在应力圆上，由 D_x 到 A_1 的圆弧段 $\widehat{D_xA_1}$ 所对的圆心角，量得为 $2\alpha_{01} = -38.6°$，所以，主应力 σ_1 所在的主平面方位角为：

$$\alpha_{01} = -19.3°$$

主应力 σ_3 所在的主平面与 σ_1 所在的主平面垂直。主应力单元体图如图 7-8（c）所示。

4. 求切应力极值

切应力极大值对应于应力圆上 G 点，量得

$$\tau_{max} = 32MPa$$

由于 $\angle GCA_1 = 90°$，所以 τ_{max} 所在的平面与 σ_1 所在主平面夹角为 $45°$（或以 x 平面为基准面，应力圆上 $\widehat{D_xG}$ 所对圆心角 $2\alpha_1 = 51.4°$，$\alpha_1 = 25.7°$，则 τ_{max} 所在平面与 x 平面夹角为 $25.7°$）。如图 7-8（d）所示。这里，τ_{max} 所在的平面平行 σ_2，所以，τ_{max} 也是单元体各截面中的最大切应力（见第四节）。

以上结果也可以利用解析法的有关公式求得。将 $\sigma_x = 50MPa$、$\sigma_y = 0$、$\tau_x = -\tau_y = 20MPa$，代入公式（7-1）、式（7-2）得：

$$\sigma_{45°} = \frac{50+0}{2} + \frac{50-0}{2}\cos90° - 20\sin90°$$
$$= 5MPa$$

$$\tau_{45°} = \frac{50-0}{2}\sin90° + 20\cos90°$$
$$= 25MPa$$

将 $\sigma_x = 50MPa$、$\sigma_y = 0$、$\tau_x = -\tau_y = 20MPa$，代入公式（7-10）、（7-11），得

$$\sigma_{max} = \frac{50+0}{2} + \sqrt{\left(\frac{50-0}{2}\right)^2 + 20^2} = 25 + 32.0$$
$$= 57MPa$$

$$\sigma_{min} = \frac{50+0}{2} - \sqrt{\left(\frac{50-0}{2}\right)^2 + 20^2} = 25 - 32.0$$
$$= -7MPa$$

所以，图示应力状态三个主应力分别为：

$$\sigma_1 = 57MPa, \quad \sigma_2 = 0, \quad \sigma_3 = -7MPa$$

而主平面方位角：

$$\tan2\alpha_0 = \frac{-2\tau_x}{\sigma_x - \sigma_y} = \frac{-2 \times 20}{50 - 0} = -0.8$$

所以

$$2\alpha_0 = -38.6° \text{ 或 } 141.4°$$
$$\alpha_0 = -19.3° \text{ 或 } 70.7°$$

上述 α_0 有两个值，究竟哪一个 α_0 是主应力 σ_{max} 所在的主平面方位角，可以通过观察单元体 x 和 y 面上切应力 τ_x 和 τ_y 矢量合成方向，直观地予以判定。则两个主应力中代数值较大的一个主应力 σ_{max} 的方向，必与切应力矢量 τ_x 和 τ_y 的合成方向相一致。据此，本例中 σ_1 所在的主平面方位角应为：

$$\alpha_{01} = -19.3°$$

只要将 x 平面顺钟向转动 19.3° 即得 σ_1 作用的主平面。而 σ_3 则作用在 $\alpha_{02} = 70.7°$ 的主平面上。

切应力极值由公式（7-14）得

$$\left.\begin{array}{c}\tau_{\max}\\ \tau_{\min}\end{array}\right\} = \pm \frac{\sigma_1 - \sigma_3}{2} = \pm \frac{57-(-7)}{2} = \begin{cases} 32\text{MPa} \\ -32\text{MPa}\end{cases}$$

$\tau_{\max}$ 所在平面与主平面夹角为 45°，可从 σ_1 的作用面逆钟向转动 45° 角来确定。而 $\tau_{\min}$ 的作用面与 $\tau_{\max}$ 作用面垂直，也可将 σ_1 的作用面顺钟向转动 45° 角而得到。

【例 7-3】 一两端铰支的焊接工字钢梁，其荷载及横截面尺寸如图 7-9（a）、（b）、（c）所示，试求危险截面上腹板与翼缘焊缝处 a 点及截面下边缘 b 点处的主应力及其方向。

【解】 1. 求危险截面上的剪力和弯矩

首先计算支反力，并作出梁的 F_Q、M 图，如图 7-9（d）、（e）所示。显然，危险截面在截面 C 的左侧，其剪力和弯矩分别为：

$$F_{Q_C} = 200\text{kN}$$

$$M_C = 80\text{kN}\cdot\text{m}$$

2. 求危险截面上 a、b 两点处的应力

先计算横截面对中性轴的惯性矩 I_z 和求 a 点处剪应力时需用的静矩 S_{za}^* 等：

$$I_z = \left(\frac{120 \times 300^3}{12} - \frac{111 \times 270^3}{12}\right) \times 10^{-12} = 88 \times 10^{-6}\text{ m}^4$$

$$S_{za}^* = 120 \times 15 \times (150 - 7.5) \times 10^{-9} = 256 \times 10^{-6}\text{ m}^3$$

$$y_a = 0.135\text{ m}$$

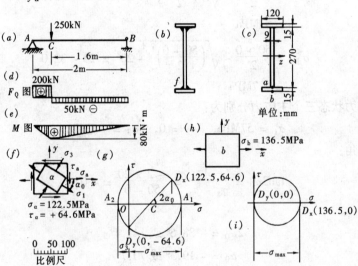

图 7-9

由以上各数据，可算得横截面 C 上 a 点处的应力为：

$$\sigma_a = \frac{M}{I_z}y_a = \frac{80 \times 10^3}{88 \times 10^{-6}} \times 0.135 = 122.5 \times 10^6\text{Pa} = 122.5\text{MPa}$$

$$\tau_\mathrm{a} = \frac{QS_{\mathrm{za}}^*}{I_z b} = \frac{200 \times 10^3 \times 256 \times 10^{-6}}{88 \times 10^{-6} \times 9 \times 10^{-3}} = 64.6 \times 10^6 \mathrm{Pa} = 64.6 \mathrm{MPa}$$

横截面 C 上 b 点处的应力,由 $y_\mathrm{b} = 0.15\mathrm{m}$ 可得

$$\sigma_\mathrm{b} = \frac{M}{I_z} y_\mathrm{b} = \frac{80 \times 10^3}{88 \times 10^{-6}} \times 0.15 = 136.5 \times 10^6 \mathrm{Pa} = 136.5 \mathrm{MPa}$$

$$\tau_\mathrm{b} = 0$$

a、b 两点处的应力状态,如图 7-9 (f)、(h) 所示。

3. 作应力圆并求主应力

a 点处的应力圆:按图 7-9 中所示的比例尺,根据 a 点处单元体 x、y 两平面上的应力 $\sigma_x = \sigma_\mathrm{a}$ 和 $\tau_x = \tau_\mathrm{a}$,$\sigma_y = 0$ 和 $\tau_y = -\tau_\mathrm{a}$,在 σ-τ 坐标系中定出 D_x、D_y 点,连接 D_x、D_y 两点,交 σ 轴于点 C。以点 C 为圆心,$\overline{CD_x}$ 为半径绘出相应的应力圆,如图 7-9 (g) 所示。此圆与 σ 轴的两交点 A_1 和 A_2 的横坐标分别代表 a 点处的两个主应力 σ_1 和 σ_3,按选定的比例尺可分别量得

$$\sigma_1 = \overline{OA_1} = 150 \mathrm{MPa}$$

和

$$\sigma_3 = \overline{OA_2} = -27 \mathrm{MPa}(\text{压应力})$$

由于应力圆圆周上 D_x 点对应于单元体上的 x 平面,圆周上的 A_1 点对应于单元体上 σ_1 所在的斜截面,在图 7-9 (g) 中量得 $2\alpha_0$ 为 $-45°$,故 α_0 应为 $-22.5°$。同理,可确定 σ_3 所在截面,它应垂直于 σ_1 所在截面,如图 7-9 (f) 所示。

b 点处的应力圆:按图示选定的比例尺,根据如图 7-9 (h) 所示的单元体 x、y 两平面上的应力 $\sigma_x = \sigma_\mathrm{b}$,$\tau_x = \tau_\mathrm{b} = 0$,$\sigma_y = 0$,$\tau_y = 0$,在 σ-τ 坐标系中确定 D_x (136.5, 0)、D_y (0, 0) 点,由此作得的应力圆如图 7-9 (i) 所示。由此图可见,b 点处的三个主应力分别为 $\sigma_1 = \sigma_x = 136.5 \mathrm{MPa}$,$\sigma_2 = \sigma_3 = 0$。$\sigma_1$ 所在截面就是 x 平面,亦即梁的横截面 C。

以上结果也可以利用解析法公式 (7-10) 和式 (7-11) 求得。

综上所述,二向应力状态分析方法,可分为解析法和图解法。必须指出的是,应力圆直观地反映了一点处应力状态的特征,在实际应用中,不应把应力圆作为纯粹的图解法,利用应力圆可以得出关于二向应力状态的很多结论,如解析法计算公式 (7-10) ~ 式 (7-14) 均可从应力圆分析中直接得出,分析直观、简单明了。图解法的结果,其精度往往受作图所选取的比例尺,及量取应力值的精确度等方面的限制。而解析法则不受此限制,因此,例如在作主应力分析时,可用解析法计算主应力及主平面方位角数值的大小,辅以应力圆分析主应力作用面所在的象限,是一种不易出错的、可取的办法。

第三节 主应力迹线

本节讨论梁的主应力迹线问题。所谓主应力迹线是指具有如下性质的曲线:即在此曲线上每一点的切线方向均与该点处的主应力方向重合。为了作出梁的主应力迹线,就需要先研究梁横截面上各点处的应力情况。如图 7-10 (a) 所示,为一受任意横向力作用的矩形截面简支梁。在梁上任取一横截面 $m - m$,在该截面上选取 1、2、3、4、5 五个点。根据该截面上的剪力和弯矩,利用梁的正应力和切应力计算公式可算出上述各点处的正应力

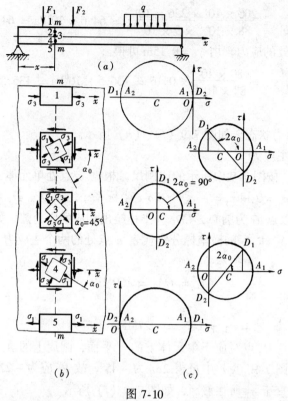

图 7-10

和切应力。围绕上述各点所取的单元体,其 x 平面是梁的横截面,其上的正应力 $\sigma_x = \dfrac{M}{I_z}y$ 和切应力 $\tau_x = \dfrac{F_Q S_z^*}{I_z b}$。单元体的 y 平面是梁的水平纵截面,其上的正应力 $\sigma_y = 0$,切应力 $\tau_y = -\tau_x$。这样,表示上述各点处应力状态的单元体各个面上的应力就完全确定了,如图 7-10(b)所示。分别画出它们的应力圆,如图 7-10(c)所示。单元体 1 和 5 都处于单向应力状态,1 点处的 σ_3 和 5 点处的 σ_1,其方向都与梁轴线平行,利用应力圆不难定出 2、3、4 各点处的 σ_1 和 σ_3 方向,如图 7-10(b)所示。沿截面高度自下而上,主应力 σ_1 方向由水平位置按顺时针逐渐变动到竖直位置,主应力 σ_3 方向则由竖直位置也按顺时针变到水平位置。

梁内任意一点处的主应力也可按公式 (7-10) 和式 (7-11),将相应的 σ_x、τ_x 和 $\sigma_y = 0$、$\tau_y = -\tau_x$ 代入,得到其表达式为:

$$\sigma_1 = \frac{\sigma_x}{2} + \sqrt{\left(\frac{\sigma_x}{2}\right)^2 + \tau_x^2} \tag{7-15}$$

$$\sigma_3 = \frac{\sigma_x}{2} - \sqrt{\left(\frac{\sigma_x}{2}\right)^2 + \tau_x^2} \tag{7-16}$$

由上述两式可知,梁内任一点处的两个主应力必然一个为拉应力,另一个为压应力,两者的方向互相垂直。所以在梁的 xy 平面内可以绘制两组正交的曲线,在一组曲线上每一点处切线的方向是该点处主拉应力 σ_1 的方向,而在另一组曲线上每一点处切线的方向则为主压应力 σ_3 的方向。这两组曲线即是梁的主应力迹线。

主应力迹线可以按照以下步骤来绘制。按一定的比例尺画出梁在 xy 平面的平面图，其中的一段如图 7-11 所示，然后画出代表一些横截面位置的等间距的直线 1-1、2-2 等等。从横截面 1-1 上任一点 a 开始，根据前述的方法求出该点处 σ_1 的方向，将这一方向线延长至 2-2 截面线，相交于 b 点。再求出 b 点处主应力 σ_1 的方向。依此类推，就可以画出一条折线。作一条与此折线相切的曲线，这一曲线就是主拉应力 σ_1 的迹线。所取的相邻横截面越靠近，按上法绘出的迹线也就越真实。按同样方法，可绘出主压应力 σ_3 的迹线。

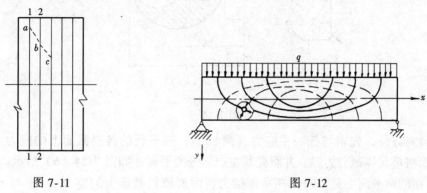

图 7-11　　　　　　　　　　　图 7-12

承受均布荷载作用的简支梁的两组主应力迹线，如图 7-12 所示。实线表示主拉应力 σ_1 的迹线，虚线表示主压应力 σ_3 的迹线。所有这些曲线与梁中性层相交成 45°，在 $\tau_x = 0$ 的各点处，即梁横截面的上、下边缘处，迹线的切线与梁的轴线平行或垂直。

主应力迹线在工程设计中是很有用的。例如在设计钢筋混凝土梁时，应大致按照主拉应力 σ_1 迹线来配置排列受拉钢筋，以承担梁内各点处的最大拉应力。

第四节　三向应力状态分析简介

一、概述

如前所述，如果受力构件内一点处的三个主应力都不等于零，这种状态称为三向应力状态。在工程中，常常会遇到三向应力状态的问题，例如在地基的一定深度处取一单元体，如图 7-13 所示。在该单元体的上、下平面上有自重应力，但由于周围岩土的包围，侧向变形受到阻碍，故单元体 4 个侧面上均受到侧向压力作用，因而是一个三向应力状态问题。又如螺钉在拉伸时，从螺纹根部内取出的单元体，处于三个主应力均为拉应力的三向应力状态。

本节只对三向应力状态作简单分析，其目的在于找出受力构件内一点处的最大正应力和最大切应力。只有通过对三向应力状态的分析，才能对单元体上正应力和切应力的最大值有更全面的认识，而且其中某些结论在建立复杂应力状态强度条件时将要用到。

二、三向应力状态的应力圆

设受力构件内某一点处于三向应力状态，按三个主平面方位取出的单元体如图 7-14(a) 所示，已知三个

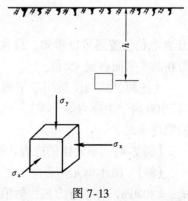

图 7-13

主应力 $\sigma_1 > \sigma_2 > \sigma_3$，现需求任意斜截面上的应力，及该点处的最大正应力和最大切应力。

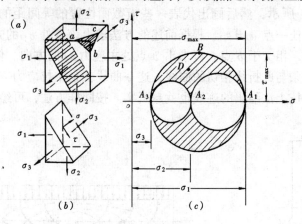

图 7-14

为了研究方便，先求与任一主应力（例如 σ_3）相平行的各斜截面上的应力。为此，沿该斜截面将单元体截分为二，并研究其左边部分的平衡，如图 7-14（b）所示。由于主应力 σ_3 所在的两平面上是一对自相平衡的力，因而该斜截面上的应力 σ、τ 与 σ_3 无关，只由主应力 σ_1 和 σ_2 来决定。于是该截面上的应力可由 σ_1 和 σ_2 作出的应力圆上的点来表示，而该圆上的最大和最小正应力分别为 σ_1 和 σ_2。同理，在与 σ_2（或 σ_1）平行的斜截面上的应力 σ、τ，可由 σ_1、σ_3（或 σ_2、σ_3）作出的应力圆上的点来表示。将上述三种情况的应力圆表示于同一坐标系中，这三个应力圆合称为三向应力状态的应力圆，如图 7-14（c）所示。进一步研究证明，图 7-14（a）中所示的与三个主应力都不平行的任意斜截面 abc 上的应力 σ 和 τ，可用图 7-14（c）所示的上述三个应力圆所围成的阴影部分的相应点 D 来表示。

由此可见，在 σ-τ 直角坐标系中，代表单元体任意斜截面上应力的点，必在三个圆的圆周上及由它们所围成的阴影范围以内。

根据以上分析，在图 7-14（a）所示的三向应力状态下，由图 7-14（c）所示的三向应力圆可知，该点的最大正应力等于最大应力圆上 A_1 点的横坐标 σ_1，即：

$$\sigma_{\max} = \sigma_1 \tag{7-17}$$

而最大切应力等于最大应力圆上 B 点的纵坐标，也就是最大应力圆的半径，即

$$\tau_{\max} = \frac{1}{2}(\sigma_1 - \sigma_3) \tag{7-18}$$

由 B 点的位置还可以得知，最大切应力所在的平面与 σ_2 所在的平面垂直，并与 σ_1 和 σ_3 所在的主平面各成 45°角。

上述两公式同样适用于平面应力状态（其中有一个主应力等于零）或单向应力状态（其中有两个主应力等于零），只需将具体问题中的主应力求出，并按代数值 $\sigma_1 \geq \sigma_2 \geq \sigma_3$ 的顺序排列。

【例 7-4】 单元体的应力状态如图 7-15（a）所示。试用图解法求最大切应力。

【解】 图示单元体若按平面应力状态作应力圆，如 7-15（b）所示，则 $\sigma_{\max} = 30\text{MPa}$，$\sigma_{\min} = 10\text{MPa}$，将主应力按代数值大小排列，即

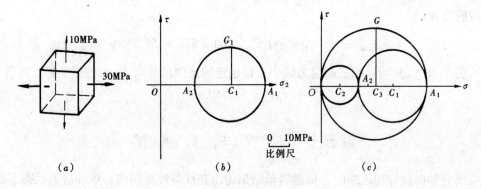

图 7-15

$$\sigma_1 = 30\text{MPa}, \quad \sigma_2 = 10\text{MPa}, \quad \sigma_3 = 0$$

所以该单元体的最大切应力为：

$$\tau_{\max} = \frac{1}{2}(\sigma_1 - \sigma_3) = 15\text{MPa}$$

将平面应力状态视为三向应力状态的特殊情况，可作出三向应力圆如图 7-15（c）所示。

【例 7-5】 单元体应力状态如图 7-16（a）所示。已知 $\sigma_x = 0$，$\tau_x = -40\text{MPa}$，$\sigma_y = -20\text{MPa}$，$\sigma_z = 60\text{MPa}$，$\tau_z = 0$。试求主应力和最大切应力。

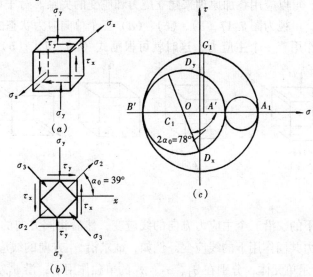

图 7-16

【解】 这是一个三向应力状态问题，但有一个已知的主应力 σ_z。因此另两个主应力所在平面必定与 σ_z 相互平行。由三向应力圆分析可知，与 σ_z 平行平面上的应力情况，与 σ_z 无关。于是，根据 x、y 平面上的应力 σ_x、τ_x、σ_y、τ_y 作应力圆，如图 7-16（b）所示。按所选的比例尺，量取 A'、B' 两点的横坐标得

$$\sigma_{A'} = 31\text{MPa}, \quad \sigma_{B'} = -51\text{MPa}$$

于是，该单元体上的三个主应力分别为：

$$\sigma_1 = \sigma_z = 60\text{MPa}, \quad \sigma_2 = \sigma_{A'} = 31\text{MPa}, \quad \sigma_3 = \sigma_{B'} = -51\text{MPa}$$

最大剪应力为：

$$\tau_{max} = \frac{1}{2}(\sigma_1 - \sigma_3) = \frac{1}{2}(60 + 51) = 55.5 \text{MPa}$$

亦可从图 7-16（c）所示的三向应力圆中，按选定的比例尺量取 G_1 点的纵坐标，可得

$$\tau_{max} = 55.5 \text{MPa}$$

第五节 广义胡克定律

在研究轴向拉伸和压缩时，根据实验结果得出在线弹性范围内，单向应力状态下的应力与应变的关系为：

$$\sigma = E\varepsilon \quad \text{或} \quad \varepsilon = \frac{\sigma}{E} \qquad (a)$$

这就是胡克定律。此外，轴向线应变 ε 与横向线应变 ε' 的关系为：

$$\varepsilon' = -\nu\varepsilon = -\nu\frac{\sigma}{E} \qquad (b)$$

上述式（a）、（b）中，E 为弹性模量，ν 为泊松比。

现在来研究复杂应力状态下的应力和应变的关系。对于各向同性材料，当变形很小且在线弹性范围内时，可以应用叠加原理来建立应力和应变的关系。对于如图 7-17（a）所示的三向应力状态，可视为图 7-17（b）、（c）、（d）三个单向应力状态的叠加。这样，在每一个单元体上只作用着一个主应力，这时就可根据式（a）和式（b）分别求出在每一

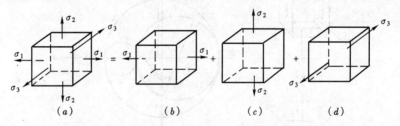

图 7-17

个主应力单独作用下的、沿三个主应力方向的线应变，然后将同方向的线应变叠加起来，就可得到三个主应力共同作用下的线应变。例如，欲求沿 σ_1 方向的线应变 ε_1，如图 7-17（b）、（c）、（d）所示单元体，分别在 σ_1、σ_2、σ_3 的单独作用下，沿 σ_1 方向的线应变分别为

$$\varepsilon_1' = \frac{\sigma_1}{E}, \quad \varepsilon_1'' = -\nu\frac{\sigma_2}{E}, \quad \varepsilon_1''' = -\nu\frac{\sigma_3}{E}$$

从而，在三个主应力共同作用下的图 7-17（a）所示的单元体，沿 σ_1 方向的线应变应为 ε_1'、ε_1''、ε_1''' 的代数和，即

$$\varepsilon_1 = \varepsilon_1' + \varepsilon_1'' + \varepsilon_1''' = \frac{\sigma_1}{E} - \nu\frac{\sigma_2}{E} - \nu\frac{\sigma_3}{E} = \frac{1}{E}[\sigma_1 - \nu(\sigma_2 + \sigma_3)]$$

按同样的方法，可以求得单元体沿 σ_2 和 σ_3 方向的线应变。于是，三向应力状态下的应力与应变的关系可表示为

$$\left.\begin{aligned}\varepsilon_1 &= \frac{1}{E}[\sigma_1 - \nu(\sigma_2 + \sigma_3)] \\ \varepsilon_2 &= \frac{1}{E}[\sigma_2 - \nu(\sigma_3 + \sigma_1)] \\ \varepsilon_3 &= \frac{1}{E}[\sigma_3 - \nu(\sigma_1 + \sigma_2)]\end{aligned}\right\} \tag{7-19}$$

公式（7-19）称为用主应力表示的广义胡克定律。ε_1、ε_2、ε_3 分别与主应力相对应，称为主应变。它们之间按代数值排列也有着 $\varepsilon_1 \geqslant \varepsilon_2 \geqslant \varepsilon_3$ 的关系，且 ε_1 是该点处的最大线应变。

如果三个主应力中有一个为零（例如 $\sigma_3 = 0$），则图 7-17 所示单元体就成为二向应力状态，由公式（7-19）可得

$$\left.\begin{aligned}\varepsilon_1 &= \frac{1}{E}(\sigma_1 - \nu\sigma_2) \\ \varepsilon_2 &= \frac{1}{E}(\sigma_2 - \nu\sigma_1) \\ \varepsilon_3 &= -\frac{\nu}{E}(\sigma_1 + \sigma_2)\end{aligned}\right\} \tag{7-20}$$

可以证明，对于各向同性材料，在线弹性小变形的条件下，线应变只与正应力有关，而与切应力无关；切应变只与切应力有关，而与正应力无关。据此，当单元体各个面上既有正应力，又有切应力时，如图 7-18 所示，则正应力 σ_x、σ_y、σ_z 与沿其相应方向的线应变 ε_x、ε_y、ε_z 之间也存在着如同公式（7-19）的关系，即

$$\left.\begin{aligned}\varepsilon_x &= \frac{1}{E}[\sigma_x - \nu(\sigma_y + \sigma_z)] \\ \varepsilon_y &= \frac{1}{E}[\sigma_y - \nu(\sigma_z + \sigma_x)] \\ \varepsilon_z &= \frac{1}{E}[\sigma_z - \nu(\sigma_x + \sigma_y)]\end{aligned}\right\} \tag{7-21a}$$

而切应变与切应力之间的关系，可由剪切胡克定律得到，即

$$\gamma_{xy} = \frac{\tau_{xy}}{G}, \quad \gamma_{yz} = \frac{\tau_{yz}}{G}, \quad \gamma_{zx} = \frac{\tau_{zx}}{G} \tag{7-21b}$$

公式（7-21a）、（7-21b）称为用应力分量表示的广义胡克定律。与正应力相对应的线应变称为正应变。

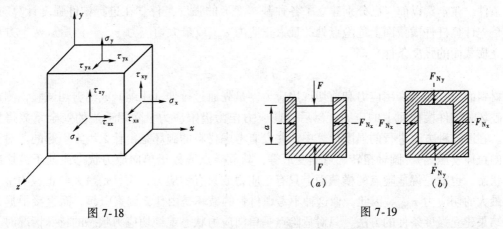

图 7-18   图 7-19

【例 7-6】 有一边长 $a = 200\text{mm}$ 的正立方试块，无空隙地放在刚性凹座里，如图 7-19

所示。上面受压力 $F = 300\text{kN}$ 作用。已知混凝土的泊松比 $\nu = \dfrac{1}{6}$。试求凹座壁上所受的压力 N。

【解】 混凝土块在 z 方向受轴向压力 F 作用后，将在 x、y 方向产生横向膨胀，但因受到刚性凹座四壁的阻碍，在 x、y 方向的横向变形不能发生。于是，在混凝土块与槽壁间将产生均匀的压应力 σ_x 和 σ_y。其变形条件是

$$\varepsilon_x = \varepsilon_y = 0 \tag{a}$$

将广义胡克定律（7-21a）代入上式，得

$$\left.\begin{aligned}\varepsilon_x &= \frac{1}{E}[\sigma_x - \nu(\sigma_z + \sigma_y)] = 0 \\ \varepsilon_y &= \frac{1}{E}[\sigma_y - \nu(\sigma_z + \sigma_x)] = 0\end{aligned}\right\} \tag{b}$$

式中

$$\sigma_x = \frac{F_{N_x}}{a^2}, \quad \sigma_y = \frac{F_{N_y}}{a^2}, \quad \sigma_z = \frac{F}{a^2} \tag{c}$$

由式（b），可解得

$$\sigma_x = \sigma_y = \frac{\nu}{1-\nu}\sigma_z = \frac{\frac{1}{6}}{1-\frac{1}{6}}\left(-\frac{300\times 10^3}{200^2\times 10^{-6}}\right) = -1.5\text{MPa}(\text{压})$$

则凹壁上所受压力为：

$$F_{N_x} = F_{N_y} = \sigma_x a^2 = -1.5\times 10^6\times 200^2\times 10^{-6} = -60\text{kN}(\text{压})$$

第六节 强度理论

一、强度理论的概念

杆件的强度问题是材料力学研究的基本问题之一，而解决强度问题的关键在于建立强度条件。在本章以前，已分别建立了各种基本变形的强度条件。在进行构件强度计算时，总是先计算杆件横截面上危险点处的最大正应力 $\sigma_{\max}$ 或最大切应力 $\tau_{\max}$，然后从两个方面建立横截面的强度条件，即

$$\sigma_{\max} \leqslant [\sigma], \quad \tau_{\max} \leqslant [\tau]$$

而材料的拉（压）许用应力和剪切许用应力，是先通过拉伸（压缩）或纯剪切试验，测定在破坏时试件横截面上的应力，然后以此应力作为极限应力，除以适当的安全系数得到的。在以这种方法进行的强度计算中，并没有考虑材料的破坏是由什么因素引起的。对于轴向拉伸（压缩）、圆轴扭转、弯曲变形等，其危险点或处于单向应力状态或处于纯切应力状态，也就是说危险点的横截面上只有正应力或只有切应力，而且是最大的正应力 $\sigma_{\max}$ 或最大的切应力 $\tau_{\max}$。因此，像这种不考虑材料的破坏是由什么因素引起，而直接根据试验结果建立强度条件的方法，只对危险点是单向应力状态或纯切应力状态的特殊情况时才是可行的。

这种根据试验结果直接建立强度条件的方法,对于复杂应力状态是不适用的。这是因为,实现复杂应力状态的试验装置比较困难;再则,三个主应力 σ_1、σ_2 和 σ_3 间的比例有无限多种可能性,要在每一种比例下都通过对材料的直接试验来确定极限应力值,将是难以做到的。

经过长期的实验研究表明,尽管应力状态有各种各样,材料的破坏现象各有不同,但材料破坏的形式却有规律,并可划分成两个类型:一类是有着显著塑性变形的破坏。例如低碳钢试件拉伸屈服时,沿与轴线成45°方向出现的塑性滑移,扭转时沿纵、横两个方向的剪切滑移等,均产生了显著的、不可恢复的塑性变形。此时,构件已不能满足使用要求,失去了正常工作的能力,故把这种情况作为材料破坏的一种形式,称之为屈服(流动)破坏。另一类是没有明显塑性变形的破坏,如铸铁试件拉伸时沿横截面断裂,扭转时沿与轴线成45°螺旋面的断裂,及如图 7-20(a)所示中部刻有尖锐环形深槽的低碳钢圆截面受拉杆,直到拉断时都看不出显著的塑性变形,最后沿切槽根部最弱截面发生断裂,其断口平齐,如图 7-20(b)所示,与铸铁拉伸试件的断口相仿,这种破坏称为脆性断裂破坏。

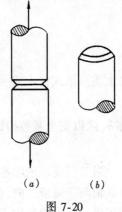

图 7-20

上述例子说明,破坏形式不仅与材料有关,而且还与应力状态有关。尽管破坏现象比较复杂,但经过归纳,强度不足引起的破坏形式主要还是屈服(流动)和断裂两种类型。那么,引起某种类型破坏的因素是否相同呢?为此,人们在综合分析材料破坏现象后,对引起材料破坏的因素提出了各种假说。这类假说认为,材料之所以按某种方式破坏(屈服或断裂),是应力、应变或变形能中某一因素引起的。这种推测引起材料破坏因素的假说就称为强度理论。按照这类假说,无论是简单应力状态或复杂应力状态,材料的某一相同类型破坏是由某种共同因素引起的。这样,便可由单向应力状态的试验结果来建立复杂应力状态下的强度条件。

本节介绍常用的四个强度理论,它们适用于常温、静载下的均匀、连续、各向同性材料。

二、常用的四个强度理论

如前所述,材料破坏按其物理本质可分为屈服和断裂两种类型。因此,强度理论也就相应地分为两类:一类是用来解释断裂破坏原因的,其中包括最大拉应力理论和最大伸长线应变理论。另一类是用来解释屈服破坏原因的,其中包括最大切应力理论和形状改变比能理论。现分别介绍如下:

最大拉应力理论(第一强度理论) 这一理论认为最大拉应力是引起材料断裂的主要因素。即认为无论是什么应力状态,只要最大拉应力 σ_1 达到某一极限值时,材料就发生断裂。这一极限值即该种材料在轴向拉伸试验时测得的强度极限 σ_b。故材料的断裂破坏条件为:

$$\sigma_1 = \sigma_b \qquad (a)$$

将极限应力 σ_b 除以安全系数得许用应力 $[\sigma]$,所以按第一强度理论建立的强度条件是

$$\sigma_1 \leqslant [\sigma] \qquad (7\text{-}22)$$

实践证明,这一理论对于脆性材料,如铸铁、砖石等受拉或受扭时较为适用。这一理

论没有考虑其他两个主应力 σ_2、σ_3 的影响,且对没有拉应力的状态(如单向压缩、三向压缩等)也无法应用。

最大伸长线应变理论(第二强度理论)这一理论认为最大伸长线应变是引起材料断裂的主要因素。即认为无论什么应力状态,只要最大伸长线应变 ε_1 达到材料单向拉伸断裂时伸长线应变的极限值 ε_u 时,材料即发生断裂破坏。其破坏条件是

$$\varepsilon_1 = \varepsilon_u \tag{b}$$

对于砖石、混凝土等脆性材料、从受力直到断裂,其应力、应变关系可以认为基本符合胡克定律,所以

$$\varepsilon_1 = \frac{1}{E}[\sigma_1 - \nu(\sigma_2 + \sigma_3)]$$

$$\varepsilon_u = \frac{\sigma_u}{E} = \frac{\sigma_b}{E}$$

将上述关系式代入式(b),得到用应力表示的破坏条件

$$\sigma_1 - \nu(\sigma_2 + \sigma_3) = \sigma_b \tag{c}$$

将 σ_b 除以安全系数得许用应力 $[\sigma]$,于是按第二强度理论建立的强度条件是

$$\sigma_1 - \nu(\sigma_2 + \sigma_3) \leq [\sigma] \tag{7-23}$$

第二强度理论除考虑了最大拉应力 σ_1 外,还考虑了 σ_2 和 σ_3 的影响,但仅对脆性材料在轴向压缩或二向(一拉一压,且压应力数值超过拉应力)应力状态下,与实验结果比较接近,其他情况均不适用。所以这一理论目前很少使用。

最大切应力理论(第三强度理论)这一理论认为最大切应力是引起材料屈服的主要因素。即认为不论什么应力状态,只要最大切应力 $\tau_{\max}$ 达到材料在单向应力状态下屈服时的极限值 τ_u,材料就发生屈服破坏。单向拉伸下,当横截面上的正应力达到屈服极限 σ_s 时,与轴线成 $45°$ 的斜截面上的切应力达到了材料的极限值,且有

$$\tau_u = \frac{\sigma_s}{2}$$

所以,按照这一强度理论的观点,屈服破坏条件是

$$\tau_{\max} = \tau_u = \frac{\sigma_s}{2} \tag{d}$$

材料在复杂应力状态下的最大剪应力为:

$$\tau_{\max} = \frac{\sigma_1 - \sigma_3}{2}$$

将上式代入式(d),得到以主应力表示的屈服破坏条件为:

$$\sigma_1 - \sigma_3 = \sigma_s$$

引入安全系数,将 σ_s 换为许用应力 $[\sigma]$,得到按第三强度理论建立的强度条件

$$\sigma_1 - \sigma_3 \leq [\sigma] \tag{7-24}$$

最大切应力理论较为满意地解释了塑性材料的屈服现象。这一理论的缺点是没有考虑中间主应力 σ_2 对材料屈服的影响,略去这种影响造成的误差最大可达 15%。

形状改变比能理论(第四强度理论)这一理论认为形状改变比能是引起材料屈服破坏的主要因素。即认为不论什么应力状态,只要形状改变比能 u_f 的数值达到单向拉伸屈服

时的极限值 $\frac{1+\nu}{6E}(2\sigma_s^2)$, 材料就要发生屈服破坏。于是，发生屈服破坏的条件是

$$u_f = \frac{1+\nu}{6E}(2\sigma_s^2) \qquad (e)$$

在复杂应力状态下，形状改变比能表达式（推导从略，所谓形状改变比能，是指由于形状改变在材料单位体积内所储存的一种弹性变形能）为：

$$u_f = \frac{1+\nu}{6E}[(\sigma_1-\sigma_2)^2+(\sigma_2-\sigma_3)^2+(\sigma_3-\sigma_1)^2]$$

将上式代入式 (e)，上述破坏条件可改写成：

$$\sqrt{\frac{1}{2}[(\sigma_1-\sigma_2)^2+(\sigma_2-\sigma_3)^2+(\sigma_3-\sigma_1)^2]} = \sigma_s$$

将 σ_s 除以安全系数得许用应力 $[\sigma]$，于是按第四强度理论得到的强度条件是

$$\sqrt{\frac{1}{2}[(\sigma_1-\sigma_2)^2+(\sigma_2-\sigma_3)^2+(\sigma_3-\sigma_1)^2]} \leqslant [\sigma] \qquad (7\text{-}25)$$

这一理论是从综合考虑应力、应变影响的变形能出发来研究材料强度的。试验结果表明：对于塑性材料，这一理论比第三强度理论更符合试验结果。

综合公式 (7-22)、(7-23)、(7-24)、(7-25)，可把四个强度理论的强度条件写成以下统一形式：

$$\sigma_r \leqslant [\sigma] \qquad (7\text{-}26)$$

式中 σ_r 是按不同强度理论得出的危险点处三个主应力的组合。$[\sigma]$ 为轴向拉伸时材料的许用应力。由于从公式 (7-22) 的形式看，这种主应力组合 σ_r 和单向拉伸时的拉应力在安全程度上是相当的，因此，通常称 σ_r 为相当应力。按照从第一强度理论到第四强度理论的顺序，相当应力分别为：

$$\left.\begin{array}{l}\sigma_{r1} = \sigma_1 \\ \sigma_{r2} = \sigma_1 - \nu(\sigma_2+\sigma_3) \\ \sigma_{r3} = \sigma_1 - \sigma_3 \\ \sigma_{r4} = \sqrt{\frac{1}{2}[(\sigma_1-\sigma_2)^2+(\sigma_2-\sigma_3)^2+(\sigma_3-\sigma_1)^2]}\end{array}\right\} \qquad (7\text{-}27)$$

在工程实际中对某些杆件进行强度计算时，常会遇到如图 7-21 所示的平面应力状态，将 $\sigma_x = \sigma$, $\sigma_y = 0$, $\tau_x = \tau$ 代入公式 (7-10)、(7-11)，可得这种应力状态下的三个主应力为：

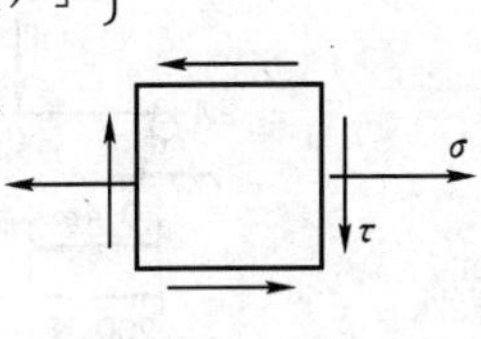

$$\sigma_1 = \frac{\sigma}{2} + \sqrt{\left(\frac{\sigma}{2}\right)^2+\tau^2}$$

$$\sigma_2 = 0$$

$$\sigma_3 = \frac{\sigma}{2} - \sqrt{\left(\frac{\sigma}{2}\right)^2+\tau^2}$$

图 7-21

再将这三个主应力代入公式 (7-24) 和公式 (7-25)，可以得到这种应力状态下用 σ 和 τ 表示的第三和第四强度理论的强度条件为：

$$\sigma_{r3} = \sqrt{\sigma^2+4\tau^2} \leqslant [\sigma] \qquad (7\text{-}28)$$

$$\sigma_{r4} = \sqrt{\sigma^2 + 3\tau^2} \leqslant [\sigma] \tag{7-29}$$

三、各种强度理论的适用范围和应用举例

以上介绍了四种常用的强度理论。铸铁、石料、混凝土、玻璃等,通常以断裂的形式破坏,宜采用第一和第二强度理论。对于塑性材料,如碳钢、铜、铝等,通常以屈服的形式破坏,宜采用第三和第四强度理论。无论是塑性或脆性材料,在三向拉应力的大小相接近的情况下,都将以断裂的形式破坏,宜采用第一强度理论;在三向压应力的大小相接近的情况下,都将发生屈服破坏,宜采用第三或第四强度理论。

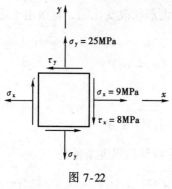

图 7-22

【例 7-7】 铸铁构件上危险点处的应力状态如图 7-22 所示,若已知铸铁的许用拉应力 $[\sigma_t] = 30\mathrm{MPa}$,试校核其强度。

【解】 图示单元体为二向应力状态,其主应力可由公式 (7-10)、(7-11) 求出

$$\left.\begin{array}{c}\sigma_{\max} \\ \sigma_{\min}\end{array}\right\} = \frac{\sigma_x + \sigma_y}{2} \pm \sqrt{\left(\frac{\sigma_x - \sigma_y}{2}\right)^2 + \tau_x^2}$$

$$= \frac{9 + 25}{2} \pm \sqrt{\left(\frac{9 - 25}{2}\right)^2 + 8^2}$$

$$= 17 \pm 11.3 = \begin{cases} 28.3\mathrm{MPa} \\ 5.7\mathrm{MPa} \end{cases}$$

故单元体主应力为:

$$\sigma_1 = 28.3\mathrm{MPa}, \quad \sigma_2 = 5.7\mathrm{MPa}, \quad \sigma_3 = 0$$

铸铁构件危险点处为二向拉伸应力状态,按第一强度理论校核其强度:

$$\sigma_{r1} = \sigma_1 = 28.3\mathrm{MPa} \leqslant [\sigma_t] = 30\mathrm{MPa}$$

【例 7-8】 两端简支的焊接工字钢梁承受荷载及其横截面尺寸如图 7-23 (a)、(b) 所示。已知材料 $[\sigma] = 170\mathrm{MPa}$,$[\tau] = 100\mathrm{MPa}$。试全面校核该梁的强度。

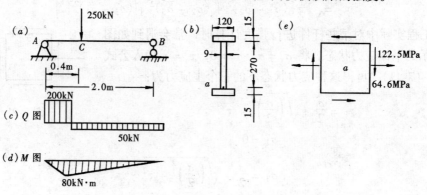

图 7-23

【解】 1. 确定危险截面

首先计算支座反力,并作出梁的剪力图和弯矩图,如图 7-23 (c)、(d) 所示。可以

看出，$C_{左}$ 截面上剪力和弯矩都最大，因此，$C_{左}$ 截面为危险截面，其上内力为：

$$F_{Qmax} = 200 \text{kN}$$

$$M_{max} = 80 \text{kN} \cdot \text{m}$$

2. 校核梁的正应力强度和切应力强度

由图 7-23（b）所示的截面尺寸，可求得梁截面的有关几何量，有

$$I_z = \frac{120 \times 300^2}{12} - \frac{111 \times 270^3}{12} = 88 \times 10^6 \text{mm}^4$$

$$S_z = 135 \times 9 \times \frac{135}{2} + 120 \times 15 \times \left(150 - \frac{15}{2}\right) = 33.8 \times 10^4 \text{mm}^3$$

翼缘对中性轴的静矩 S_{za} 为：

$$S_{za} = 120 \times 15 \times \left(150 - \frac{15}{2}\right) = 25.6 \times 10^4 \text{mm}^3$$

危险截面 $C_{左}$ 的上、下边缘各点处，有最大正应力，其值为：

$$\sigma_{max} = \frac{M_{max}}{I_z} y_{max} = \frac{80 \times 10^3}{88 \times 10^{-6}} \times 0.15 = 136.3 \text{MPa} < [\sigma]$$

满足正应力强度条件。

危险截面 $C_{左}$ 的中性轴上各点处有最大切应力，其值为：

$$\tau_{max} = \frac{F_{Qmax} \cdot S_z}{I_z b} = \frac{200 \times 10^3 \times 33.8 \times 10^{-5}}{88 \times 10^{-6} \times 9 \times 10^{-3}} = 85.3 \text{MPa} < [\tau]$$

满足切应力强度条件。

3. 校核腹板与翼缘交界处点 a 的强度

危险截面 $C_{左}$ 上点 a 的正应力和切应力分别为：

$$\sigma_a = \frac{M_{max}}{I_z} y_a = \frac{80 \times 10^3}{88 \times 10^{-6}} \times 0.135 = 122.5 \text{MPa}$$

$$\tau_a = \frac{F_{Qmax} S_{\tau a}}{I_z b} = \frac{200 \times 10^3 \times 25.6 \times 10^{-5}}{88 \times 10^{-6} \times 9 \times 10^{-3}} = 64.6 \text{MPa}$$

a 点处单元体各个面上的应力，如图 7-23（e）所示，图 7-23 中

$$\sigma_x = \sigma_a = 122.5 \text{MPa}$$

$$\sigma_y = 0$$

$$\tau_x = -\tau_y = \tau_a = 64.6 \text{MPa}$$

其主应力由公式（7-10）、式（7-11）得

$$\left.\begin{array}{l}\sigma_{max}\\ \sigma_{min}\end{array}\right\} = \frac{\sigma_x + \sigma_y}{2} \pm \sqrt{\left(\frac{\sigma_x - \sigma_y}{2}\right)^2 + \tau_x^2}$$

$$= \frac{122.5}{2} \pm \sqrt{\left(\frac{122.5}{2}\right)^2 + 64.6^2} = \begin{cases} 150.25 \text{MPa} \\ -27.75 \text{MPa} \end{cases}$$

故 a 点处的三个主应力分别为：

$$\sigma_1 = 150.25 \text{MPa}, \quad \sigma_2 = 0, \quad \sigma_3 = -27.75 \text{MPa}$$

在工程设计中，对钢梁一般均采用第四强度理论进行强度校核，于是有

$$\sigma_{r4} = \sqrt{\frac{1}{2}[(\sigma_1 - \sigma_2)^2 + (\sigma_2 - \sigma_3)^2 + (\sigma_3 - \sigma_1)^2]}$$

$$=\sqrt{\frac{1}{2}\left[(150.25^2+27.75^2+(-178)^2\right]}$$

$$=165\text{MPa}<[\sigma]$$

上述 σ_{r4} 也可直接用公式（7-29）计算得到，即

$$\sigma_{r4}=\sqrt{\sigma_a^2+3\tau_a^2}=\sqrt{122.5^2+3\times64.6^2}=165\text{MPa}$$

所以该梁满足强度要求。

应当指出，以前在研究基本变形时所介绍的强度条件，对构件中的最大正应力 $\sigma_{\max}$ 和最大切应力 $\tau_{\max}$ 进行强度计算，是十分重要的，而且是必须首先进行的。此外，正应力和切应力都比较大的点，即相当应力 σ_r 较大的点，也是危险点，需要用适当的强度理论进行强度校核。

第七节 莫尔强度理论

莫尔强度理论是以各种应力状态下材料的破坏试验结果为依据，经过综合而建立起来的强度理论。

在本章第四节中曾经指出，一点处的应力状态可以用三个应力圆（莫尔圆）来表示，这三个应力圆上各点的坐标分别代表与某一个主应力平行的一组斜截面上的应力，而任意斜截面上的应力则可用三个应力圆之间的阴影区域内相应点的坐标来表示，如图 7-14 所示。由图 7-14 可见，代表一点处应力状态中最大正应力和最大切应力的点均在由 σ_1 和 σ_3 所作的最大应力圆上，因此，莫尔假设单由最大应力圆就足以决定极限应力状态（开始屈服或发生断裂时的应力状态），而不必考虑中间主应力 σ_2 对材料强度的影响。

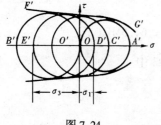

图 7-24

按材料破坏时的主应力 σ_1、σ_3 所作的应力圆，就代表在极限状态下的应力圆，称为极限应力圆。例如，铸铁试件单向拉伸断裂破坏时的主应力 $\sigma_1=\sigma_b$（强度极限），$\sigma_3=0$，在 σ-τ 坐标系中以 $\overline{OA'}=\sigma_b$ 为直径所作的应力圆 OA'，就是该应力状态下的极限应力圆。同样，铸铁试件单向压缩的极限应力圆为 OB'，由纯剪切试验确定的极限应力圆是 OC' 为半径的圆，在某种复杂应力状下的极限应力圆为 $D'E'$，如图 7-24 所示。莫尔认为，根据试验所得到的在各种应力状态下的极限应力圆有一条公共的包络线，一般说来，包络线 $F'G'$ 是一条曲线，如图 7-24 所示。包络线与材料性质有关，不同材料的包络线是不一样的；但对同一材料则认为包络线是惟一的。为了求得包络线，按照试验数据绘出一系列的极限应力圆，用来确定包络线。这种做法事实上并不容易。在实用中，为了利用有限的试验数据便可近似地确定包络线，常以单向拉伸和压缩的两个极限应力圆的公切线代替包络线。

为了进行强度计算，还应该引进适当的安全系数。于是，可用材料在单向拉伸和压缩时的许用拉应力 $[\sigma_t]$ 和许用压应力 $[\sigma_c]$ 分别作出单向拉伸和单向压缩时的许用应力圆，并作此两圆的公切线，如图 7-25 所示。然后，以这条公切线来求得复杂应力状态下按莫尔强度理论所建立的强度条件。

如图 7-25 所示，若由 σ_1 和 σ_3 所决定的某一应力状态的应力圆与公切线相切，则表示这一应力状态已处于许可状态的最高界限。这时，σ_1 和 σ_3 的值与材料的 $[\sigma_t]$ 和 $[\sigma_c]$ 间的关系由图中的几何关系来确定。由两个相似三角形 $\triangle O_1O_3N$ 和 $\triangle O_2O_3P$ 对应边的比例关系可得

$$\frac{\overline{O_1N}}{\overline{O_2P}} = \frac{\overline{O_3O_1}}{\overline{O_3O_2}} \qquad (a)$$

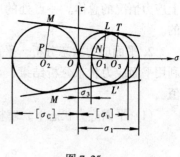

图 7-25

从图 7-25 中还可得

$$\overline{O_1N} = \overline{O_1L} - \overline{O_3T} = \frac{[\sigma_t]}{2} - \frac{\sigma_1 - \sigma_3}{2}$$

$$\overline{O_2P} = \overline{O_2M} - \overline{O_3T} = \frac{[\sigma_c]}{2} - \frac{\sigma_1 - \sigma_3}{2}$$

$$\overline{O_3O_1} = \overline{O_3O} - \overline{O_1O} = \frac{\sigma_1 + \sigma_3}{2} - \frac{[\sigma_t]}{2}$$

$$\overline{O_3O_2} = \overline{O_3O} + \overline{OO_2} = \frac{\sigma_1 + \sigma_3}{2} + \frac{[\sigma_c]}{2}$$

将以上诸式代入式（a），经简化后得出

$$\sigma_1 - \frac{[\sigma_t]}{[\sigma_c]}\sigma_3 = [\sigma_t] \qquad (b)$$

于是，在复杂应力状态下莫尔强度理论的强度条件为：

$$\sigma_1 - \frac{[\sigma_t]}{[\sigma_c]}\sigma_3 \leqslant [\sigma_t] \qquad (7\text{-}30)$$

由式（7-30）可知，按莫尔强度理论的相当应力表达式可写成：

$$\sigma_{rm} = \sigma_1 - \frac{[\sigma_t]}{[\sigma_c]}\sigma_3 \qquad (c)$$

对于抗拉和抗压强度相等的材料，$[\sigma_t] = [\sigma_c]$，公式（7-30）化为

$$\sigma_1 - \sigma_3 \leqslant [\sigma]$$

这也就是最大切应力理论的强度条件。可以看出，与最大切应力理论相比，莫尔强度理论考虑了材料抗拉和抗压强度不相等的情况。因此，这一强度理论可用于在复杂应力状态下，像铸铁这一类抗拉、抗压强度不相等的脆性材料和低塑性材料。

本 章 小 结

本章在基本变形理论基础上，主要研究了受力构件内任一点处的应力状态，并进而对构件的强度问题进行了全面研究，列举了几个常用的强度理论，从而解决了复杂应力状态下的构件强度计算问题。

1. 一点处的应力状态　一点处的应力状态是指通过受力构件内任一点处的所有截面

上应力情况的总体。一点处的应力状态是用围绕该点所取单元体各个面上的应力来表示的。

2. 平面应力状态分析　平面应力状态分析方法有解析法和图解法（应力圆法）两种。利用平面应力状态分析结果，可求得任意斜截面上的应力及主应力、主平面和切应力极值。

(1) 平面应力状态下，解析法的主要公式有

$$\sigma_\alpha = \frac{\sigma_x + \sigma_y}{2} + \frac{\sigma_x - \sigma_y}{2}\cos2\alpha - \tau_x\sin2\alpha$$

$$\tau_\alpha = \frac{\sigma_x - \sigma_y}{2}\sin2\alpha + \tau_x\cos2\alpha$$

$$\left.\begin{array}{c}\sigma_{max}\\ \sigma_{min}\end{array}\right\} = \frac{\sigma_x + \sigma_y}{2} \pm \sqrt{\left(\frac{\sigma_x - \sigma_y}{2}\right)^2 + \tau_x^2}$$

$$\tan2\alpha_0 = -\frac{2\tau_x}{\sigma_x - \sigma_y}$$

$$\tau_{max} = \frac{\sigma_{max} - \sigma_{min}}{2}$$

使用以上公式时，要注意应力符号和角度 α 的规定。

(2) 平面应力状态下，利用应力圆可以求解任意斜截面上的应力及主应力、主平面和最大切应力。绘制应力圆时必须以单元体面上的已知应力为基准作出正确的应力圆，利用点面对应关系可求得任一斜截面上的应力。

平面应力状态是三向应力状态的一种特殊情况。求最大切应力时必须以三向应力状态考虑，即由公式 $\tau_{max} = \frac{\sigma_1 - \sigma_3}{2}$ 或最大应力圆来确定 τ_{max}。

3. 广义胡克定律建立了材料在复杂应力状态下的应力和应变关系。

4. 强度理论　通过对材料破坏现象的观察和研究，提出了只要破坏类型相同，则引起材料破坏的主要因素也相同的各种假说。这样就可以利用单向应力状态的试验结果，来建立复杂应力状态的强度条件。其中工程上常用的四个强度理论和强度条件是：

(1) 最大拉应力理论的强度条件：

$$\sigma_1 \leqslant [\sigma]$$

(2) 最大伸长线应变理论的强度条件：

$$\sigma_1 - \nu(\sigma_2 + \sigma_3) \leqslant [\sigma]$$

(3) 最大切应力理论的强度条件：

$$\sigma_1 - \sigma_3 \leqslant [\sigma]$$

(4) 形状改变比能理论的强度条件：

$$\sqrt{\frac{1}{2}[(\sigma_1 - \sigma_2)^2 + (\sigma_2 - \sigma_3)^2 + (\sigma_3 - \sigma_1)^2]} \leqslant [\sigma]$$

各种强度理论有一定的适用范围，必须根据材料性能和破坏形式，选用合适的强度理论进行强度计算。

思 考 题

7-1 什么叫一点处的应力状态?为什么要研究应力状态问题?

7-2 何谓主平面、主应力?主应力与正应力有何区别?

7-3 试述从受力构件内一点处截取单元体的方法。

7-4 三个单元体各个面上的应力如图7-26所示,问是否均处于平面应力状态?

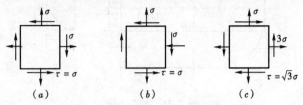

图 7-26 思考题 7-4 图

7-5 如图7-27所示应力圆各表示何种应力状态?并画出各应力圆所对应的应力单元体。

7-6 一根铸铁圆轴,在外力偶 m 作用下发生扭转,断口如图7-28所示,试在图上画出外力偶 m 的转向。

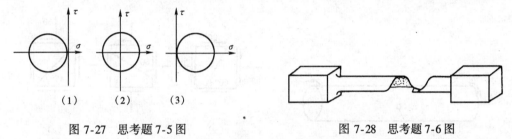

图 7-27 思考题 7-5 图　　　　图 7-28 思考题 7-6 图

7-7 试用应力圆说明:当一个单元体的三个主应力都相等时,则过该点的任一斜截面均为主平面,其上的正应力都等于主应力。

7-8 什么是广义胡克定律?其应用条件是什么?在单元体某一方向上有应变就一定有应力,没有应变就一定没有应力,这种说法对吗?

7-9 从某压力容器表面上一点处取出单元体如图7-29所示。已知 $\sigma_1 = 2\sigma_2$,问是否存在 $\varepsilon_1 = 2\varepsilon_2$ 这样的关系?

7-10 什么叫强度理论?为什么要提出强度理论?

7-11 四个强度理论的强度条件是什么?其表达式两边的含义是什么?并说明其适用范围。

7-12 将沸水倒入厚玻璃杯中,玻璃杯内外壁的受力情况如何?若因此而发生破裂,试问破裂是从内壁开始还是从外壁开始?为什么?

7-13 某塑性材料制成的构件中有图示两种应力状态。试按第四强度理论比较两者的危险程度(σ 与 τ 数值相等)。

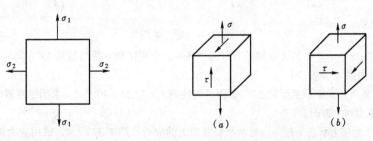

图 7-29 思考题 7-9 图　　　　图 7-30 思考题 7-13 图

习 题

7-1 试绘出图 7-31 所示梁内 A、B、C、D 4 点处的单元体,并表明单元体各面上应力的情况。

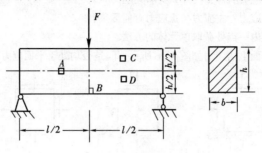

图 7-31 题 7-1 图

7-2 一根等直圆杆,直径 $D = 100\text{mm}$,承受扭矩 $m = 7\text{kN·m}$ 及轴向拉力 $F = 50\text{kN}$ 作用。如在杆的表面上一点处截取单元体如图 7-32 所示,试求出此单元体各面上的应力,并将这些应力画在单元体上。

7-3 已知应力情况如图 7-33 所示,试用解析法和图解法求指定斜截面上的应力(应力单位为 MPa)。

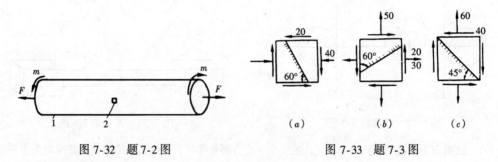

图 7-32 题 7-2 图   图 7-33 题 7-3 图

7-4 已知应力情况如图 7-34 所示,试用解析法和图解法求:
(1) 主应力的数值及主平面的方位;
(2) 在单元体上绘出主平面的位置及主应力的方向;
(3) $\tau_{\max}$ 和 $\tau_{\min}$ 的值。

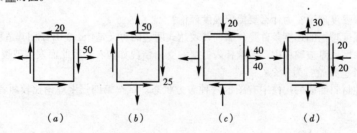

图 7-34 题 7-4 图

7-5 如图 7-35 所示,已知传动轴的直径为 320mm,今用试验方法测得其 45°方向的 $\sigma_{\max} = 45.5\text{MPa}$。问传动轴受的外力偶 m 是多少?

7-6 图 7-36 所示工字形截面梁 AB,截面的惯性矩 $I_z = 72.56 \times 10^{-6}\text{m}^4$,求固定端截面翼缘和腹板交界处 a 点的主应力和主方向。

7-7 已知平面应力状态下过一点处两个斜截面上的应力如图 7-37 所示,试用应力圆求该点处的主应力及主平面方位。

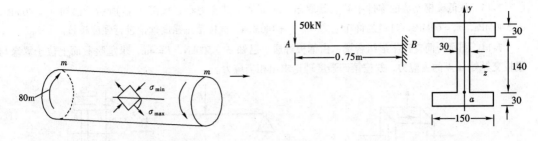

图 7-35　题 7-5 图　　　　　　　图 7-36　题 7-6 图

7-8　某点处的应力如图 7-38 所示，设 σ_α、τ_α 及 σ_x 值为已知，试考虑如何根据已知数据直接作出应力圆。

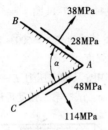

图 7-37　题 7-7 图　　　　　　　图 7-38　题 7-8 图

7-9　试求图 7-39 所示单元体的主应力和最大切应力。

7-10　图 7-40 所示单元体，已知 $E=200\text{GPa}$、$\nu=0.3$。试求其主应变。

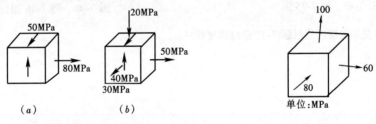

图 7-39　题 7-9 图　　　　　　　图 7-40　题 7-10 图

7-11　梁受力如图 7-41 所示，测得梁表面上 K 点与轴线成 45°夹角方向的正应变 $\varepsilon_{45°}$。若 E、ν 及 b、h 均已知，求作用在梁上的载荷 F。

7-12　有一铸铁制成的构件，其危险点处应力状态如图 7-42 所示。设材料许用拉应力 $[\sigma_t]=35\text{MPa}$，容许用压应力 $[\sigma_c]=120\text{MPa}$，泊松比 $\nu=0.3$，试按第一强度理论校核该构件的强度。

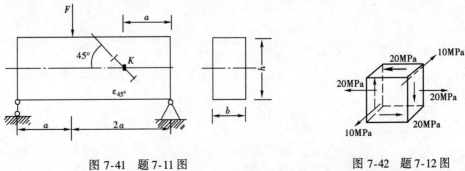

图 7-41　题 7-11 图　　　　　　　图 7-42　题 7-12 图

7-13　从低碳钢制成的零件中某点处取出一单元体，其应力状态如图 7-43 所示。已知 σ_x = 40MPa，σ_y = 40MPa，τ_x = 60MPa，材料的许用应力 $[\sigma]$ = 140MPa，试按第三强度理论进行强度校核。

7-14　图示一简支工字形组合梁，由钢板焊成。已知 F = 500kN，l = 4m，求危险截面上位于翼缘与腹板交界处 A 点的主应力，并按第四强度理论求出相当应力。

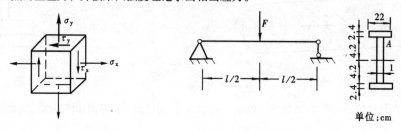

图 7-43　题 7-13 图　　　　图 7-44　题 7-14 图

7-15　图 7-45 所示受扭圆轴，若在表面与轴线成 45°方向测得其线应变 ε = 500 × 10^{-6}，已知材料的 E = 200GPa，ν = 0.3，$[\sigma]$ = 160MPa，试按第三强度理论校核圆轴强度。

7-16　图 7-46 所示两端封闭的铸铁薄壁圆筒，受内压力 p = 5MPa 及轴向压力 F = 100kN 的作用。铸铁的许用应力 $[\sigma]$ = 40MPa，泊松比 ν = 0.25，筒的内径 d = 100mm。试按第二强度理论求筒壁的厚度 t。

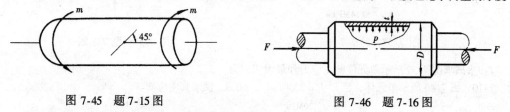

图 7-45　题 7-15 图　　　　图 7-46　题 7-16 图

7-17　试按莫尔强度理论对题 7-12 进行强度校核。

第八章 组合变形时杆件的强度计算

第一节 概 述

组合变形是指杆件在外力作用下，同时产生两种或两种以上基本变形的情况。在实际工程中，许多杆件受外力作用时往往产生组合变形。例如：图 8-1（a）所示木屋架上的檩条，从屋面传下来的荷载并不作用在檩条的纵向对称面内，故檩条的变形不是简单的平面弯曲，而是两个平面内的弯曲变形的组合；图 8-1（b）所示的烟囱除自重所引起的轴向压缩外，还有因水平风力作用而产生的弯曲变形；图 8-1（c）所示工业厂房的承重柱同时承受屋架传下来的荷载 F_1 和吊车荷载 F_2 的作用，因其合力作用线与柱子的轴线不重合，使柱子同时发生轴向压缩和弯曲变形；图 8-1（d）所示的机器中的传动轴，在外力作用下，将发生弯曲与扭转的组合变形。

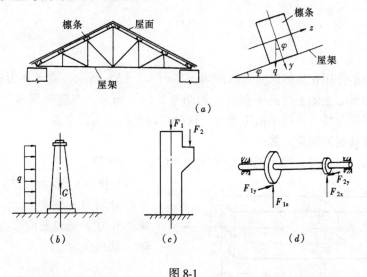

图 8-1

计算组合变形问题是根据叠加原理进行的，即在材料服从胡克定律和小变形条件下，认为杆件在任意荷载作用下同时产生的几种基本变形是各自独立的。因此，分析杆件组合变形的方法是：先将作用在杆件上的荷载（包括约束反力）分解或简化为几个静力等效的荷载，使这几个静力等效的荷载各自对应一种基本变形，分别计算杆件在每一种基本变形形式下的应力或变形，然后求出这些应力或变形的总和，从而得到杆件在原荷载作用下的应力或变形。最后分析杆件在组合变形时危险点的应力状态，选用适当的强度条件进行强度计算。

组合变形的种类很多，本章主要研究下列几种工程中最常见的组合变形：
（1）斜弯曲；

(2) 拉伸（压缩）与弯曲的组合；
(3) 偏心压缩；
(4) 弯曲与扭转的组合。

第二节 斜 弯 曲

一、斜弯曲的概念

第四章讨论了平面弯曲的问题。平面弯曲的特点是：外力作用在梁的纵向对称平面内，变形后梁的挠曲线仍在此对称平面内，即梁的挠曲线所在平面与外力作用平面相重合，且力作用面与中性轴垂直，如图 8-2（a）所示。

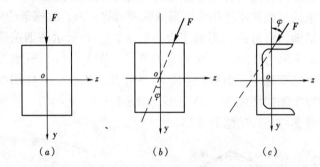

图 8-2

如果外力不作用在梁的纵向对称面内，如图 8-2（b）所示，或者外力通过弯曲中心，但在不与截面形心主轴平行的平面内，如图 8-2（c）所示。在这种情况下，变形后梁的挠曲线所在平面与外力作用平面不重合，这种弯曲变形称为斜弯曲。

二、斜弯曲时的强度计算

以矩形截面悬臂梁为例，说明斜弯曲应力和变形的计算。

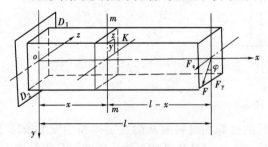

图 8-3

如图 8-3 所示，设矩形截面的形心主轴分别为 y 轴和 z 轴，作用于梁自由端的外力 F 通过截面形心，且与形心主轴 y 的夹角为 φ。

（一）外力分析

将外力 F 沿 y 轴和 z 轴分解，得：

$$F_y = F\cos\varphi, \quad F_z = F\sin\varphi$$

F_y 将使梁在垂直平面 xy 内发生对称弯曲；而 F_z 将使梁在水平平面 xz 内发生对称弯曲。也就是说，斜弯曲实质上是梁的两个相互垂直对称弯曲的组合。

（二）内力分析

斜弯曲时梁的横截面上存在着剪力和弯矩两种内力。一般情况下，剪力对应的切应力可以不计。因而在内力分析时，只考虑弯矩。

在距固定端为 x 的任意横截面 m-m 上，由 F_y 和 F_z 引起的弯矩分别为：

$$M_z = F_y(l-x) = F(l-x)\cdot\cos\varphi = M\cos\varphi$$
$$M_y = F_z(l-x) = F(l-x)\cdot\sin\varphi = M\sin\varphi$$

式中 $M = F(l-x)$。

当 $x=0$ 时，有 $M_{z\max} = Fl\cos\varphi$，$M_{y\max} = Fl\sin\varphi$。

（三）应力分析

在 $m\text{-}m$ 截面上任意点 $K(y,z)$ 处，与弯矩 M_z 和 M_y 对应的正应力分别为 σ' 和 σ''，即

$$\sigma' = \frac{M_z \cdot y}{I_z} = \frac{M\cos\varphi}{I_z}\cdot y$$

$$\sigma'' = \frac{M_y \cdot z}{I_y} = \frac{M\sin\varphi}{I_y}\cdot z$$

式中，I_z、I_y 分别为 x 截面对 z 轴和 y 轴的惯性矩。

因为 σ' 和 σ'' 均为正应力，按叠加原理，用 σ' 和 σ'' 的代数和，即可得出 K 点由外力 F 引起的正应力为：

$$\sigma = \sigma' + \sigma'' = \frac{M_z \cdot y}{I_z} + \frac{M_y \cdot z}{I_y}$$
$$= M\left(\frac{\cos\varphi}{I_z}\cdot y + \frac{\sin\varphi}{I_y}\cdot z\right) \tag{8-1}$$

对于每一个具体的点，σ' 和 σ'' 是拉应力，还是压应力，可根据两个对称弯曲的变形情况来确定。如图 8-4 中由 M_z、M_y 引起的 K 点处的正应力均为拉应力，故 σ' 和 σ'' 均为正值。

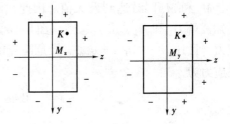

图 8-4

（四）中性轴的位置

由于横截面上最大正应力是发生在距中性轴最远的点处，所以，要求最大正应力应先确定中性轴的位置。而中性轴上各点处的正应力均为零，用 y_0、z_0 表示中性轴上任一点的坐标，并代入式（8-1），应有：

$$\sigma = M\left(\frac{\cos\varphi}{I_z}\cdot y_0 + \frac{\sin\varphi}{I_y}\cdot z_0\right) = 0$$

因为 $M \neq 0$，于是可得中性轴的方程为：

$$\frac{\cos\varphi}{I_z}\cdot y_0 + \frac{\sin\varphi}{I_y}\cdot z_0 = 0 \tag{8-2}$$

若将 $y_0 = z_0 = 0$ 代入式（8-2）是满足的，这说明中性轴是通过截面形心的一条斜直线，如图 8-5（a）所示，它与 z 轴的夹角为 α，则

$$\tan\alpha = \left|\frac{y_0}{z_0}\right| = \frac{I_z}{I_y}\cdot\tan\varphi \tag{8-3}$$

式（8-3）表明：（1）中性轴的位置只取决于外力 F 与 y 轴的夹角 φ 及横截面的形状和尺寸，而与外力 F 的大小无关；（2）对于 $I_z \neq I_y$ 的截面，有 $\alpha \neq \varphi$，即中性轴与外力 F 的作用线不垂直，这是斜弯曲与对称弯曲的不同之处，也是斜弯曲的一个特点；（3）对于 $I_z = I_y$ 的截面，有 $\alpha = \varphi$，即中性轴与外力 F 的作用线垂直，梁产生对称弯曲，比如工程

上常用的圆截面或正方形截面就属于这种情况。

(五) 强度条件

进行强度计算时，必须首先确定危险截面和危险点的位置。对于周边无棱角的截面，应先根据式 (8-3) 确定危险截面上中性轴的位置，然后作两条与中性轴平行，并与横截面周边相切的直线，其切点 D_1 和 D_2 (图 8-5b) 就是截面上距中性轴最远的点，即危险点，该点上的正应力就是最大拉应力和最大压应力的值。

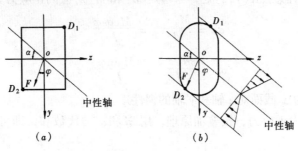

图 8-5

对于周边具有棱角的截面，如工程中常用的矩形、工字形等截面的梁，横截面上的最大正应力一定发生在截面的棱角处，而无须确定中性轴。对图 8-3 所示的悬臂梁，当 $x=0$ 时，M_z 和 M_y 同时达到最大值。因此，固定端截面就是危险截面，根据对变形的判断，可知棱角 D_1 和 D_2 点是危险点 (图 8-5a)，其中 D_1 点处有最大拉应力，D_2 点处有最大压应力，且 $|\sigma_{D_1}| = |\sigma_{D_2}| = \sigma_{\max}$。设危险点的坐标分别为 $z_{\max}$ 和 $y_{\max}$，由式 (8-1) 可得最大正应力为

$$\sigma_{\max} = \frac{M_{z\max} \cdot y_{\max}}{I_z} + \frac{M_{y\max} \cdot z_{\max}}{I_y}$$

$$= \frac{M_{z\max}}{W_z} + \frac{M_{y\max}}{W_y}$$

式中，$W_z = \dfrac{I_z}{y_{\max}}$，$W_y = \dfrac{I_y}{z_{\max}}$。

若材料的 $[\sigma_t] = [\sigma_c] = [\sigma]$，由于危险点是处于单向应力状态，则其强度条件为：

$$\sigma_{\max} = \frac{M_{z\max}}{W_z} + \frac{M_{y\max}}{W_y} \leqslant [\sigma] \tag{8-4}$$

应当注意，若材料的 $[\sigma_t] \neq [\sigma_c]$ 时，须分别对拉、压强度进行计算。

三、斜弯曲时的变形计算

梁在斜弯曲时的变形也可按叠加原理来计算。如图 8-6 (a) 所示的悬臂梁，在 xy 平面内因自由端 F_y 引起的挠度是

$$f_y = \frac{F_y l^3}{3EI_z} = \frac{F\cos\varphi \, l^3}{3EI_z}$$

在 xz 平面内因自由端 F_z 引起的挠度是

$$f_z = \frac{F_y l^3}{3EI_y} = \frac{F\sin\varphi \, l^3}{3EI_y}$$

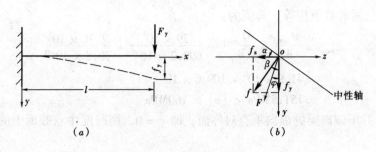

图 8-6

由于 f_y 与 f_z 的方向互相垂直，总挠度的叠加应是矢量和（图 8-6b），其值为：

$$f = \sqrt{f_y^2 + f_z^2}$$

若总挠度 f 与 y 轴的夹角为 β，则

$$\tan\beta = \frac{f_z}{f_y} = \frac{I_z}{I_y} \cdot \tan\varphi \tag{8-5}$$

由式（8-5）可知：(1) 对于 $I_z \neq I_y$ 的截面，有 $\beta \neq \varphi$，这表明变形后，梁的挠曲线与外力 F 不在同一纵向平面内，所以称之为"斜"弯曲，这是斜弯曲与对称弯曲的本质区别，也是斜弯曲的又一特点；(2) 对于 $I_z = I_y$ 的截面，有 $\beta = \varphi$，这表明变形后梁的挠曲线与外力 F 在同一纵向平面内，仍然是对称弯曲，这再一次说明，对圆或正方形截面的梁来说，它们总是发生对称弯曲而不会发生斜弯曲；(3) 比较式（8-3）与式（8-5）可见 $\tan\alpha = \tan\beta$，所以 $\alpha = \beta$，这说明斜弯曲时中性轴与挠度 f 所在平面相互垂直，这是斜弯曲与对称弯曲的相同之处。

【例 8-1】 如图 8-7 所示 No32a 工字钢梁 AB，已知 $F = 30$kN，$\varphi = 15°$，$l = 4$m，$[\sigma] = 160$MPa。试校核工字钢梁的强度。

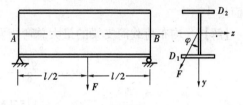

图 8-7

【解】 1. 外力分析

由于外力 F 通过形心，且与形心主轴 y 成 $\varphi = 15°$ 的夹角，故梁是斜弯曲。将力 F 沿形心主轴 y、z 方向分解，得

$$F_y = F\cos\varphi = 30\cos15° = 29\text{kN}$$

$$F_z = F\sin\varphi = 30\sin15° = 7.76\text{kN}$$

2. 内力分析

在梁跨度中点截面上，由 F_y 和 F_z 在 xy 平面和 xz 平面内产生的最大弯矩分别为：

$$M_{z\max} = \frac{F_y l}{4} = \frac{29 \times 4}{4} = 29\text{kN} \cdot \text{m}$$

$$M_{y\max} = \frac{F_z l}{4} = \frac{7.76 \times 4}{4} = 7.76\text{kN} \cdot \text{m}$$

3. 强度校核

由型钢表查得 32a 工字钢的两个抗弯截面模量分别为：

$$W_y = 70.8\text{cm}^3, \quad W_z = 692.2\text{cm}^3$$

显然，危险点为跨度中点截面上的点 D_1 和 D_2，在点 D_1 上为最大拉应力，在点 D_2 上为

最大压应力，且两者数值相等，其值为：

$$\sigma_{max} = \frac{M_{zmax}}{W_z} + \frac{M_{ymax}}{W_y} = \frac{29 \times 10^3}{692.2 \times 10^{-6}} + \frac{7.76 \times 10^3}{70.8 \times 10^{-6}}$$

$$= 41.9 \times 10^6 + 109.6 \times 10^6$$

$$= 151.5 \text{MPa} < [\sigma] = 160 \text{MPa}$$

若荷载 F 并不偏离梁的纵向垂直对称面，即 $\varphi = 0$，则跨度中点截面上的最大正应力为：

$$\sigma_{max} = \frac{M_{max}}{W_z} = \frac{P \cdot l}{4W_z}$$

$$= \frac{30 \times 10^3 \times 4}{4 \times 692.2 \times 10^{-6}} = 43.3 \text{MPa}$$

由此可见，虽然荷载 F 偏离 y 轴一个不大的角度，而最大应力就由 43.3MPa 变为 151.5MPa，增长了 2.5 倍。这是因为工字钢截面的 W_z 远大于 W_y 的原因。因此，若梁截面的 W_z 和 W_y 相差较大时，应该注意斜弯曲对强度的不利影响。箱形截面的梁，在这一点上就比单一工字钢梁优越。

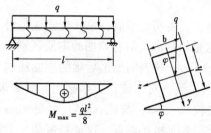

图 8-8

【例 8-2】 如图 8-8 所示为屋架上的檩条。已知屋面倾角 $\varphi = 30°$，檩条的跨度 $l = 3.6$m，受均布荷载 $q = 0.96$kN/m。檩条的许用应力 $[\sigma] = 10$MPa。若矩形截面 $\frac{h}{b} = \frac{3}{2}$，试确定檩条截面尺寸。

【解】 均布荷载简支梁的最大总弯矩发生在跨中截面上，其值为：

$$M_{max} = \frac{ql^2}{8} = \frac{1}{8} \times 0.96 \times 3.6^2$$

$$= 1.56 \text{kN} \cdot \text{m}$$

将总弯矩代入式（8-1），则有

$$\sigma_{max} = M_{max}\left(\frac{\cos\varphi}{I_z} \cdot \frac{h}{2} + \frac{\sin\varphi}{I_y} \cdot \frac{b}{2}\right)$$

$$= M_{max}\left(\frac{\cos\varphi}{W_z} + \frac{\sin\varphi}{W_y}\right)$$

$$= \frac{M_{max}}{W_z}\left(\cos\varphi + \frac{W_z}{W_y}\sin\varphi\right) \leq [\sigma]$$

因为矩形截面的 $\frac{W_z}{W_y} = \frac{h}{b} = \frac{3}{2}$，因此

$$\frac{1.56 \times 10^3}{W_z}\left(\cos 30° + \frac{3}{2}\sin 30°\right) \leq 10 \times 10^6$$

解得

$$W_z = 2.52 \times 10^{-4} \text{m}^3$$

将 $\dfrac{h}{b} = \dfrac{3}{2}$ 代入 $W_z = \dfrac{bh^2}{6} = 2.52 \times 10^{-4}$ 中，可得

$$h = 0.131\text{m}, \quad b = 0.0876\text{m}$$

取 $h = 0.135\text{m} = 135\text{mm}$，$b = 0.09\text{m} = 90\text{mm}$。

第三节　拉伸（压缩）与弯曲

当杆件上同时受到轴向外力和横向外力作用时，杆件将产生拉伸（压缩）与弯曲的组合变形。这种情况在工程中经常遇到，参见图 8-1（b）所示，烟囱在自重和风力的共同作用下，发生压缩与弯曲的组合变形。对于抗弯刚度 EI 较大的杆件，因弯曲变形而产生的挠度远小于横截面的尺寸，则轴向力由于弯曲变形而产生的弯矩可以略去不计。在这种情况下，可以认为轴向外力仅仅产生拉伸或压缩变形，而横向外力仅仅产生弯曲变形，两者各自独立，因此，仍然可以应用叠加原理进行计算。

如图 8-9（a）所示为一悬臂梁，外力 F 位于梁的纵向对称面内，且与梁轴线成 θ 角。下面以此为例来说明杆件在拉伸（压缩）与弯曲组合变形时的强度计算问题。

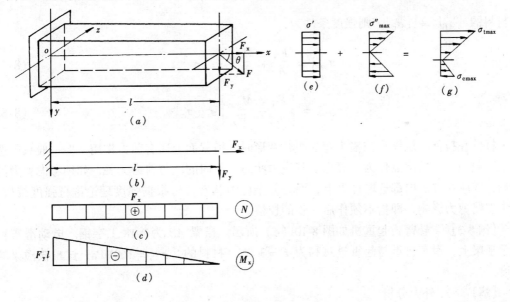

图 8-9

一、外力分析

将外力 F 沿 x 轴和 y 轴分解，得

$$F_x = F\cos\theta, \quad F_y = F\sin\theta$$

F_x 使杆发生轴向拉伸；而 F_y 则使杆发生平面弯曲。

二、内力分析

分别作出 F_x 和 F_y 单独作用下梁的轴力图和弯矩图，如图 8-9（c）、（d）所示。可见，固定端截面是危险截面，其上的轴力和弯矩分别为：

$$F_N = F_x = F\cos\theta, \quad M_{max} = F_y l = Fl\sin\theta$$

三、应力分析

在固定端截面上，与轴力 F_N 对应的拉伸正应力 σ' 及与最大弯矩对应的弯曲正应力 σ'' 分别为：

$$\sigma' = \frac{F_N}{A}, \quad \sigma'' = \frac{M_{max} y}{I_z}$$

应力 σ' 及 σ'' 沿截面高度的分布情况分别如图 8-9 (e)、(f) 所示。将拉伸正应力与弯曲正应力叠加后，可求得梁在外力 F 作用下危险截面上任一点处的正应力为：

$$\sigma = \sigma' + \sigma'' = \frac{F_N}{A} + \frac{M_{max} y}{I_z} \tag{8-6}$$

当 $\sigma''_{max} > \sigma'$ 时，正应力 σ 的分布规律如图 8-9 (g) 所示。可见，最大拉应力在危险截面的上边缘各点处，最大压应力在危险截面的下边缘各点处。

四、强度条件

由于危险点处于单向应力状态，若材料的 $[\sigma_t] = [\sigma_c] = [\sigma]$，则强度条件为：

$$\sigma_{max} = \frac{F_N}{A} + \frac{M_{max}}{W_z} \leq [\sigma]$$

若材料的 $[\sigma_t] \neq [\sigma_c]$，则强度条件为：

$$\sigma_{tmax} = \frac{F_N}{A} + \frac{M_{max}}{W_z} \leq [\sigma_t] \tag{8-7}$$

$$\sigma_{cmax} = \left| \frac{F_N}{A} - \frac{M_{max}}{W_z} \right| \leq [\sigma_c] \tag{8-8}$$

杆件在拉伸（压缩）与横力弯曲组合变形时，横截面上还有剪力作用。但一般只须选取危险截面上的危险点作为计算点，其应力状态是单向的，与剪力无关；如须考虑剪力的影响，则应在杆的内部选取计算点，而为复杂应力状态，可根据强度理论进行强度校核。通常忽略剪力影响，即指不须作后一步的校核。

【**例 8-3**】 悬臂式起重机如图 8-10 (a) 所示。横梁 AB 为 №18 工字钢。电动滑车行走于横梁上，滑车自重与起重量总和为 $F = 30\text{kN}$，材料的 $[\sigma] = 160\text{MPa}$，试校核横梁的强度。

【**解**】 1. 外力分析

当滑车走到横梁中间 D 截面位置时，对横梁最不利，此时梁内弯矩最大，下面就滑车位于横梁中点时，校核横梁 AB 的强度。

绘出横梁 AB 的受力简图，如图 8-10 (b) 所示。由平衡条件求支反力，即

$$\Sigma M_A = 0, \quad F_{B_Y} l - F \cdot \frac{l}{2} = 0$$

$$F_{B_Y} = \frac{F}{2} = 15\text{kN}$$

$$F_{B_X} = \frac{F_{B_Y}}{\tan\alpha} = \frac{15}{\tan 30°} = 26\text{kN}$$

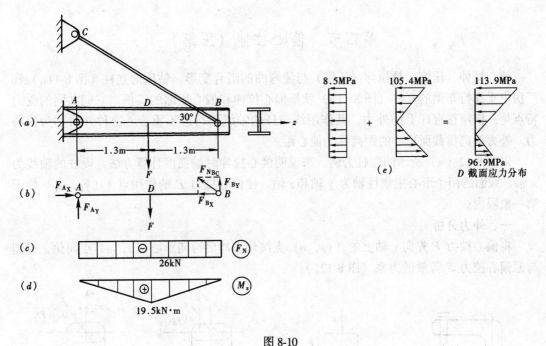

图 8-10

$$\Sigma F_X = 0, \quad F_{A_X} = F_{B_X} = 26\text{kN}$$

$$\Sigma F_Y = 0, \quad F_{A_Y} = F - F_{B_Y} = 15\text{kN}$$

2. 内力分析

分别绘出横梁的轴力图（图 8-10c）和弯矩图（图 8-10d），得危险截面 D 处的轴力和弯矩分别为：

$$F_N = F_{A_X} = 26\text{kN}$$

$$M_{max} = \frac{Fl}{4} = \frac{30 \times 2.6}{4} = 19.5\text{kN} \cdot \text{m}$$

3. 应力分析

根据危险截面 D 的应力分布规律（图 8-10e），其上边缘的最大压应力和下边缘的最大拉应力分别为：

$$\sigma_{cmax} = -\frac{F_N}{A} - \frac{M_{max}}{W_z} = \frac{-26 \times 10^3}{30.6 \times 10^{-4}} - \frac{19.5 \times 10^3}{185 \times 10^{-6}}$$

$$= -8.5 - 105.4 = -113.9\text{MPa}$$

$$\sigma_{tmax} = -\frac{F_N}{A} + \frac{M_{max}}{W_z} = -8.5 + 105.4 = 96.9\text{MPa}$$

4. 强度校核

由于材料的 $[\sigma_t] = [\sigma_c] = [\sigma]$，因此危险点在 D 截面的上边缘各点处，且为单向应力状态，所以强度校核用最大压应力的绝对值计算，即

$$\sigma_{max} = |\sigma_{cmax}| = 113.9\text{MPa} < [\sigma] = 160\text{MPa}$$

所以该横梁是安全的。

第四节 偏心拉伸（压缩）

偏心拉伸（压缩）是拉伸（压缩）与纯弯曲的组合变形。钻床的立柱（图 8-11a）和厂房中支撑行车梁的立柱（图 8-11b）就是偏心拉伸和偏心压缩的实例。它们共同的受力特点是：作用在直杆上的外力，其作用线与杆的轴线平行但不重合。这种外力称为偏心力。外力偏离横截面形心的距离称为偏心距。

以图 8-12（a）所示的立柱为例，来说明偏心拉伸时的强度计算方法。设柱的轴线为 x 轴，截面的两个形心主惯性轴为 y 轴和 z 轴。使偏心拉力 F 的作用点 $A(y_F, z_F)$ 位于第一象限内。

一、外力分析

将偏心拉力 F 先向 y 轴上的 (y_P, o) 点简化，然后再向形心 (o, o) 点简化，得到与原偏心拉力 F 等效的力系（图 8-12b）：

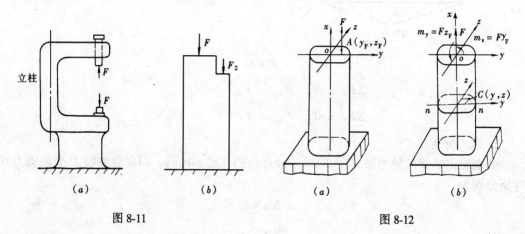

图 8-11　　　　　　图 8-12

轴向拉力 F；
作用在 xz 平面内的弯曲力矩 $m_y = Fz_F$；
作用在 xy 平面内的弯曲力矩 $m_z = Fy_F$；
在这些荷载作用下，立柱的变形是轴向拉伸和两个纯弯曲的组合。

二、内力分析

显然，在这种情况下，所有横截面上的轴力及弯矩都保持不变，它们是：
$$F_N = F, \quad M_y = m_y = Fz_F, \quad M_z = m_z = Fy_F$$

三、应力分析

根据叠加原理，叠加以上三个内力所对应的正应力，可得任意横截面 n-n 上任一点 c（y、z）的应力为：

$$\sigma = \frac{F_N}{A} + \frac{M_y z}{I_y} + \frac{M_z y}{I_z} = \frac{F}{A} + \frac{F z_F z}{I_y} + \frac{F y_F y}{I_z}$$

$$= \frac{F}{A}\left(1 + \frac{z_F z}{i_y^2} + \frac{y_F y}{i_z^2}\right) \tag{8-9}$$

式中 A 为横截面的面积；i_y 和 i_z 分别为横截面对 y 轴和 z 轴的惯性半径。

式 (8-9) 是一平面方程，这表明正应力在横截面上按线性规律变化，此平面与横截面相交的直线就是中性轴 (图 8-13a)。

四、中性轴的位置

为了确定危险点，需要先定出中性轴的位置。由于中性轴上各点的正应力等于零，现以 (y_0, z_0) 代表中性轴上任一点的坐标，将其代入式 (8-9)，则有

$$\sigma = \frac{F}{A}\left(1 + \frac{z_F z_0}{i_y^2} + \frac{y_F y_0}{i_z^2}\right) = 0$$

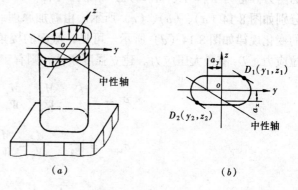

图 8-13

于是得中性轴的方程式为：

$$1 + \frac{z_F z_0}{i_y^2} + \frac{y_F y_0}{i_z^2} = 0 \tag{8-10}$$

可见，横截面上的中性轴是一条不通过截面形心的直线。中性轴的位置可用它在坐标轴上的截距 a_y 和 a_z 来确定 (图 8-13b)。为此，在式 (8-10) 中，分别令 $z_0 = 0$ 和 $y_0 = 0$，即得：

$$a_y = -\frac{i_z^2}{y_F}, \quad a_z = -\frac{i_y^2}{z_F} \tag{8-11}$$

由此可以看出：(1) 因为外力 F 的作用点 A 在第一象限内，y_F、z_F 都是正值，所以 a_y、a_z 均为负值。这说明中性轴与外力作用点分别位于截面形心的两侧 (图 8-12a、图 8-13)。(2) 中性轴的位置与外力 F 无关，只与外力作用点的位置 (y_F, z_F) 和截面几何形状及尺寸有关。(3) 由式 (8-11) 还可看出，y_F、z_F 越小，a_y、a_z 就越大，即外力 F 的作用点越靠近截面形心，则中性轴离开截面形心越远，甚至与横截面不相交，此时整个横截面上只有拉应力。

五、强度条件

要进行强度计算，须首先确定危险点的位置。对于周边无棱角的截面，首先要根据式 (8-11) 确定中性轴的位置，然后作两条与中性轴平行的直线与横截面的周边相切，两切点 D_1 和 D_2 即为横截面上最大拉应力和最大压应力所在的危险点 (图 8-13b)。将危险点 D_1 和 D_2 的坐标分别代入式 (8-9)，可求得最大拉应力和最大压应力值。由于危险点处于单向应力状态，使最大拉应力不超过材料的许用拉应力，最大压应力不超过材料的许用压应力，从而求得杆件偏心拉伸 (压缩) 时的强度条件。在图 8-13 (b) 中 D_1 和 D_2 点的坐标分别为 (y_1, z_1) 和 (y_2, z_2)，则强度条件为：

$$\left.\begin{aligned}\sigma_{tmax} &= \frac{F}{A}\left(1 + \frac{z_F z_1}{i_y^2} + \frac{y_F y_1}{i_z^2}\right) \leqslant [\sigma_t] \\ \sigma_{cmax} &= \left|\frac{F}{A}\left(1 - \frac{z_F z_2}{i_y^2} - \frac{y_F y_2}{i_z^2}\right)\right| \leqslant [\sigma_c]\end{aligned}\right\} \tag{8-12}$$

对于周边具有棱角的截面，无需确定中性轴的位置，其危险点一定在截面的棱角处，可根据杆件的变形来确定。例如，矩形截面杆受偏心拉力 F 作用时，若杆任一横截面上的内力分量为 $F_N = F$、$M_y = Fz_F$ 和 $M_z = Fy_F$，则与各内力分量相对应的正应力变化规律分别如图 8-14（a）、（b）、（c）所示。由叠加原理，即得杆在偏心拉伸时横截面上正应力的变化规律如图 8-14（d）所示。可见，截面的棱角 D_1 和 D_2 点是危险点，且 D_1 有最大拉应力，D_2 有最大压应力。建立强度条件，则有

$$\left. \begin{array}{l} \sigma_{tmax} = \dfrac{F}{A} + \dfrac{M_y}{W_y} + \dfrac{M_z}{W_z} \leqslant [\sigma_t] \\[2mm] \sigma_{cmax} = \left| \dfrac{F}{A} - \dfrac{M_y}{W_y} - \dfrac{M_z}{W_z} \right| \leqslant [\sigma_c] \end{array} \right\} \tag{8-13}$$

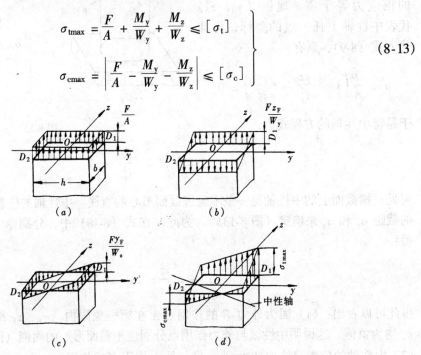

图 8-14

【例 8-4】 如图 8-15（a）所示为一松木矩形截面短柱。已知外力 $F_1 = 50\text{kN}$，$F_2 = 5\text{kN}$，偏心距 $e = 20\text{mm}$，矩形截面的 $h = 200\text{mm}$，$b = 120\text{mm}$，柱高 $H = 1.2\text{m}$，材料的许用拉应力 $[\sigma_t] = 10\text{MPa}$，许用压应力 $[\sigma_c] = 12\text{MPa}$。试校核该柱的强度。

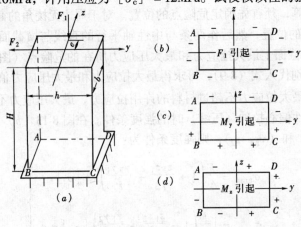

图 8-15

【解】 1. 外力分析

外力 F_1 引起柱子发生偏心压缩。将 F_1 向上端截面形心简化后得一个轴向压力 F_1 和一个力偶矩 $m_y = F_1 e$；外力 F_2 引起柱子绕 y 轴发生平面弯曲。

2. 内力分析

在 F_1 和 m_y 作用下各横截面内力相同；但在 F_2 作用时柱底截面 ABCD 上的弯矩最大，所以柱底截面为危险截面，其面上的内力为：

$$F_N = -F_1 = -50\text{kN}$$

$$M_y = m_y = F_1 e = 50 \times 0.02 = 1\text{kN}\cdot\text{m}$$

$$M_z = F_2 H = 5 \times 1.20 = 6\text{kN}\cdot\text{m}$$

3. 应力分析

对危险截面 ABCD 共有 F_1、M_y 和 M_z 三部分引起的正应力。F_1 引起截面上各点均产生相同的压应力如图 8-15（b）所示；M_y 使 BC 边上各点产生最大拉应力，AD 边上各点产生最大压应力如图 8-15（c）所示；M_z 使 DC 边上各点产生最大拉应力，使 AB 边上各点产生最大压应力如图 8-15（d）所示。以上三种应力叠加后，可知 A 点处产生最大压应力，C 点处产生最大拉应力，其值分别为：

$$\sigma_A = -\frac{F_1}{A} - \frac{M_y}{W_y} - \frac{M_z}{W_z} = -\frac{F_1}{bh} - \frac{6M_y}{hb^2} - \frac{6M_z}{bh^2}$$

$$= -\frac{50 \times 10^3}{120 \times 200 \times 10^{-6}} - \frac{6 \times 1 \times 10^3}{200 \times 120^2 \times 10^{-9}} - \frac{6 \times 6 \times 10^3}{120 \times 200^2 \times 10^{-9}}$$

$$= (-2.08 - 2.08 - 7.50) \times 10^6 = -11.66\text{MPa}$$

$$\sigma_C = -\frac{F_1}{A} + \frac{M_y}{W_y} + \frac{M_z}{W_z} = (-2.08 + 2.08 + 7.50) \times 10^6 = 7.5\text{MPa}$$

4. 强度校核

由于材料的抗拉与抗压强度不同，所以应对最大拉应力和最大压应力分别进行校核。

$$\sigma_{c\max} = \sigma_A = 11.66\text{MPa} < [\sigma_c]$$

$$\sigma_{t\max} = \sigma_C = 7.50\text{MPa} < [\sigma_t]$$

【例 8-5】 如图 8-16 所示一厂房的牛腿柱。设由房架传下来的压力 $F_1 = 100\text{kN}$，由吊车梁传来的压力 $F_2 = 30\text{kN}$，F_2 与柱子的轴线有一偏心距 $e = 0.2\text{m}$。如果柱横截面宽度 $b = 180\text{mm}$，试求当横截面高度 h 为多少时，截面才不会出现拉应力，并求柱这时的最大压应力。

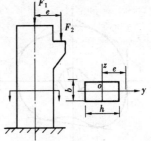

图 8-16

【解】 将压力 F_2 向横截面形心 O 简化，得轴向压力和对 z 轴的力偶矩分别为：

$$F = F_1 + F_2 = 130\text{kN}$$

$$m_z = F_2 e = 30 \times 0.2 = 6\text{kN}\cdot\text{m}$$

用截面法可求得横截面上的内力为：
$$N = -F = -130\text{kN}$$
$$M_z = m_z = F_2 e = 6\text{kN} \cdot \text{m}$$

要使横截面上不产生拉应力，必须令
$$\sigma_{\max}^+ = 0$$

即
$$\sigma_{t\max} = -\frac{F}{A} + \frac{M_z}{W_z} = -\frac{130 \times 10^3}{0.18h} + \frac{6 \times 10^3}{\frac{0.18h^2}{6}} = 0$$

解得
$$h = 0.28\text{m}$$

此时柱的最大压应力发生在截面的右边缘上各点处，其值为：
$$\sigma_{c\max} = \frac{F}{A} + \frac{M_z}{W_z} = \frac{130 \times 10^3}{0.18 \times 0.28} + \frac{6 \times 10^3}{\frac{0.18 \times 0.28^2}{6}} = 5.13\text{MPa}$$

第五节 截 面 核 心

从上节的讨论可知，杆件受偏心力作用时，中性轴将横截面划分为受拉和受压两个区域。在土建工程中，常用的混凝土构件和砖、石砌体，其抗拉强度远低于抗压强度。所以，这类构件在受偏心压力时，要求横截面上只有压应力，而不出现拉应力，也就是要求中性轴不穿过横截面。由式 8-11 可知，当横截面一定时，偏心力作用点离形心越近，中性轴距形心就越远，甚至在截面的外边。因此，当外力作用点位于截面形心附近的一个区域内时，就可以保证中性轴不穿过横截面，这个区域就称为截面核心。此时，截面上只产生一种符号的应力，也就是若偏心拉力作用在截面核心内时，截面上只产生拉应力；若偏心压力作用在截面核心内时，截面上只产生压应力。当外力作用在截面核心的边界上时，与之相应的中性轴正好与截面的周边相切，这个特点可以用来确定截面核心的边界。

为了确定图 8-17 所示的任意形状截面的截面核心边界，可将与截面周边相切的任一直线①视为中性轴，它在 y、z 两形心主惯性轴上的截距分别为 a_{y_1} 和 a_{z_1}，从而由公式 (8-11) 确定与该中性轴对应的外力作用点 1，也就是截面核心边界上一个点的坐标（y_{F_1}，z_{F_1}）：

$$y_{F_1} = -\frac{i_z^2}{a_{y1}}, \quad z_{F_1} = -\frac{i_y^2}{a_{z1}} \tag{8-14}$$

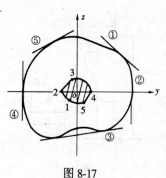

图 8-17

同理，分别将与截面周边相切的直线②、③、④……看作是中性轴，并按上述方法求得与它们对应的截面核心边界上点 2、3、4……的坐标。连接这些点所得到的一条封闭曲线，就是所求截面核心的边界，而该边界所包围的带阴影线的面积，即为截面核心（图 8-17）。下面以圆形和矩形截面为例，来具体说明 确定截面核心边界的方法。

如图 8-18 所示，由于圆截面对于圆心 O 是极对称的，因而，截面核心的边界对于圆心也应是极对称的，也是一个以 O 为圆心的圆，其半径可由任意一条与圆截面周边相切的中性轴①来确定。中性轴①在 y、z 两个形心主惯性轴上的截距分别为：

$$a_{y_1} = \frac{d}{2}, \quad a_{z_1} = \infty$$

圆截面的 $i_y^2 = i_z^2 = \frac{d^2}{16}$，将这些量代入式 (8-14)，即得与中性轴①对应的截面核心边界上点 1 的坐标为：

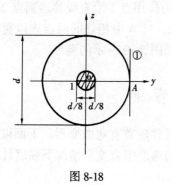

图 8-18

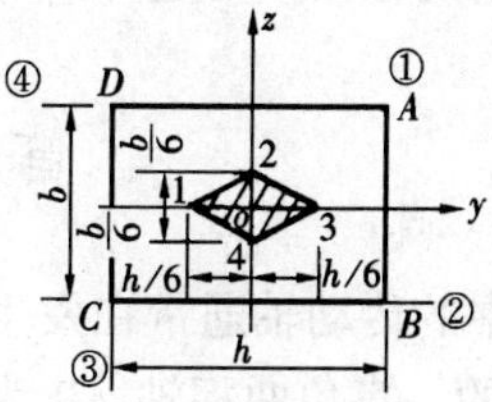

图 8-19

$$y_{F_1} = -\frac{i_z^2}{a_{y1}} = -\frac{\frac{d^2}{16}}{\frac{d}{2}} = -\frac{d}{8}$$

$$z_{F_1} = -\frac{i_y^2}{a_{z1}} = -\frac{\frac{d^2}{16}}{\infty} = 0$$

所以，截面核心边界是一个以 O 为圆心，以 $\frac{d}{8}$ 为半径的圆，如图 8-18 中阴影部分所示。

如图 8-19 所示一边长为 b 和 h 的矩形截面。先将与 AB 边相切的直线①看作是中性轴，该轴在 y、z 两形心主轴上的截距分别为：

$$a_{y1} = \frac{h}{2}, \quad a_z = \infty$$

矩形截面的 $i_y^2 = \frac{b^2}{12}$，$i_z^2 = \frac{h^2}{12}$ 将这些量代入式 (8-14)，可得与中性轴①对应的截面核心边界上点 1 的坐标为：

$$y_{F_1} = -\frac{i_z^2}{a_{y1}} = -\frac{\frac{h^2}{12}}{\frac{h}{2}} = -\frac{h}{6}$$

$$z_{F_1} = -\frac{i_y^2}{a_{z1}} = -\frac{\frac{b^2}{12}}{\infty} = 0$$

同理，分别将与 BC、CD 和 DA 边相切的直线②、③、④看作是中性轴，可求得对应的截面核心边界上点 2、3、4 的坐标，依次为：

$$y_{F_2} = 0, \quad z_{F_2} = \frac{b}{6};$$

$$y_{F_3} = \frac{h}{6}, \quad z_{F_3} = 0;$$

$$y_{F_4} = 0, \quad z_{F_4} = -\frac{b}{6}$$

这样，就得到了截面核心边界上的 4 个点，但仅有这 4 个点还不能确定截面核心边界的形状。为了解决这个问题，应该研究当中性轴绕一固定点旋转时，相应的外力作用点移动的轨迹。可以证明当中性轴①绕 B 点逐渐旋转到②时外力作用点 1 沿直线移动到点 2，所以截面核心边界在 1、2 点之间为一直线。同理，将 1、2、3、4 中相邻的两点连以直线，即得矩形截面的截面核心边界。它是一个位于截面中央如图 8-19 所示的菱形。

第六节 扭 转 与 弯 曲

机器中的传动轴通常在发生扭转变形的同时，还常伴随着有弯曲变形。下面以图 8-20 (a) 所示的一直角曲拐轴 AB 为例，说明杆件在扭转与弯曲组合变形情况下强度计算的方法。

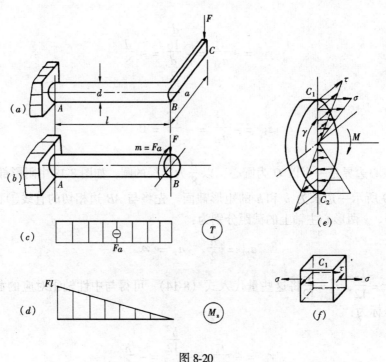

图 8-20

一、外力分析

先将外力 F 向 AB 杆右端截面的形心 B 点简化，得到一横向力 F 和一力偶矩 $m = Fa$。绘制 AB 杆的受力图 8-20 (b) 所示。横向力 F 使 AB 杆发生平面弯曲，力偶矩 m 使 AB 杆发生扭转，所以 AB 杆发生扭转与弯曲的组合变形。

二、内力分析

分别绘制力偶矩 m 的扭矩图 8-20（c）和横向力 F 的弯矩图 8-20（d），可见危险截面在固定端截面处，此时该截面上的扭矩和弯矩分别为：

$$T = m = Fa, \quad M = M_{\max} = Fl \tag{a}$$

三、应力分析

危险截面上的弯曲和扭转的应力变化规律如图 8-20（e）所示。可见最大弯曲正应力 σ 发生在铅垂直径的上、下两端 C_1 和 C_2 处，而最大扭转剪应力 τ 发生在截面周边上的各点处。因此，危险截面上的危险点为 C_1 和 C_2。C_1 点的应力状态如图 8-20（f）所示，其最大弯曲正应力和最大扭转切应力分别为：

$$\sigma = \frac{M}{W}, \quad \tau = \frac{T}{W_t} \tag{b}$$

四、强度条件

若曲拐轴由抗拉和抗压强度相等的塑性材料制成，则在危险点 C_1 和 C_2 中只要校核一点（例如 C_1 点）的强度就可以了。因为 C_1 点处于二向应力状态，所以应该按强度理论建立强度条件。首先由公式（7-10）和式（7-11）求得 C_1 点的主应力

$$\left.\begin{array}{l}\sigma_1 = \dfrac{\sigma}{2} + \dfrac{1}{2}\sqrt{\sigma^2 + \tau^2} \\ \sigma_2 = 0 \\ \sigma_3 = \dfrac{\sigma}{2} - \dfrac{1}{2}\sqrt{\sigma^2 + \tau^2}\end{array}\right\} \tag{c}$$

对塑性材料来说，应采用第三或第四强度理论来建立强度条件。将式（c）中的主应力分别代入第三强度理论和第四强度理论的强度条件，经整理后可得：

$$\sigma_{r3} = \sqrt{\sigma^2 + 4\tau^2} \leqslant [\sigma] \tag{8-15a}$$

$$\sigma_{r4} = \sqrt{\sigma^2 + 3\tau^2} \leqslant [\sigma] \tag{8-15b}$$

若将式（b）代入式（8-15）中，并利用对圆截面有 $W_t = 2W$ 的关系，可得

$$\sigma_{r3} = \frac{1}{W}\sqrt{M^2 + T^2} \leqslant [\sigma] \tag{8-16a}$$

$$\sigma_{r4} = \frac{1}{W}\sqrt{M^2 + 0.75T^2} \leqslant [\sigma] \tag{8-16b}$$

公式（8-16）即为圆轴在扭转与弯曲组合变形情况下的第三、第四强度理论的强度条件。式中 M、T 分别表示危险截面上的弯曲和扭矩，W 为圆轴的抗弯截面模量。

应用公式（8-15）和（8-16）进行强度计算时需要注意以下几点：

（1）公式（8-16）只适用于受弯扭组合作用的实心和空心圆截面杆；对非圆截面杆只能用公式（8-15）进行强度计算。

（2）若圆轴遇到同时发生两个平面内的弯曲和扭转的共同作用时，因为圆截面杆只发生对称弯曲，则弯矩 M 应为两个平面内弯矩的矢量和，其大小为：

$$M = \sqrt{M_y^2 + M_z^2}$$

然后将合成弯矩 M 代入公式（8-16）进行强度计算。

（3）若杆件受到扭转与拉伸（压缩）的共同作用，或者扭转、弯曲与拉伸（压缩）的

共同作用时,只能用公式(8-15)进行强度计算,并且要注意公式中的正应力为 $\sigma = \dfrac{F_N}{A}$,或者为 $\sigma = \dfrac{N}{A} + \dfrac{M}{W}$。

【例 8-6】 如图 8-20 所示的曲拐,$F = 20\text{kN}$,$[\sigma] = 160\text{MPa}$,$l = 150\text{mm}$,$a = 140\text{mm}$,试计算 AB 轴的直径。

【解】 计算危险截面上的弯矩值和扭矩值如下:

$$M = Fl = 20 \times 0.15$$
$$= 3\text{kN} \cdot \text{m}$$
$$T = Fa = 20 \times 0.14$$
$$= 2.8\text{kN} \cdot \text{m}$$

曲拐为钢制的,可采用第三强度理论。将 M、T 及 $W = \dfrac{\pi d^3}{32}$ 代入强度条件式(8-16a),可得

$$\dfrac{\sqrt{M^2 + T^2}}{\dfrac{\pi d^3}{32}} \leqslant [\sigma]$$

由此解得

$$d \geqslant \sqrt[3]{\dfrac{32}{\pi[\sigma]}\sqrt{M^2 + T^2}}$$

$$= \sqrt[3]{\dfrac{32\sqrt{(3 \times 10^3)^2 + (2.8 \times 10^3)^2}}{\pi \times 160 \times 10^6}}$$

$$= 0.0639\text{m} = 63.9\text{mm}$$

所以曲拐 AB 轴的直径取为 64mm。

【例 8-7】 如图 8-21(a)所示为一钢制圆轴上装有两个胶带轮 A 及 B,两轮有相同的直径 $D = 1\text{m}$ 及重量 $F = 5\text{kN}$。A 轮上胶带的张力是水平方向,B 轮上胶带的张力是铅垂方向,大小如图所示。设圆轴的直径 $d = 72\text{mm}$,许用应力 $[\sigma] = 80\text{MPa}$,试按第四强度理论校核该轴的强度。

【解】 1. 外力分析

将胶带轮的张力向轮心简化,以作用在轴上的集中力和力偶矩代替,得轴的计算简图如图 8-21(b)所示。在截面 A 上作用着向下的轮重 5kN 和胶带的水平张力 $5 + 2 = 7\text{kN}$ 及力偶矩 $(5-2) \times 0.5 = 1.5\text{kN} \cdot \text{m}$;在截面 B 上作用着向下的轮重和胶带的张力 $5 + 2 + 5 = 12\text{kN}$ 及力偶矩 $(5-2) \times 0.5 = 1.5\text{kN} \cdot \text{m}$。

2. 内力分析

根据以上外力,可以绘出 AB 轴的扭矩图如图 8-21(e)所示;水平 xz 面内的弯矩图如图 8-21(c)所示;铅垂 xy 面内的弯矩图如图 8-21(d)所示,弯矩图绘在杆的受拉一侧。由此得 C 和 B 截面处的合成弯矩分别为:

$$M_C = \sqrt{M_{Cy}^2 + M_{Cz}^2} = \sqrt{(2.1)^2 + (1.5)^2} = 2.58\text{kN} \cdot \text{m}$$

$$M_B = \sqrt{M_{By}^2 + M_{Bz}^2} = \sqrt{(1.05)^2 + (2.25)^2} = 2.48\text{kN} \cdot \text{m}$$

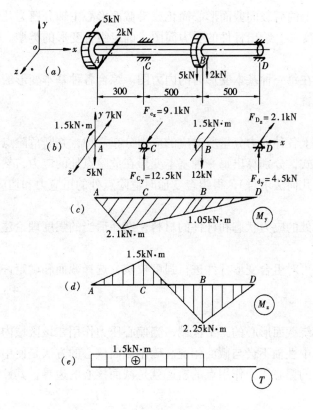

图 8-21

因为 $M_C > M_B$，故 C 截面为危险截面。

3. 强度校核

根据第四强度理论的强度条件式（8-16b）进行强度校核。

$$\sigma_{r4} = \frac{1}{W}\sqrt{M^2 + 0.75T^2}$$

$$= \frac{32}{\pi d^3}\sqrt{M_B^2 + 0.75T^2}$$

$$= \frac{32}{\pi(72 \times 10^{-3})^3}\sqrt{(2.58 \times 10^3)^2 + 0.75(1.5 \times 10^3)^2}$$

$$= 78.83 \text{MPa} < [\sigma]$$

故此轴的强度是足够的。

本 章 小 结

在组合变形时杆件的应力和变形计算，是以各种基本变形（拉伸、压缩、弯曲、扭转）的结果为基础，采用叠加方法进行的。因此本章的内容实际上是前几章有关理论和方法的综合应用。

1. 组合变形时强度计算的步骤

（1）外力分析

将作用在杆件上的荷载向截面形心简化或沿截面形心主轴分解为几组荷载，使每组荷载只引起一种基本变形。绘出杆件的受力简图，确定组合变形的类型。

(2) 内力分析

分别作出杆件在每一种基本变形时的内力图。综合各种基本变形的内力图，进而确定杆件危险截面的位置。

(3) 应力分析

根据危险截面上各种内力分量所对应的应力分布规律，判断危险点的位置。利用基本变形的应力计算公式，分别算出每一种基本变形在危险点处的应力，然后叠加（正应力取代数和，切应力用几何法求合），得组合变形时危险点处的正应力和切应力。

(4) 强度条件

根据危险点所处的应力状态和杆件的材料，选择适当的强度理论建立强度条件。

(5) 强度计算

利用强度条件可对组合变形杆件进行强度校核，选择截面和确定许用荷载这三方面的强度计算。

2. 截面核心

截面核心是围绕截面形心的一个区域，当偏心压力作用在该区域内时，截面上不会出现拉应力，或者说中性轴不会与截面相交。确定截面核心的方法是使中性轴不断与截面周边相切，则所对应的偏心压力作用点的轨迹就是截面核心的边界，其计算公式为：

$$y_F = -\frac{i_z^2}{a_y}, \quad z_F = -\frac{i_y^2}{a_z}$$

思 考 题

8-1 悬臂梁在自由端受到横向集中力作用。图 8-22 所示各种不同的截面形状和力的作用线，其中 C 为形心，A 为弯曲中心。试判断各梁将产生什么变形。

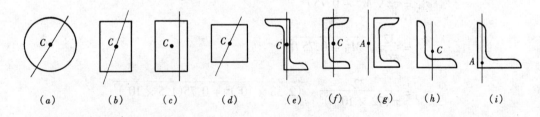

图 8-22 思考题 8-1 图

8-2 图 8-23 示矩形和圆形截面直杆的弯矩为 M_y 和 M_z，它们的最大正应力是否都可以用公式 $\sigma_{max} = \frac{M_y}{W_y} + \frac{M_z}{W_z}$ 计算？为什么？

8-3 由于正方形截面对于任一对正交形心轴的惯性矩都等于零，所以只要横向力通过形心，它就产生对称弯曲而永远不会产生斜弯曲，对吗？于是，对图 8-24 所示的梁可以仿效圆截面采用如下的强度条件：

$$\sigma_{max} = \frac{\sqrt{M_y^2 + M_z^2}}{W} = \frac{M}{a^3/6} \leqslant [\sigma]$$

对吗？

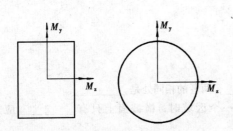 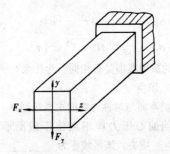

图 8-23　思考题 8-2 图　　　　图 8-24　思考题 8-3 图

8-4　试分别绘出图 8-25 所示各截面的截面核心，并标出图 8-25（a）、（b）的核心边界尺寸，图 8-25（c）、（d）大致绘出截面核心的形状。

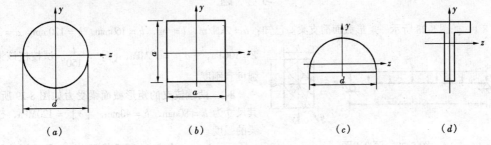

图 8-25　思考题 8-4 图

8-5　试分别画出图 8-26 所示各截面上中性轴的大致位置。图 8-26（a）为斜弯曲，图 8-26（b）、（c）、（d）为偏心压缩，图中 K 点表示偏心压力作用点的位置，阴影线部分表示截面核心。

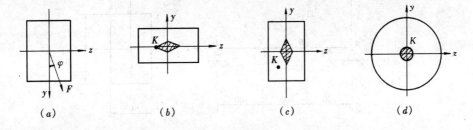

图 8-26　思考题 8-5 图

8-6　圆杆受力如图 8-27 所示。(1) 危险截面和危险点在哪里？(2) 危险点的应力状态如何？(3) 按第三强度理论，列出下面两种形式的强度条件：

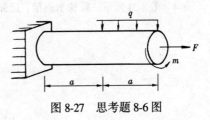

图 8-27　思考题 8-6 图

$$\frac{F}{A} + \sqrt{\left(\frac{M}{W}\right)^2 + 4\left(\frac{T}{W_t}\right)^2} \leqslant [\sigma]$$

$$\sqrt{\left(\frac{F}{A} + \frac{M}{W}\right)^2 + 4\left(\frac{T}{W_t}\right)^2} \leqslant [\sigma]$$

问哪一种是正确的？为什么？

8-7　同一个强度理论，其强度条件可写成不同的形式。以第三强度理论为例，我们常用的有以下三种形式。

(1) $\sigma_{r3} = \sigma_1 - \sigma_3 \leqslant [\sigma]$；

195

(2) $\sigma_{r3} = \sqrt{\sigma^2 + 4\tau^2} \leqslant [\sigma]$；

(3) $\sigma_{r3} = \dfrac{1}{W}\sqrt{M^2 + T^2} \leqslant [\tau]$。

问它们的适用范围是否相同？为什么？

8-8 填空

1. 斜弯曲与对称弯曲的主要区别是_____，两者的相同处是_____。

2. 当偏心压力作用点位于截面形心周围一个区域时，横截面上只有_____应力，而无_____应力，该区域称为_____。

3. 弯扭组合变形时的强度条件 $\sigma_{r3} = \dfrac{\sqrt{M^2 + T^2}}{W} \leqslant [\sigma]$ 和 $\sigma_{r4} = \dfrac{\sqrt{M^2 + 0.75T^2}}{W} \leqslant [\sigma]$ 的适用条件是：_____、_____。

习 题

8-1 如图 8-28 所示一矩形截面简支梁。已知：$q = 2\text{kN/m}$，$l = 4\text{m}$，$h = 160\text{mm}$，$b = 120\text{mm}$，$\alpha = 30°$；$E = 10\text{GPa}$，$[\sigma] = 12\text{MPa}$，$[f] = \dfrac{l}{150}$。试校核该梁的强度和刚度。

8-2 两端铰支的矩形截面梁受力如图 8-29 所示，其尺寸为 $h = 80\text{mm}$，$b = 40\text{mm}$，$[\sigma] = 120\text{MPa}$，校核梁的强度。

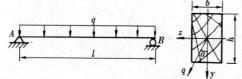

图 8-28 题 8-1 图

8-3 如图 8-30 所示截面为 16a 号槽钢的简支梁，跨度 $l = 4.2\text{m}$，受集度为 $q = 2\text{kN/m}$ 的均布荷载作用。梁放在 $\varphi = 20°$ 的斜面上。试确定梁危险截面上 A 点和 B 点处的弯曲正应力。

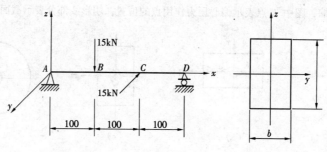

图 8-29 题 8-2 图

8-4 图 8-31 所示一楼梯木斜梁。已知：$l = 4\text{m}$，$b = 0.1\text{m}$，$h = 0.2\text{m}$，$q = 2\text{kN/m}$。

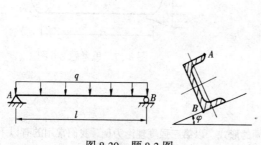

图 8-30 题 8-3 图　　　　　　图 8-31 题 8-4 图

(1) 作梁的轴力图和弯矩图；

(2) 求危险截面上的最大拉应力和最大压应力。

8-5 如图 8-32 所示为一砖砌烟囱，高 $H = 40\text{m}$，自重 $G_1 = 2500\text{kN}$，受水平风力 $q = 1.21\text{kN/m}$ 的作用。烟囱底截面为外径 $d_1 = 3.5\text{m}$，内径 $d_2 = 2.5\text{m}$ 的环形。基础埋深 $h = 5\text{m}$，基础和填土总重 $G_2 = 1500\text{kN}$，土壤许用压应力 $[\sigma] = 0.3\text{MPa}$，试求：

(1) 烟囱底截面上的最大压应力；
(2) 圆形基础直径 D。

注：计算风力时不必考虑烟囱截面的变化。

8-6 试分别求出图 8-33 所示不等截面杆的绝对值最大的正应力，并作比较。

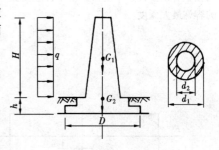

图 8-32 题 8-5 图

8-7 由 18 号工字钢制成的悬挂电线的立柱如图 8-34 所示。其顶端悬臂上作用有电线重量 $F_1 = 420\text{N}$ 和悬臂自重 $F_2 = 560\text{N}$，若考虑立柱自重，求立柱危险截面上的最大拉应力和最大压应力。

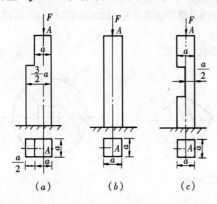

图 8-33 题 8-6 图

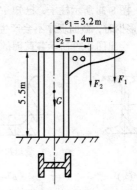

图 8-34 题 8-7 图

8-8 图 8-35 所示杆件同时受横向力和偏心压力作用，试确定 F 的许可值。已知杆件的许用拉应力 $[\sigma_t] = 30\text{MPa}$，许用压应力 $[\sigma] = 90\text{MPa}$。

8-9 如图 8-36 所示混凝土挡水坝高 $h = 3\text{m}$，坝体容重为 22.5kN/m^3。

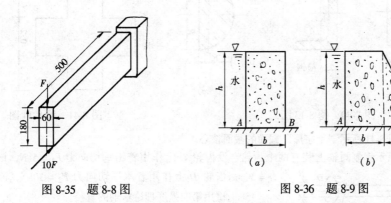

图 8-35 题 8-8 图　　图 8-36 题 8-9 图

(1) 欲使坝底截面内侧 A 点处不出现拉应力，试求所需厚度 b（图 8-36a）。
(2) 如将坝底厚度加至 $2b$，并使坝体做成梯形截面（图 8-36b），试求坝底截面上 A、B 两点处的正应力。

8-10 受拉构件的形状如图 8-37 所示。已知截面为 $40\text{mm} \times 5\text{mm}$ 的矩形，通过轴线的拉力 $F = 12\text{kN}$。

现在要对该拉杆开一切口。若不计应力集中的影响，当材料的许用应力 $[\sigma] = 100\text{MPa}$ 时，试确定切口的容许最大深度。

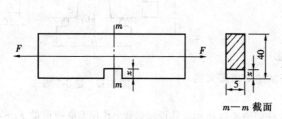
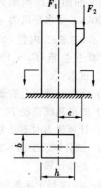

图 8-37 题 8-10 图

图 8-38 题 8-11 图

8-11 图 8-38 所示柱子，已知 $F_1 = 100\text{kN}$，$F_2 = 45\text{kN}$，横截面 $b \times h = 180\text{mm} \times 300\text{mm}$。试问 F_2 的偏心距 e 为多少时，截面上才不会产生拉应力？

8-12 绘出图 8-39 所示各截面的截面核心的大致形状和位置。

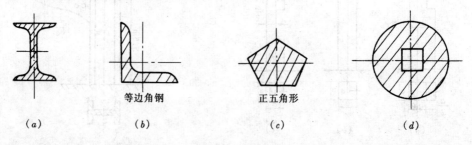

图 8-39 题 8-12 图

8-13 作图 8-40 所示各截面的截面核心。

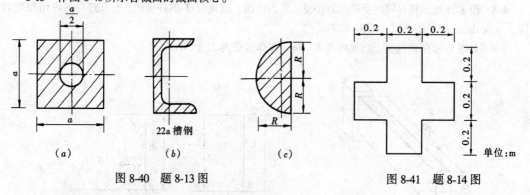

图 8-40 题 8-13 图

图 8-41 题 8-14 图

8-14 试确定图 8-41 所示"十字形"截面的截面核心。

8-15 图 8-42 所示钢制圆轴上装有两个齿轮，设齿轮 C 上作用着铅垂切向力 $F_1 = 5\text{kN}$，该轮直径 $d_C = 30\text{cm}$；齿轮 D 上作用着水平切向力 $F_2 = 10\text{kN}$，该轮直径 $d_D = 15\text{cm}$。试用第四强度理论求轴的直径。

8-16 如图 8-43 所示，铁道路标的圆信号板，装在外径 $D = 60\text{mm}$ 的空心圆柱上。若信号板上作用的最大风载的压强 $F = 2\text{kPa}$，圆柱的许用应力 $[\sigma] = 60\text{MPa}$。试按第三强度理论选择空心柱的壁厚 t。

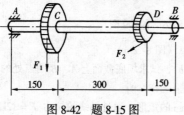

图 8-42 题 8-15 图

8-17 手摇绞车如图 8-44 所示，轴的直径 $d = 30$mm，材料的许用应力 $[\sigma] = 80$MPa。试按第三强度理论，求绞车的最大起吊重量 F。

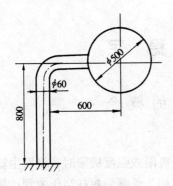

图 8-43 题 8-16 图

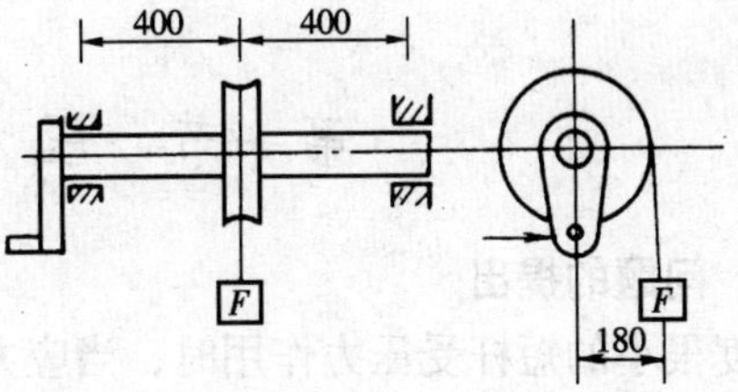

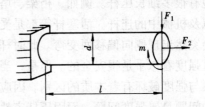

图 8-44 题 8-17 图

8-18 图 8-45 所示等截面直角拐轴，截面为圆形，位于水平面内，在拐轴上受垂直向下的均布荷载 q 作用。已知：$l = 800$mm，$d = 40$mm，$q = \dfrac{2}{\sqrt{10}}$kN/m，$[\sigma] = 160$MPa，试按第三强度理论校核强度。

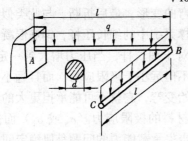

图 8-45 题 8-18 图

图 8-46 题 8-19 图

8-19 图 8-46 所示圆截面杆，受荷载 F_1、F_2 和 m 作用，试按第三强度理论校核杆的强度。已知：$F_1 = 500$N，$F_2 = 150$kN，$m = 1.2$kN·m，$[\sigma] = 160$MPa，$d = 50$mm，$l = 900$mm。

8-20 直径为 20mm 的圆截面折杆受力如图 8-47 所示。杆件材料的弹性模量 $E = 200$GPa，泊松比 $\nu = 0.3$，现经试验测得 D 截面顶部表面处的主应变 $\varepsilon_1 = 508 \times 10^{-6}$，$\varepsilon_3 = -228 \times 10^{-6}$。试求外力 F 的值和长度 a。

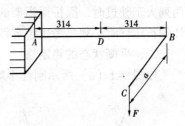

图 8-47 题 8-20 图

第九章 压杆稳定

第一节 压杆稳定的概念

一、问题的提出

长度很小的短杆受压力作用时，当应力达到屈服极限或强度极限时，将发生塑性变形或断裂，这种破坏是由于杆件强度不足而引起的。例如，低碳钢短柱当压力到达屈服极限时，出现塑性变形；而铸铁短柱当压力到达强度极限时会发生断裂。这些破坏现象统属于材料强度问题。

细长杆件受压力作用时，却表现出全然不同的现象。例如，一根细长的竹片受压时，开始轴线为直线，接着必然被压弯，发生很大的弯曲变形，最后折断。与此类似，工程结构中也有很多细长压杆。例如，桁架、塔架和支撑系统中的细长压杆，钢筋混凝土细长的柱，以及机械中的连杆、活塞杆等都是受压杆。对于细长杆，当压力增大到一定程度时，杆就会突然出现侧向偏移而变弯。此时杆内应力不但远小于极限应力，而且远小于许用应力，从强度看似乎是很安全的。但是，当压杆开始变弯，它就不可能承担更大的压力，这种现象与强度破坏有着本质的区别。因应力超过材料的极限应力（σ_s 或 σ_b）而丧失承载能力的问题是属强度问题；而因压杆突然变弯而丧失承载能力的问题是属稳定问题。历史上由于没有考虑稳定性要求而酿成灾难的例子为数不少，如瑞士的孟汉希泰因坦大桥，在两列火车驶过时，因桥梁桁架的压杆突然变弯而破坏，造成约 200 人的伤亡。所以，在设计细长压杆时必须要考虑稳定性要求。

二、平衡状态的稳定性

如图 9-1（a）所示刚性小球在光滑的凹形曲面内 A 点位置，小球处于平衡状态，为

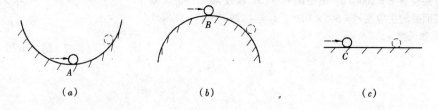

图 9-1

分析其平衡状态的稳定性，可给一微小干扰力使小球离开位置 A，当干扰力去掉后，小球经过几次滚动后，仍能回到原来的位置 A 继续保持平衡，则小球原来在 A 处的平衡称为稳定平衡。如图 9-1（b）所示小球在光滑的凸形曲面顶点 B 的位置处于平衡状态，受到干扰后，小球离开位置 B，并继续下滚，再也不能回到原来的位置 B，则小球原来在 B 处的平衡称为不稳定平衡。如图 9-1（c）所示小球在光滑水平面上位置 C 处于平衡状态，受到干扰后，小球既不能回到原来的位置 C，又不再继续滚动，而是停留在扰动后的位置

上保持新的平衡，则小球原来在 C 处的平衡称为随遇平衡。这是小球不稳定状态的开始，即由稳定状态过渡到不稳定状态的一种平衡状态，故又称为临界平衡状态，显然它属于不稳定平衡状态。

由上面分析可知，物体的平衡状态可分为稳定和不稳定平衡状态两类。若物体能始终保持其原始位置的平衡状态，则称为稳定平衡状态。若物体不能保持其原始位置的平衡状态，称为不稳定平衡状态。所谓稳定性是指物体（构件）保持其原有平衡形式的能力。要想判断原来平衡状态的稳定性，必须使研究对象偏离原来的平衡位置，在打破原来平衡状态的情况下，观察物体位置的变化趋势，即恢复到原来位置还是继续偏离，从而判定原来的平衡状态是稳定的还是不稳定的。这就是研究平衡稳定性的方法。

三、弹性压杆的稳定性

对于均质的理想等直细长杆（即无初曲率），当其两端受到通过轴线的压力作用时，也有与上述小球相似的三种平衡状态。如图 9-2（a）所示两端铰支的细长压杆，在微小的横向干扰力及轴向压力 F 的作用下，杆处于微弯曲状态。

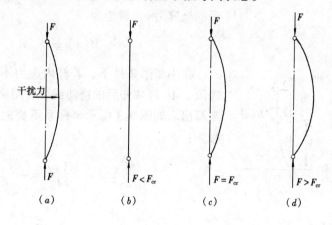

图 9-2

（1）当轴向压力小于某临界值，即 $F < F_{cr}$ 时，去掉干扰力后，压杆仍恢复到原来的直线平衡状态，如图 9-2（b）所示。这说明压杆原有的直线平衡状态是稳定平衡状态。

（2）当轴向压力增大到等于临界值，即 $F = F_{cr}$ 时，去掉干扰力后，压杆就处于微弯曲平衡状态。既不能恢复到原有的直线平衡状态也不再继续弯曲，如图 9-2（c）所示。这说明压杆原有的直线平衡状态是由稳定过渡到不稳定的临界平衡状态。

（3）当轴向压力增加到超过临界值，即 $F > F_{cr}$ 时，去掉干扰力后，压杆的弯曲变形将继续增加，如图 9-2（d）所示，直至折断破坏。这说明压杆原有的直线平衡状态是不稳定平衡状态。

由以上分析可见，压杆是否稳定取决于它所受的压力 F 是否达到其临界值 F_{cr}。当 $F < F_{cr}$ 时，压杆处于稳定平衡状态；当 $F > F_{cr}$ 时，压杆处于不稳定平衡状态；当 $F = F_{cr}$ 时，压杆处于临界平衡状态。临界状态下的压力 F_{cr} 称为临界力。此时压杆的直线平衡状态开始变为不稳定的，压杆丧失其直线形状的平衡现象，称为丧失稳定，简称失稳。临界力 F_{cr} 是使压杆失稳的最小荷载。当 $F = F_{cr}$ 时，压杆可能保持直线平衡，也可能受到干扰后在微弯情况下保持平衡。这种"两可性"是临界平衡的一种特殊表现，也是弹性稳定问题的重要特点。

压杆失稳后,改变了杆件的受力性质,压力的微小增加,将引起弯曲变形的明显增大。这时压杆已丧失了承载能力,不能正常工作,甚至可以引起整个机器或结构的破坏,造成严重事故。所以,要保证物件能正常工作,压杆的工作荷载必须小于临界力。

第二节 细长压杆的临界力

一、两端铰支细长压杆的临界力

为了确定临界力的大小,现在来研究如图 9-3 所示长为 l 两端铰支的细长杆 AB。设作用在杆端的压力 $F = F_{cr}$,使杆处于临界状态。如前所述,压杆在临界力作用下,可能在微弯曲的形状下保持平衡,这是压杆失稳的特征,在这种状态下我们来推导临界力的计算公式。

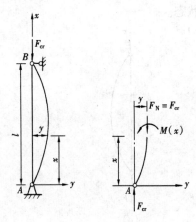

图 9-3

选取坐标系如图 9-3 所示。距原点为 x 的任意截面的挠度为 y,弯矩为:

$$M(x) = F_{cr} y$$

在小变形条件下,若杆内应力不超过材料的比例极限,AB 杆弯曲后的挠曲线可以用梁的弯曲变形公式来写出。如图 9-3 所示坐标系下挠曲线的近似微分方程为:

$$\frac{d^2 y}{dx^2} = -\frac{M(x)}{EI} = -\frac{F_{cr} y}{EI} \qquad (a)$$

令

$$k^2 = \frac{F_{cr}}{EI} \qquad (b)$$

则式 (a) 可写为:

$$\frac{d^2 y}{dx^2} + k^2 y = 0 \qquad (c)$$

这是一个常系数二阶齐次线性微分方程,其通解为:

$$y = A \sin kx + B \cos kx \qquad (d)$$

式中 A、B 为积分常数,k 为待定值。下面根据杆端的约束情况,来确定积分常数和 k 值:

由 A 端边界条件 $x=0$,$y=0$ 代入式 (d) 可得 $B=0$,于是式 (d) 可改写为:

$$y = A \sin kx \qquad (e)$$

再由 B 端边界条件 $x=l$,$y=0$ 代入式 (e) 得

$$A \sin kl = 0 \qquad (f)$$

要满足式 (f),有两种可能:$A=0$ 或 $\sin kl = 0$,从问题的力学意义上看,若 $A=0$,则通

解式（d）成为 $y = 0$，即表示杆 AB 没有弯曲，这与压杆处于微弯状态的前提条件相矛盾。因此必须是

$$\sin kl = 0$$

这要求

$$kl = n\pi \quad (n = 0,1,2,3\cdots\cdots)$$

由此得

$$k = \frac{n\pi}{l} = \sqrt{\frac{F_{cr}}{EI}}$$

于是

$$F_{cr} = \frac{n^2\pi^2 EI}{l^2}$$

从理论上讲，由于 n 是任意整数，所以临界力的数值有很多个。但从工程实际讲，有意义的是最小值，因为荷载一到达此值时，杆件将丧失稳定。取 n 的最小值时不能取 $n = 0$，否则 $F_{cr} = 0$，变成没有意义的结果。因此有意义的最小值应取 $n = 1$，于是得到压杆临界力的计算公式为：

$$F_{cr} = \frac{\pi^2 EI}{l^2} \tag{9-1}$$

这就是两端铰支细长压杆临界力的计算公式，又称为欧拉公式。应当注意，因为压杆总是在抗弯能力最弱的纵向平面内弯曲失稳，所以公式中的惯性矩 I 应该取其横截面的最小惯性矩 $I_{\min}$。

从公式（9-1）中可以看出，临界力 F_{cr} 与杆长 l^2 成反比。这就是说，杆越细长，其临界力越小，即压杆越容易失稳。

由上面的推导还可以得到，在临界状态时，压杆微弯挠曲线的形状。此时，因 $n = 1$，所以 $K = \frac{\pi}{l}$，则式（e）可写为：

$$y = A \sin\frac{\pi x}{l}$$

此式表明，两端铰支细长压杆失稳时，其微弯平衡状态的挠曲线是一条半波正弦曲线。当 $x = \frac{l}{2}$ 时，$y = A$。即常数 A 是半波正弦曲线中点位移，其值充分小但无定值，随干扰力大小而异。

二、其他支承情况下细长压杆的临界力

对于其他支承方式的细长压杆，其临界力公式的推导，可以按照上述方法，通过求解挠曲线近似微分方程来确定 F_{cr}。下面我们用对比的方法来确定 F_{cr}，即以两端铰支的情况为依据，将其他约束压杆的挠曲线形状与两端铰支压杆的挠曲线形状比较，来推导出不同杆端约束下的细长杆的临界力公式。

（一）两端固定

长度为 l 的细长压杆如图 9-4（a）所示。失稳时，挠曲线距上、下两端 $\frac{l}{4}$ 处有拐点 A、B，该处弯矩为零，相当于两个铰。AB 段长度为 $0.5l$，并对应半个正弦波，恰好与两端铰支的压杆情况相当，如图 9-4（b）所示。仿照公式（9-1）得

$$F_{cr} = \frac{\pi^2 EI}{(0.5l)^2} \tag{9-2}$$

（二）一端固定，另一端自由

长度为 l 的压杆如图 9-5（a）所示。将此杆失稳时挠曲线向下对称地延伸，则延伸后的曲线是半个正弦波，其长度为 $2l$，两端 A、B 处弯矩为零，这与两端铰支的情况也恰好相当，如图 9-5（b）所示。所以仿照公式（9-1）得：

$$F_{cr} = \frac{\pi^2 EI}{(2l)^2} \tag{9-3}$$

（三）一端固定，另一端铰支

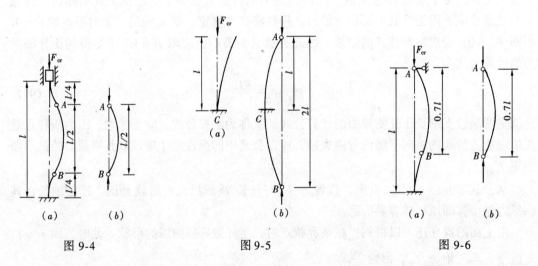

图 9-4　　　　　图 9-5　　　　　图 9-6

长度为 l 的压杆，如图 9-6（a）所示。失稳时的挠曲线在离铰支端约 $0.7l$ 处有一拐点 B。AB 段是半个正弦波，A、B 两点处弯矩为零，这与两端铰支的情况也相当，如图 9-6（b）所示。所以，仿照公式（9-1）得

$$F_{cr} = \frac{\pi^2 EI}{(0.7l)^2} \tag{9-4}$$

由上述比较可见，当压杆两端的支承情况不同时，其临界力也不相同，但临界力的公式基本相似。为应用方便，将以上各公式统一写成如下形式：

$$F_{cr} = \frac{\pi^2 EI}{(\mu l)^2} \tag{9-5}$$

这是欧拉公式的普遍形式。式中 μl 表示把压杆折算成两端铰支杆的长度，称为相当长度，μ 称为长度系数，它反映杆端约束对临界力的影响。

为便于比较和使用，现将上述 4 种情况下的压杆的临界力和相当长度列于表 9-1。

各种杆端支承时压杆的临界力　　　　　表 9-1

支承情况	两端固定	一端固定一端铰支	两端铰支	一端固定一端自由
杆端支承情况	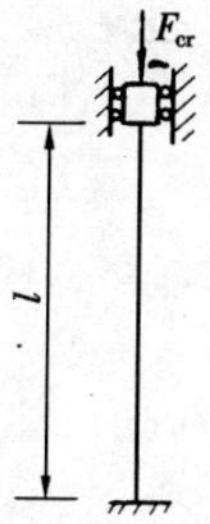	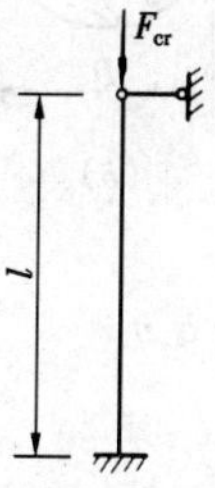	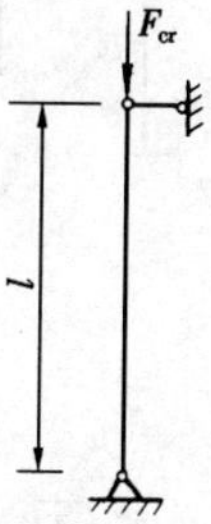	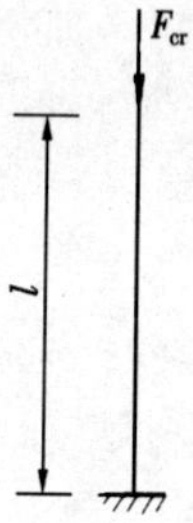
临界力 F_{cr}	$F_{cr}=\dfrac{\pi^2 EI}{(0.5l)^2}$	$F_{cr}=\dfrac{\pi^2 EI}{(0.7l)^2}$	$F_{cr}=\dfrac{\pi^2 EI}{l^2}$	$F_{cr}=\dfrac{\pi^2 EI}{(2l)^2}$
相当长度 μl	$0.5l$	$0.7l$	l	$2l$
长度系数 μ	0.5	0.7	1	2

【例 9-1】 用 Q235 钢制成的矩形截面两端铰支细长压杆。已知：$l=1\text{m}$，$b=8\text{mm}$，$h=20\text{mm}$，$\sigma_s=240\text{MPa}$，$E=210\text{GPa}$。试求压杆的屈服荷载和临界力。并加以比较。

【解】 截面的最小惯性矩为：

$$I_{\min}=\frac{hb^3}{12}=\frac{20\times 8^3}{12}=854\text{mm}^4$$

临界力由欧拉公式得：

$$F_{cr}=\frac{\pi^2 EI_{\min}}{l^2}=\frac{\pi^2\times 210\times 10^9\times 854\times 10^{-12}}{1^2}=1.76\text{kN}$$

屈服荷载为：

$$F_s=A\sigma_s=bh\sigma_s=20\times 8\times 10^{-6}\times 240\times 10^6=38.4\text{kN}$$

两者之比为：

$$F_{cr}:F_s=1.76:38.4=1:21.6$$

临界力仅等于屈服荷载的 $\dfrac{1}{21.6}$，所以该压杆的承载能力取决于稳定而不取决于强度。若仅从强度考虑是很危险的。

【例 9-2】 如图 9-7 所示细长压杆，两端球形铰支，横截面均为 $A=6\text{cm}^2$，杆长 $l=1\text{m}$，弹性模量 $E=200\text{GPa}$，试用欧拉公式计算不同截面杆的临界力，并加以比较。（1）圆形截面；（2）空心圆形截面，内外直径之比 $\alpha=\dfrac{1}{2}$；（3）矩形截面，$h=2b$。

【解】 1. 圆形截面

计算直径和截面惯性矩

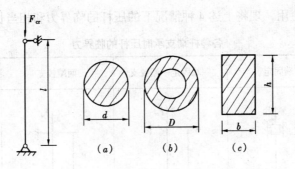

图 9-7

$$d = \sqrt{\frac{4A}{\pi}} = \sqrt{\frac{4 \times 6 \times 10^2}{\pi}} = 27.6\text{mm}$$

$$I = \frac{\pi d^4}{64} = \frac{\pi \times 27.6^4}{64} = 2.85 \times 10^4 \text{mm}^4$$

临界力为：

$$F_{cr} = \frac{\pi^2 EI}{l^2} = \frac{\pi^2 \times 200 \times 10^9 \times 2.85 \times 10^4 \times 10^{-12}}{1^2} = 56.3\text{kN}$$

2. 空心圆形截面

计算外直径和截面惯性矩

$$D = \sqrt{\frac{4A}{\pi(1-\alpha^2)}} = \sqrt{\frac{4 \times 6 \times 10^2}{\pi(1-0.5^2)}} = 31.9\text{mm}$$

$$I = \frac{\pi D^4}{64}(1-\alpha^4) = \frac{\pi \times 31.9^4}{64}(1-0.5^4) = 4.77 \times 10^4 \text{mm}^4$$

临界力为：

$$F_{cr} = \frac{\pi^2 EI}{l^2} = \frac{\pi^2 \times 200 \times 10^9 \times 4.77 \times 10^4 \times 10^{-12}}{1^2} = 94.2\text{kN}$$

3. 矩形截面

其边长 $b = \sqrt{\frac{A}{2}}$，截面惯性矩为：

$$I_{min} = \frac{hb^3}{12} = \frac{b^4}{6} = \frac{1}{6}\left(\sqrt{\frac{6 \times 10^2}{2}}\right)^4 = 1.5 \times 10^4 \text{mm}^4$$

临界力为：

$$F_{cr} = \frac{\pi^2 EI}{l^2} = \frac{\pi^2 \times 200 \times 10^9 \times 1.5 \times 10^4 \times 10^{-12}}{1^2} = 29.6\text{kN}$$

计算表明，在横截面积相同时，空心圆形截面压杆的惯性矩较大，故临界力较高。

第三节 欧拉公式的适用范围·临界应力总图

一、临界应力

当压杆处在临界状态时，杆件可以在直线平衡状态下维持不稳定的平衡。此时，将压

杆临界力 F_{cr} 除以压杆的横截面面积 A，得到压杆在临界状态时横截面上的平均应力，称为临界应力，用 σ_{cr} 表示。于是

$$\sigma_{cr} = \frac{F_{cr}}{A}$$

将公式（9-5）代入上式得

$$\sigma_{cr} = \frac{\pi^2 EI}{(\mu l)^2 A} = \frac{\pi^2 E}{\left(\frac{\mu l}{i}\right)^2} \qquad (a)$$

式中，$i = \sqrt{\frac{I}{A}}$ 为压杆横截面对中性轴的惯性半径。引用记号

$$\lambda = \frac{\mu l}{i} \qquad (9\text{-}6)$$

λ 称为柔度或长细比，是一个没有量纲的量。它反映了压杆的长度、约束条件、截面尺寸和形状等因素对临界应力 σ_{cr} 的综合影响。这样，式（a）便可写作

$$\sigma_{cr} = \frac{\pi^2 E}{\lambda^2} \qquad (9\text{-}7)$$

公式（9-7）是欧拉公式（9-5）的另一种表达形式。由此式可知，压杆的柔度 λ 越大，临界应力 σ_{cr} 就越小，即压杆的失稳可能性也就越大。反之 λ 越小，临界应力就越大，压杆就不容易失稳，所以柔度 λ 是压杆稳定计算中一个很重要的参数。

二、欧拉公式的适用范围

欧拉公式是根据弯曲变形的微分方程 $EIy'' = -M(x)$ 导出的，而这个微分方程只有在材料服从胡克定律时才成立。因此，欧拉公式的适用范围应该是临界应力不超过材料的比例极限 σ_p，即：

$$\sigma_{cr} = \frac{\pi^2 E}{\lambda^2} \leqslant \sigma_p \qquad (b)$$

或

$$\lambda \geqslant \pi \sqrt{\frac{E}{\sigma_p}} \qquad (c)$$

令

$$\lambda_p = \pi \sqrt{\frac{E}{\sigma_p}} \qquad (9\text{-}8)$$

于是欧拉公式的适用范围可用柔度表示为：

$$\lambda \geqslant \lambda_p \qquad (9\text{-}9)$$

式中，λ 是压杆的实际柔度，其值 $\lambda = \frac{\mu l}{i}$；$\lambda_p$ 是柔度的界限值，是指能应用欧拉公式的最小柔度。满足这一条件的压杆称为大柔度杆或细长杆，其压杆上的临界力或临界应力可用欧拉公式（9-5）或公式（9-7）来计算。

从式（9-8）可见，λ_p 为仅与材料性质有关的定值，不同的材料，λ_p 的数值不同，欧拉公式适用的范围也就不同。以 Q235 钢为例，$E = 206\text{GPa}$，$\sigma_P = 200\text{MPa}$，代入公式（9-8）得：

$$\lambda_P = \pi\sqrt{\frac{E}{\sigma_P}} = \pi\sqrt{\frac{206 \times 10^3}{200}} \approx 100$$

所以，用 Q235 钢制成的压杆，只有当其柔度 $\lambda \geq 100$ 时，才能应用欧拉公式来计算临界力或临界应力。

三、超过比例极限时压杆的临界应力

若压杆的柔度 $\lambda < \lambda_P$，则临界应力 $\sigma_{cr} > \sigma_P$，这时欧拉公式已不能使用，属于超过比例极限的压杆稳定问题，此时压杆失稳时产生了塑性变形。对于这类压杆，从破坏情况看，与大柔度杆相类似，它也是由于失去稳定而破坏，它也具有明显的临界应力。但是因为它的临界应力已经超过比例极限，胡克定律不再适用，所以要计算这类压杆的临界应力，通常采用以试验结果为依据的经验公式。下面仅介绍简单而常用的直线公式：

直线公式是把临界应力表示为柔度的线性函数

$$\sigma_{cr} = a - b\lambda \tag{9-10}$$

式中，a 和 b 是与材料性质有关的常数，由实验测定，其量纲与应力相同。几种常用材料的 a、b 值列于表 9-2 中。

直线公式的系数 a 和 b　　　　　表 9-2

材　料	a（MPa）	b（MPa）
Q235 钢 $\sigma_b \geq 372\text{MPa}$ $\sigma_s = 235\text{MPa}$	304	1.12
优质碳钢 $\sigma_b \geq 471\text{MPa}$ $\sigma_s = 306\text{MPa}$	461	2.568
硅钢 $\sigma_b \geq 510\text{MPa}$ $\sigma_s = 353\text{MPa}$	578	3.744
铬钼钢	9807	5.296
铸铁	332.2	1.454
强铝	373	2.15
松木	28.7	0.19

直线公式 (9-10) 也有其适用范围，即压杆的临界应力不能超过材料的极限应力（σ_s 或 σ_b）。对塑性材料应有

$$\sigma_{cr} = a - b\lambda \leq \sigma_s$$

令 $\sigma_{cr} = \sigma_s$ 时的柔度为 λ_s，则有

$$\lambda_s = \frac{a - \sigma_s}{b} \tag{9-11}$$

这就是使用直线公式时柔度 λ 的最小值。对于脆性材料，将公式 (9-11) 中的 σ_s 换成 σ_b，就可以确定相应的 λ_b。于是，直线公式 (9-10) 的适用范围可用柔度表示为：

$$\lambda_s \leq \lambda < \lambda_P$$

满足这一条件的压杆称为中柔度杆或中长杆。对于 Q235 钢，其 $\sigma_s = 235\text{MPa}$，$a = 304\text{MPa}$，$b = 1.12\text{MPa}$，可求得

$$\lambda_s = \frac{304-235}{1.12} \approx 61$$

所以，用 Q235 钢制成的压杆，只有当其柔度 $61 \leqslant \lambda < 100$ 时，才能应用直线公式来计算临界应力。

对于 $\lambda < \lambda_s$ 的压杆，称为小柔度杆或短粗杆。这类压杆的破坏是由于压应力达到材料的极限应力（σ_s 或 σ_b）而引起的。因此，它不会因失稳而破坏，属强度问题。若将这类压杆也按稳定问题的形式处理，则可认为压件的临界应力即为材料的极限应力，即 $\sigma_{cr} = \sigma_s$（或 $\sigma_{cr} = \sigma_b$）。

四、临界应力总图

综上所述，对于某一种材料制成的压杆，根据柔度值可将压杆分为三类：

(1) 当 $\lambda \geqslant \lambda_p$ 时属大柔度杆（或细长杆），用欧拉公式计算，即

$$\sigma_{cr} = \frac{\pi^2 E}{\lambda^2}, \quad F_{cr} = A\sigma_{cr} = \frac{\pi^2 EI}{(\mu l)^2}$$

(2) 当 $\lambda_s \leqslant \lambda < \lambda_p$ 时属中柔度杆（或中长杆），用直线公式计算，即

$$\sigma_{cr} = a - \lambda b, \quad F_{cr} = A\sigma_{cr}$$

(3) 当 $\lambda < \lambda_s$ 时属小柔度杆（或短粗杆），用压缩强度公式计算，即

$$\sigma_{cr} = \sigma_s(\text{或 } \sigma_b), \quad F_{cr} = A\sigma_s$$

由此可作出压杆的临界应力随柔度变化的曲线，该曲线称为压杆的临界应力总图。图 9-8 表示某种塑性材料压杆的临界应力总图，由图可以看出，小柔度杆的 σ_{cr} 与 λ 无关，而中柔度杆与大柔度杆的临界应力 σ_{cr} 则随柔度 λ 的增大而减小，这说明压杆越细长越易失稳。

【**例 9-3**】 如图 9-9 所示三种支承方式的压杆材料均为 Q235 钢，试求各杆的临界力和临界应力。已知 $l = 300\text{mm}$，$H = 20\text{mm}$，$B = 12\text{mm}$，$E = 200\text{GPa}$，$\sigma_s = 235\text{MPa}$。

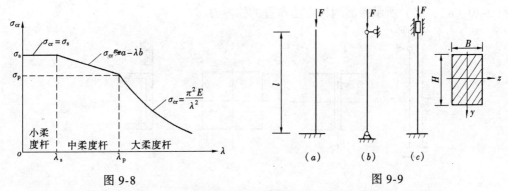

图 9-8 　　　　　　　　　　　图 9-9

【**解**】 为了判断压杆属于哪种类型，首先应算出 Q235 钢的柔度界限值 λ_p、λ_s。

由表 9-2 查得 Q235 钢的有关系数为 $a = 304\text{MPa}$，$b = 1.12\text{MPa}$，由公式 (9-8) 和公式 (9-11) 可分别求得：

$$\lambda_p = \pi\sqrt{\frac{E}{\sigma_p}} = \pi\sqrt{\frac{200 \times 10^3}{200}} \approx 100$$

$$\lambda_s = \frac{a - \sigma_s}{b} = \frac{304 - 235}{1.12} \approx 61$$

由图 9-9 可知，截面的最小惯性矩为 I_y，因此，各压杆失稳时均绕 y 轴发生弯曲，则压杆的最小惯性半径为：

$$i_{min} = \sqrt{\frac{I_y}{A}} = \sqrt{\frac{HB^3/12}{HB}} = \frac{B}{\sqrt{12}} = \frac{12}{\sqrt{12}} = 3.46\text{mm}$$

1. 一端固定，一端自由的压杆（图 9-9a）

$$\lambda = \frac{\mu l}{i_{min}} = \frac{2 \times 300}{3.46} = 173 > \lambda_p = 100$$

该杆属于大柔度杆，可用欧拉公式计算。

$$\sigma_{cr} = \frac{\pi^2 E}{\lambda^2} = \frac{\pi^2 \times 200 \times 10^3}{173^2} = 65.88\text{MPa}$$

$$F_{cr} = A \cdot \sigma_{cr} = 20 \times 12 \times 65.88 = 15.81\text{kN}$$

注：也可先求 $F_{cr} = \frac{\pi^2 E I_y}{(\mu l)^2} = 15.81\text{kN}$，再求 $\sigma_{cr} = \frac{F_{cr}}{A} = 65.88\text{MPa}$，其结果一样。

2. 两端铰支压杆（图 9-9b）

$$\lambda = \frac{\mu l}{i_{min}} = \frac{1 \times 300}{3.46} = 86.6 \begin{matrix} < \lambda_p = 100 \\ > \lambda_s = 61 \end{matrix}$$

该杆属于中柔度杆，应该用直线公式计算。

$$\sigma_{cr} = a - b\lambda = 304 - 1.12 \times 86.6 = 207\text{MPa}$$

$$F_{cr} = A\sigma_{cr} = 20 \times 12 \times 207 = 49.68\text{kN}$$

3. 两端固定压杆（图 9-9c）

$$\lambda = \frac{\mu l}{i_{min}} = \frac{0.5 \times 300}{3.46} = 43.3 < \lambda_s = 61$$

该杆属于小柔度杆，应按强度问题计算。

$$\sigma_{cr} = \sigma_s = 235\text{MPa}$$

$$F_{cr} = A\sigma_s = 20 \times 12 \times 235 = 56.4\text{kN}$$

【例 9-4】 两端铰支的立柱，由两根 28b 槽钢组成一个整体，材料的 $E = 200\text{GPa}$，试求图 9-10（a）、（b）所示截面两种方法布置的临界力。

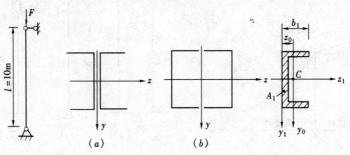

图 9-10

【解】 查型钢表可得：

$$I_{z1} = 5130.45\text{cm}^4, \quad i_{z1} = 10.6\text{cm}$$

$$I_{y1} = 427.589\text{cm}^4, \quad b_1 = 8.4\text{cm}$$

$$I_{y0} = 242.144\text{cm}^4, \quad i_{y0} = 2.304\text{cm}$$

$$A_1 = 45.62\text{cm}^2, \quad z_0 = 2.016\text{cm}$$

(1) 求截面如图 9-10（a）布置时的临界力

$$I_z = 2I_{z1} = 2 \times 5130.45 = 10260.9 \text{cm}^4$$
$$I_y = 2I_{y1} = 2 \times 427.589 = 855.178 \text{cm}^4$$

因为 $I_y < I_z$，所以

$$i_{min} = \sqrt{\frac{I_y}{2A_1}} = \sqrt{\frac{855.178}{2 \times 45.62}} = 3.06 \text{cm}$$

$$\lambda = \frac{\mu l}{i_{min}} = \frac{1 \times 10 \times 10^2}{3.06} = 327 > \lambda_p = 100$$

该柱属于大柔度杆，可用欧拉公式计算临界力。

$$F_{cr} = \frac{\pi^2 E I_y}{(\mu l)^2} = \frac{\pi^2 \times 200 \times 10^9 \times 855.178 \times 10^{-8}}{(1 \times 10)^2} = 168.8 \text{kN}$$

(2) 求截面如图 9-10（b）布置时的临界力

$$I_z = 2I_{z1} = 10260.9 \text{cm}^4$$
$$I_y = 2[I_{y0} + A_1(b_1 - z_0)^2]$$
$$= 2[242.144 + 45.62(8.4 - 2.016)^2]$$
$$= 4202.8 \text{cm}^4$$

因为 $I_y < I_z$，所以

$$i_{min} = \sqrt{\frac{I_y}{2A_1}} = \sqrt{\frac{4202.8}{2 \times 45.62}} = 6.79 \text{cm}$$

$$\lambda = \sqrt{\frac{\mu l}{i_{min}}} = \frac{1 \times 10 \times 10^2}{6.79} \approx 147 > \lambda_p = 100$$

故仍可应用欧拉公式求临界力

$$F_{cr} = \frac{\pi^2 E I_y}{(\mu l)^2} = \frac{\pi^2 \times 200 \times 10^9 \times 4202.8 \times 10^{-8}}{(1 \times 10)^2} = 830 \text{kN}$$

由以上计算可知，虽然两种情况的面积没有改变，但后者的临界力比前者约大 4.9 倍。可见布置截面时，应尽量使惯性矩增大。图 9-10（b）布置截面的方法虽比图 9-10（a）的情况为好，但不是最佳方案。最好的布置方案是使 $I_z = I_y$，这样可使压杆在各纵向平面内具有相同的稳定性，从而使得该柱具有最大的临界力。从上述计算可见 I_y 比 I_z 小，应设法让槽钢在 y 轴两侧拉开一个距离 c（图 9-11），以增大 I_y，使其等于 I_z，就能达到使该柱具有最大临界力的目的。不过，对组合截面柱应当加缀板将它们连成整体。

在 $I_z = I_y$ 的条件下，立柱的临界力计算如下：

$$I_z = I_y = 10260.9 \text{cm}^4$$

惯性半径为：

$$i_z = i_y = \sqrt{\frac{I_y}{2A_1}} = \sqrt{\frac{10260.9}{2 \times 45.62}} = 10.6 \text{cm}$$

柔度为：

$$\lambda = \frac{\mu l}{i_y} = \frac{1 \times 10 \times 10^2}{10.6} \approx 94$$

因 $\lambda < \lambda_p = 100$，所以用直线公式计算临界应力

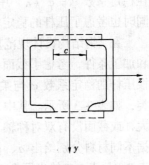

图 9-11

$$\sigma_{cr} = a - b\lambda = 304 - 1.12 \times 94 = 198.7\text{MPa}$$

$$F_{cr} = 2A_1\sigma_{cr} = 2 \times 45.62 \times 10^{-4} \times 198.7 \times 10^6 = 1813\text{kN}$$

可见，在 $I_z = I_y$ 的条件下，临界力又比图 9-10（b）所示布置方法提高了近 2.2 倍。

第四节 压杆的稳定计算

一、压杆的稳定系数

通常杆件的强度问题取决于危险截面上危险点的应力，所以，强度条件是从一点的应力出发的。但压杆稳定问题，既不存在危险截面，也不存在危险点，其危险标志是失稳。要使压杆不失稳，应使作用在压杆上的工作压力 F 小于压杆的临界力 F_{cr}，故压杆的稳定条件为：

$$F \leqslant \frac{F_{cr}}{n_{st}} \quad (a)$$

式中 n_{st} 为压杆的稳定安全系数。它随 λ 而变化，λ 越大，所取安全系数 n_{st} 也越大。稳定安全系数一般都比强度安全系数大，这是因为一些难以避免的因素，如杆件的初弯曲、压力的偏心、材料的不均匀、横截面上残余应力的大小及其变化规律等，都严重影响压杆的稳定性，而这些因素对强度的影响就没有那么严重。

将式（a）两边除以压杆横截面面积 A，即得到用应力形式表示的压杆稳定条件

$$\sigma = \frac{F}{A} \leqslant \frac{F_{cr}}{A \cdot n_{st}} = \frac{\sigma_{cr}}{n_{st}}$$

或

$$\sigma = \frac{F}{A} \leqslant [\sigma]_{st} \quad (b)$$

式中 σ 为压杆内的工作应力；$[\sigma]_{st} = \frac{\sigma_{cr}}{n_{st}}$ 为压杆的稳定许用应力。

由于压杆的临界应力 σ_{cr} 及稳定安全系数 n_{st} 都随压杆的柔度而变，所以压杆的稳定许用应力 $[\sigma]_{st}$ 是柔度 λ 的函数。在工程设计中，通常将压杆的稳定许用应力 $[\sigma]_{st}$ 表示为材料的强度许用应力 $[\sigma]$ 乘以一个随压杆柔度 λ 而改变的稳定系数 $\varphi = \varphi(\lambda)$，即

$$[\sigma]_{st} = \frac{\sigma_{cr}}{n_{st}} = \frac{\sigma_{cr}}{n_{st}[\sigma]} \cdot [\sigma] = \varphi[\sigma] \quad (c)$$

在稳定系数 $\varphi = \varphi(\lambda)$ 中，既反映了压杆的稳定许用应力随压杆柔度改变的这一特点，同时也考虑了压杆的稳定安全系数 n_{st} 随压杆柔度而改变的因素。

在《钢结构设计规范》（GB 50017—2003）中，根据我国常用构件的截面形式、尺寸和加工条件，考虑了截面上存在的残余应力，以及构件具有 $L/1000$ 的初弯曲，计算了 96 根压杆的稳定系数 φ 与柔度 λ 的关系值，然后把承载能力相近的截面归并为 a、b、c 三类，如表 9-3 所示。其中 a 类的残余应力影响较小，稳定性较好；c 类的残余应力影响较大，或截面没有双对称轴，其稳定性较差；b 类为除 a 类和 c 类以外的其他各种截面。根据不同材料分别给出 a、b、c 三类截面在不同柔度 λ 下的 φ 值，以供压杆设计时应用。表 9-4～表 9-6 给出了低碳钢各类截面的稳定系数 φ。

中心受压直杆的截面分类 表 9-3

截面形式和对应轴				类别
(图)	轧制，$b/h \leqslant 0.8$，对 x 轴	(圆形)	轧制，对任意轴	a 类
(图)	轧制，$b/h \leqslant 0.8$，对 y 轴	(图)	轧制，$b/h > 0.8$，对 x、y 轴	
(图)	焊接，翼缘为焰切边，对 x、y 轴	(图)	焊接，翼缘为轧制或剪切边，对 x 轴	
(图)	轧制，对 x、y 轴	(图)	轧制或焊接，对 x 轴	
(图)	轧制（等边角钢），对 x、y 轴	(图)	焊接，对任意轴	b 类
(图)	轧制或焊接，对 y 轴	(图)	轧制，对 x、y 轴	
(图)			焊接，对 x、y 轴	
(图)			格构式，对 x、y 轴	
(图)	焊接，翼缘为轧制或剪切边，对 y 轴	(图)	轧制或焊接，对 y 轴	
(图)	轧制或焊接，对 x 轴	无任何对称轴的截面，对任意轴		c 类
		板件厚度大于 40mm 的焊接实腹截面，对任意轴		

注：当槽形截面用于格构式构件的分肢，计算分肢对垂直于腹板轴的稳定性时，应按 b 类截面考虑。

低碳钢 a 类截面中心受压直杆的稳定系数 φ 表 9-4

λ	0	1.0	2.0	3.0	4.0	5.0	6.0	7.0	8.0	9.0
0	1.000	1.000	1.000	1.000	0.999	0.999	0.998	0.998	0.997	0.966
10	0.995	0.994	0.993	0.992	0.991	0.989	0.988	0.986	0.985	0.983
20	0.981	0.979	0.977	0.976	0.974	0.972	0.970	0.968	0.966	0.964
30	0.963	0.961	0.959	0.957	0.955	0.952	0.950	0.948	0.946	0.944
40	0.941	0.939	0.937	0.934	0.932	0.929	0.927	0.924	0.921	0.919
50	0.916	0.913	0.910	0.907	0.904	0.900	0.897	0.894	0.890	0.886
60	0.883	0.879	0.875	0.871	0.867	0.863	0.858	0.851	0.849	0.844
70	0.834	0.830	0.829	0.824	0.818	0.813	0.807	0.801	0.795	0.789
80	0.788	0.776	0.770	0.763	0.757	0.750	0.743	0.736	0.728	0.721
90	0.714	0.706	0.699	0.691	0.684	0.676	0.668	0.661	0.653	0.645
100	0.638	0.630	0.622	0.615	0.607	0.600	0.592	0.585	0.577	0.570
110	0.563	0.555	0.548	0.541	0.534	0.527	0.520	0.514	0.507	0.500
120	0.494	0.488	0.481	0.475	0.469	0.463	0.457	0.451	0.445	0.440
130	0.434	0.429	0.423	0.418	0.412	0.407	0.402	0.397	0.392	0.387
140	0.383	0.378	0.373	0.369	0.364	0.360	0.356	0.351	0.347	0.343
150	0.339	0.335	0.331	0.327	0.323	0.320	0.316	0.312	0.309	0.305
160	0.302	0.298	0.295	0.292	0.289	0.285	0.282	0.279	0.276	0.273
170	0.270	0.267	0.264	0.262	0.259	0.256	0.253	0.251	0.248	0.246
180	0.243	0.241	0.238	0.236	0.233	0.231	0.229	0.226	0.224	0.222
190	0.220	0.218	0.215	0.213	0.211	0.209	0.207	0.205	0.203	0.201
200	0.199	0.198	0.196	0.194	0.192	0.190	0.189	0.187	0.185	0.183
210	0.182	0.180	0.179	0.177	0.175	0.174	0.172	0.171	0.169	0.168
220	0.166	0.165	0.164	0.162	0.161	0.159	0.158	0.157	0.155	0.154
230	0.153	0.152	0.150	0.149	0.148	0.147	0.146	0.144	0.143	0.142
240	0.141	0.140	0.139	0.138	0.136	0.135		0.133	0.132	0.131
250	0.130									

低碳钢 b 类截面中心受压直杆的稳定系数 φ 表 9-5

λ	0	1.0	2.0	3.0	4.0	5.0	6.0	7.0	8.0	9.0
0	1.000	1.000	1.000	0.999	0.999	0.998	0.997	0.996	0.995	0.994
10	0.992	0.991	0.989	0.987	0.985	0.983	0.981	0.978	0.976	0.973
20	0.970	0.967	0.963	0.960	0.957	0.953	0.950	0.946	0.943	0.939
30	0.936	0.932	0.929	0.925	0.922	0.918	0.914	0.910	0.906	0.903
40	0.899	0.895	0.891	0.887	0.882	0.878	0.874	0.870	0.865	0.861
50	0.856	0.852	0.847	0.842	0.838	0.833	0.828	0.823	0.818	0.813

续表

λ	0	1.0	2.0	3.0	4.0	5.0	6.0	7.0	8.0	9.0
60	0.807	0.802	0.797	0.791	0.786	0.780	0.774	0.769	0.763	0.757
70	0.751	0.745	0.739	0.732	0.726	0.720	0.714	0.707	0.701	0.694
80	0.688	0.681	0.675	0.668	0.661	0.665	0.648	0.641	0.635	0.628
90	0.621	0.614	0.608	0.601	0.594	0.588	0.581	0.575	0.568	0.561
100	0.555	0.549	0.542	0.536	0.529	0.523	0.517	0.511	0.505	0.499
110	0.493	0.487	0.481	0.475	0.470	0.464	0.458	0.453	0.447	0.442
120	0.437	0.432	0.426	0.421	0.416	0.411	0.406	0.402	0.397	0.392
130	0.387	0.383	0.378	0.374	0.370	0.365	0.361	0.357	0.353	0.349
140	0.345	0.341	0.337	0.333	0.329	0.326	0.322	0.318	0.315	0.311
150	0.308	0.304	0.301	0.298	0.295	0.291	0.288	0.285	0.282	0.279
160	0.276	0.273	0.270	0.267	0.265	0.262	0.295	0.256	0.254	0.251
170	0.249	0.246	0.244	0.241	0.239	0.236	0.234	0.232	0.229	0.227
180	0.225	0.223	0.220	0.218	0.216	0.214	0.212	0.210	0.208	0.206
190	0.204	0.202	0.200	0.198	0.197	0.195	0.193	0.191	0.190	0.188
200	0.186	0.184	0.183	0.181	0.180	0.178	0.176	0.175	0.173	0.172
210	0.170	0.169	0.107	0.166	0.165	0.163	0.169	0.160	0.159	0.158
220	0.156	0.155	0.154	0.153	0.151	0.150	0.149	0.148	0.146	0.145
230	0.144	0.143	0.142	0.141	0.140	0.138	0.137	0.136	0.135	0.134
240	0.133	0.132	0.131	0.130	0.129	0.128	0.127	0.126	0.125	0.124
250	0.123									

低碳钢 c 类截面中心受压直杆的稳定系数 φ 表 9-6

λ	0	1.0	2.0	3.0	4.0	5.0	6.0	7.0	8.0	9.0
0	1.000	1.000	1.000	0.999	0.999	0.998	0.997	0.996	0.995	0.993
10	0.992	0.990	0.988	0.986	0.983	0.981	0.978	0.976	0.973	0.970
20	0.966	0.959	0.953	0.947	0.940	0.934	0.928	0.921	0.915	0.909
30	0.902	0.896	0.890	0.884	0.877	0.871	0.865	0.858	0.852	0.846
40	0.839	0.833	0.826	0.820	0.814	0.807	0.801	0.794	0.788	0.781
50	0.775	0.768	0.762	0.755	0.748	0.742	0.735	0.729	0.722	0.715
60	0.709	0.702	0.695	0.689	0.682	0.676	0.669	0.662	0.656	0.649
70	0.643	0.636	0.629	0.623	0.616	0.610	0.604	0.579	0.591	0.584
80	0.578	0.572	0.566	0.559	0.553	0.547	0.541	0.535	0.529	0.523
90	0.517	0.511	0.505	0.500	0.494	0.488	0.483	0.477	0.472	0.467
100	0.463	0.458	0.454	0.449	0.445	0.441	0.439	0.436	0.428	0.428

续表

λ	0	1.0	2.0	3.0	4.0	5.0	6.0	7.0	8.0	9.0
110	0.419	0.415	0.411	0.407	0.403	0.399	0.395	0.391	0.387	0.383
120	0.379	0.375	0.371	0.367	0.364	0.360	0.356	0.353	0.349	0.346
130	0.342	0.339	0.335	0.332	0.328	0.325	0.322	0.319	0.315	0.312
140	0.309	0.306	0.303	0.300	0.297	0.294	0.291	0.288	0.285	0.282
150	0.280	0.277	0.274	0.271	0.269	0.266	0.264	0.261	0.258	0.256
160	0.254	0.251	0.249	0.246	0.244	0.242	0.239	0.237	0.235	0.233
170	0.230	0.228	0.226	0.224	0.222	0.220	0.218	0.216	0.214	0.212
180	0.210	0.208	0.206	0.205	0.203	0.201	0.199	0.197	0.196	0.194
190	0.192	0.190	0.189	0.187	0.186	0.184	0.182	0.181	0.179	0.178
200	0.176	0.175	0.173	0.172	0.170	0.169	0.168	0.166	0.165	0.163
210	0.162	0.161	0.159	0.158	0.157	0.156	0.154	0.153	0.152	0.151
220	0.150	0.148	0.147	0.146	0.145	0.144	0.143	0.142	0.140	0.139
230	0.138	0.137	0.136	0.135	0.134	0.133	0.132	0.131	0.130	0.129
240	0.128	0.127	0.126	0.125	0.124	0.124	0.123	0.122	0.121	0.120
250	0.119									

对于木制压杆的稳定系数 φ 值，在《木结构设计规范》(GB 50005—2003) 中，按照树种的强度等级分别给出了两组计算公式为：

树种强度等级为 TC17、TC15 及 TB20 时，

$$\lambda \leqslant 75 \qquad \varphi = \frac{1}{1 + \left(\frac{\lambda}{80}\right)^2} \qquad (9\text{-}12)$$

$$\lambda > 75 \qquad \varphi = \frac{3000}{\lambda^2} \qquad (9\text{-}13)$$

树种强度等级为 TC13、TC11、TB17、TB15、TB13 及 TB11 时，

$$\lambda \leqslant 91 \qquad \varphi = \frac{1}{1 + \left(\frac{\lambda}{65}\right)^2} \qquad (9\text{-}14)$$

$$\lambda > 91 \qquad \varphi = \frac{2800}{\lambda^2} \qquad (9\text{-}15)$$

在公式 (9-12) ~式 (9-15) 中，λ 为压杆的柔度。关于树种的强度等级，TC17 有柏木、东北落叶松等；TC15 有红杉、云杉等；TC13 有红松、马尾松等；TC11 有西北云杉、冷杉等；TB20 有栎木、桐木等；TB17 有水曲柳等；TB15 有栲木、桦木等。代号后的数字为树种的抗弯强度（MPa）。

二、压杆的稳定条件

引用稳定系数 φ 后，用应力形式表示的压杆稳定条件式 (b) 可写为：

或
$$\left.\begin{array}{c}\sigma = \dfrac{F}{A} \leqslant \varphi[\sigma] \\ \dfrac{F}{\varphi A} \leqslant [\sigma]\end{array}\right\} \quad (9\text{-}16)$$

式中，F 为压杆承受的轴向压力；φ 为压杆的稳定系数；A 为压杆的横截面面积，当压杆由于钉孔或其他原因而使横截面有局部削弱时，因为压杆的临界力是由整根杆的失稳来确定的，所以在稳定计算中不必考虑局部截面削弱的影响，而以毛面积进行计算。但在局部被削弱的截面处，应按净面积进行强度校核；$[\sigma]$ 为压杆材料的许用压应力。对木材，$[\sigma]$ 应为顺纹抗压许用应力。

三、压杆的稳定计算

与强度计算类似，可以用稳定条件式（9-16）对压杆进行三类问题的计算：

（一）稳定校核

若已知压杆的长度、支承情况、材料、截面及荷载，则可校核该压杆的稳定性。即
$$\sigma = \frac{F}{A} \leqslant \varphi[\sigma]$$

（二）确定许用荷载

若已知压杆的长度、支承情况、材料及截面，则可按稳定条件来确定压杆所能承受的最大荷载值，即
$$[F] = A\varphi[\sigma]$$

（三）选择截面

将稳定条件式（9-16）改写为：
$$A \geqslant \frac{F}{\varphi[\sigma]}$$

在设计截面时，由于 φ 和 A 都是未知量，并且它们又是两个相依的未知量，所以常采用试算法来进行计算。步骤如下：

(1) 先假设一个 φ_1 值（一般取 $\varphi_1 = 0.5 \sim 0.6$），由此可初步定出截面尺寸 A_1；

(2) 按初选的截面 A_1 计算柔度 λ_1，查出相应的 φ'_1，比较 φ_1 与 φ'_1，若两者接近，可对所选截面进行稳定校核；

(3) 若 φ_1 与 φ'_1 相差较大，可再设 $\varphi_2 = \dfrac{\varphi_1 + \varphi'_1}{2}$，重复（1）、（2）步骤试算，直至求得 φ' 与所设的 φ 接近为止。

【例 9-5】 如图 9-12（a）所示简易吊车的摇臂。两端铰接的 AB 杆是用一根强度等级为 TC13 的松木圆杆制成，已知 $d = 150\text{mm}$，$F = 20\text{kN}$，$[\sigma] = 10\text{MPa}$。试校核 AB 杆的稳定性。

【解】 1. 计算 AB 杆所受轴向压力

作 CD 杆的受力图，如 9-12（b）所示，由平衡方程
$$\Sigma M_c = 0, \quad 1.5F_N\sin30° = 2F$$

可得
$$F_N = \frac{2 \times 20}{1.5\sin30°} = 53.3\text{kN}$$

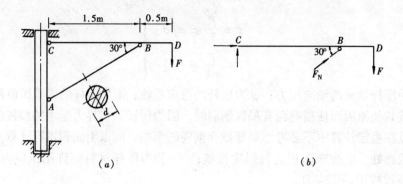

图 9-12

2. 计算 AB 杆的柔度

AB 圆截面杆的惯性半径为：

$$i = \sqrt{\frac{I}{A}} = \sqrt{\frac{\frac{\pi d^4}{64}}{\frac{\pi d^2}{4}}} = \frac{d}{4}$$

因为 AB 杆两端铰支，$\mu = 1$，所以可得压杆的柔度为：

$$\lambda = \frac{\mu l_{AB}}{i} = \frac{4\mu l_{AB}}{d} = \frac{4 \times 1 \times \frac{1500}{\cos 30°}}{150} = 46.2$$

3. 稳定校核

根据 $\lambda = 46.2$，按公式（9-14），求得稳定系数为：

$$\varphi = \frac{1}{1 + \left(\frac{\lambda}{65}\right)^2} = \frac{1}{1 + \left(\frac{46.2}{65}\right)^2} = 0.664$$

AB 杆的稳定许用应力为：

$$[\sigma]_{st} = \varphi[\sigma] = 0.664 \times 10 = 6.64 \text{MPa}$$

AB 杆的工作应力为：

$$\sigma = \frac{F_N}{A} = \frac{4F_N}{\pi d^2} = \frac{4 \times 53.3 \times 10^3}{\pi \times (150 \times 10^{-3})^2} = 3 \text{MPa} < [\sigma]_{st}$$

所以 AB 杆满足稳定性要求。

【例 9-6】 如图 9-13 所示钢柱由两根№10 槽钢制成，柱长 $l = 10$m，两端固定。压杆材料为低碳钢，符合《钢结构设计规范》（GB 50017—2003）中的实腹式 b 类截面中心受压杆的要求。材料的强度许用应力 $[\sigma] = 140$MPa，试求钢柱能承受的轴向压力 $[F]$。

【解】 由型钢表查得

$$A = 2 \times 12.74 \text{cm}^2$$
$$I_z = 2 \times 198.3 \text{cm}^4$$
$$i_z = 3.95 \text{cm}$$
$$I_y = 2[25.6 + 12.74 \times (2.5 + 1.52)^2] = 463 \text{cm}^4$$

由于 $I_z < I_y$，两端固定时，$\mu = 0.5$，所以

$$\lambda = \frac{\mu l}{i_z} = \frac{0.5 \times 1000}{3.95} = 126.6$$

由表 9-5，并用内插法求得：

$$\varphi = 0.402 + \frac{0.402 - 0.406}{127 - 126}(126.6 - 126) = 0.4036$$

$$[F] = \varphi A[\sigma] = 0.4036 \times 2 \times 12.74 \times 10^{-4} \times 140 \times 10^6$$

$$= 144 \times 10^3 N = 144 \text{kN}$$

【例 9-7】 如图 9-14 所示立柱，一端固定，另一端自由，顶面受轴向压力 $F = 320$kN 作用。立柱由低碳钢制成的工字钢，符合《钢结构设计规范》(GB 50017—2003) 中的实腹式 b 类截面中心受压杆的要求。在横截面 C 处，钻有直径 $d = 80$mm 的圆孔。柱长 $l = 1.5$m，许用压应力 $[\sigma] = 160$MPa。试选择工字钢型号。

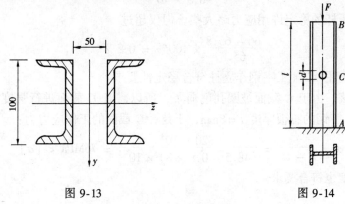

图 9-13　　　　图 9-14

【解】 用试算法选择工字钢号码：
(1) 第一次试算　设 $\varphi_1 = 0.5$，由式 (9-16) 得

$$A_1 \geq \frac{F}{\varphi_1[\sigma]} = \frac{320 \times 10^3}{0.5 \times 160 \times 10^6} = 4 \times 10^{-3} = 40\text{cm}^2$$

从型钢表中查得 №22a 工字钢，其横截面面积 $A = 42\text{cm}^2$，最小惯性半径 $i_{\min} = 2.31$cm。如果选用 №22a 工字钢时，压杆的柔度为：

$$\lambda = \frac{\mu l}{i_{\min}} = \frac{2 \times 150}{2.31} = 130$$

由表 9-5 查得 $\varphi'_1 = 0.387$，此值与假设的 φ_1 相差较大，故需作进一步试算。

(2) 第二次试算　设 $\varphi_2 = \frac{\varphi_1 + \varphi'_1}{2} = \frac{0.5 + 0.387}{2} \approx 0.444$，由此可得

$$A_2 \geq \frac{F}{\varphi_2[\sigma]} = \frac{320 \times 10^3}{0.44 \times 160 \times 10^6}$$

$$= 4.5 \times 10^{-3} \text{m}^2 = 45\text{cm}^2$$

从型钢表中查得 №22b 工字钢，它的 $A = 46.4\text{cm}^2$，$i_{\min} = 2.27$cm，所以

$$\lambda = \frac{2 \times 150}{2.27} \approx 132$$

由表 9-5 查得 $\varphi'_2 = 0.378$，此值与 φ_2 仍有差距，需作第三次试算。

(3) 第三次试算 设 $\varphi_3 = \dfrac{\varphi_2 + \varphi'_2}{2} = \dfrac{0.444 + 0.378}{2} = 0.411$,由此得:

$$A_3 \geq \frac{F}{\varphi_3[\sigma]} = \frac{320 \times 10^3}{0.411 \times 160 \times 10^6} = 4.87 \times 10^{-3} \text{m}^2 = 48.7 \text{cm}^2$$

由型钢表中查得№25a工字钢的 $A = 48.5 \text{cm}^2$,$i_{\min} = 2.4 \text{cm}$,所以

$$\lambda = \frac{2 \times 150}{2.4} = 125$$

由表9-5查得 $\varphi'_3 = 0.411$,因 φ_3 与 φ'_3 相同,故可对№25a工字钢进行稳定校核。

(4) 稳定校核 此时,稳定许用应力为:

$$[\sigma]_{\text{st}} = \varphi[\sigma] = 0.411 \times 160 = 65.8 \text{MPa}$$

而立柱的工作应力为:

$$\sigma = \frac{F}{A} = \frac{320 \times 10^3}{48.5 \times 10^{-4}} = 66 \text{MPa}$$

虽然工作应力比压杆的稳定许用应力略大些,但仅超过

$$\frac{66 - 65.8}{65.8} \times 100\% = 0.3\%$$

这是允许的。故选用№25a工字钢作立柱符合稳定性要求。

(5) 强度校核 由于 C 截面被圆孔削弱了,所以需对 C 截面进行强度校核。从型钢表中查得№25a工字钢的腹板厚度 $t = 8 \text{mm}$,于是,C 截面的工作应力为:

$$\sigma = \frac{F}{A - ta} = \frac{320 \times 10^3}{(48.5 - 0.8 \times 8) \times 10^{-4}} = 76 \text{MPa} < [\sigma]$$

可见,立柱的强度也符合要求。

第五节 提高压杆稳定性的措施

提高压杆的稳定性,就是要提高压杆的临界力或临界应力。由欧拉公式(9-5)可以看出,压杆的临界力与压杆的截面形状、压杆的长度、杆端支承和压杆的材料有关。因此,要提高临界力可从下列几个方面采取措施。

一、选择合理的截面形状

从欧拉公式(9-5)可以看出,在其他条件相同的情况下,截面的惯性矩 I 越大,则临界力 F_{cr} 也越大。为此,应尽量使材料远离截面的中性轴。例如,空心的环形截面就比实心的圆截面合理(图9-15),因为若两者截面面积相同,环形的 I 和 i 都比实心圆截面的大得多。

如果当压杆在各个弯曲平面内的支承条件相同时,压杆的稳定性是由 $I_{\min}$ 方向的临界力控制的。因此,应尽量使截面对任一形心主轴的惯性矩相同,即 $I_z = I_y = I_u$,这样可使压杆在各个弯曲平面内具有相同的稳定性。例如由两根槽钢组合而成的压杆,采用图9-16(b)的形式比图9-16(a)的形式要好。

图 9-15

如果当压杆在两个互相垂直平面内的支承条件

不同时，可采取 $I_z \neq I_y$ 的截面来与相应的支承条件配合，使压杆在两个互相垂直平面内的柔度值相等，即 $\lambda_z = \lambda_y$，这样就保证压杆在这两个方向上具有相同的稳定性。

二、减小压杆的长度

减小压杆长度可以降低压杆柔度，这是提高压杆稳定性的有效措施。因此，在条件允许的情况下，应尽量使压杆的长度减小，或者在压杆中间增加支撑。

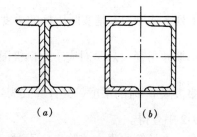

图 9-16

三、改善杆端支承条件

从表 9-1 中可以看到，压杆端部固结越牢固，长度系数 μ 值越小，则压杆的柔度 λ 越小，这说明压杆的稳定性越好。因此，在条件允许的情况下，应尽可能加强杆端约束。

四、合理选择材料

对于大柔度杆，临界应力与材料的弹性模量 E 有关，由于各种钢材的弹性模量 E 值相差不大。所以，对大柔度杆来说，选用优质钢材对提高临界应力是没有意义的。对于中柔度杆，其临界应力与材料强度有关，强度越高的材料，临界应力也越高。所以，对中柔度杆而言，选用优质钢材将有助于提高压杆的稳定性。至于小柔度杆，本来就是按强度计算，选用优质钢材当然可以提高承载能力。

本 章 小 结

1. 基本概念

稳定——压杆保持其原有直线形状稳定平衡的现象。

失稳——压杆丧失其原有直线形状稳定平衡的现象。

临界力 F_{cr}——压杆失稳时的最小压力。

临界应力 σ_{cr}——压杆处于临界状态时横截面上的平均应力。

长度系数 μ——反映杆端约束对临界力的影响。

柔度 λ——反映压杆长度、支承情况、截面尺寸和形状对临界应力的影响。

稳定系数 φ——反映压杆的稳定许用应力 $[\sigma]_{st}$ 随压杆的柔度而改变。

2. 压杆的临界力和临界应力的计算公式

根据柔度的不同，可将压杆分为三类，其相应的临界应力和临界力的计算公式为：

(1) 大柔度杆（$\lambda \geq \lambda_p$）

这一类压杆将发生弹性稳定问题，用欧拉公式

$$\sigma_{cr} = \frac{\pi^2 E}{\lambda^2}, \quad F_{cr} = A\sigma_{cr} = \frac{\pi^2 EI}{(\mu l)^2}$$

(2) 中柔度杆（$\lambda_s \leq \lambda \leq \lambda_p$）

这一类压杆将发生超过比例极限的稳定问题。用直线公式

$$\sigma_{cr} = a - b\lambda, \quad F_{cr} = A\sigma_{cr}$$

(3) 小柔度杆（$\lambda < \lambda_s$）

这一类压杆主要是强度问题。所以有

$$\sigma_{cr} = \sigma_s (\text{或 } \sigma_b), \quad F_{cr} = A\sigma_{cr}$$

上列各式中：λ 是实际压杆的柔度，其计算式为 $\lambda = \dfrac{\mu l}{i}$，式中 $i = \sqrt{\dfrac{I}{A}}$ 为压杆横截面的最小惯性半径；λ_P 是对应于比例极限 σ_p 时的柔度，其计算式为 $\lambda_P = \pi\sqrt{\dfrac{E}{\sigma_p}}$；$\lambda_s$ 是对应于屈服极限 σ_s 时的柔度，其计算式为 $\lambda_s = \dfrac{a - \sigma_s}{b}$，式中 a、b 均为与材料有关的系数，可从表 9-2 中查得。

在计算临界力或临界应力时，必须首先计算压杆的柔度 λ，然后判定是属于哪一类压杆，再选用相应的临界应力公式进行计算。

3．压杆的稳定计算

（1）稳定条件

$$\sigma = \frac{F}{A} \leqslant \varphi[\sigma]$$

式中 φ 为压杆的稳定系数。

（2）稳定计算

利用稳定条件可以对压杆进行下列三类问题的计算：

稳定校核；确定许用荷载；选择截面（试算法）。

思 考 题

9-1 压杆失稳后产生弯曲变形，梁受横力作用也产生弯曲变形，两者在性质上有什么区别？

9-2 如图 9-17 所示各种截面形状的中心受压直杆两端为球铰支承，试在横截面上绘出压杆失稳时，横截面绕其转动的轴。

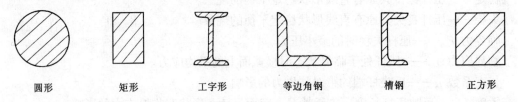

图 9-17　思考题 9-2 图

9-3 如图 9-18 所示矩形截面杆，两端受轴向压力 F 作用。设杆端约束条件是：在 xy 平面内两端视为铰支；在 xz 平面内两端视为固定。试问该压杆的 b 与 h 的比值等于多少时，才是合理的？

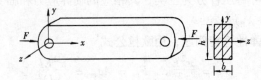

图 9-18　思考题 9-3 图

9-4 有一圆截面细长压杆，试问：(1) 杆长 l 增加一倍；(2) 直径 d 增加一倍，临界力各有何变化？

9-5 对于两端铰支，由 Q235 钢制成的圆截面杆，问杆长 l 应比直径 d 大多少倍时，才能应用欧拉公式？

9-6 如图 9-19 所示一端固定、一端自由的压杆，其横截面是直径为 d 的圆形，在跨度中间具有直

径为 δ 的径向小圆孔。由于截面 1-1 的最小形心主轴为 y，且 $I_y = \frac{\pi d^4}{64} - \frac{\delta d^3}{12}$。试问压杆是否一定绕 y 轴失稳，为什么？

9-7 选择压杆的合理截面形状，有怎样的原则？为什么梁通常采用 $\frac{h}{b} = 2 \sim 3$ 的矩形截面，而压杆则往往采用 $\frac{h}{b} = 1$ 的正方形截面？

9-8 填空

1. 试分别写出欧拉临界力的普遍公式：$F_{cr} =$ ＿＿＿＿＿＿，临界应力公式 $\sigma_{cr} =$ ＿＿＿＿＿＿，柔度 $\lambda =$ ＿＿＿＿＿＿，截面的惯性半径 $i =$ ＿＿＿＿＿＿，压杆的稳定条件＿＿＿＿＿＿，稳定系数 φ 根据＿＿＿＿＿＿查得。

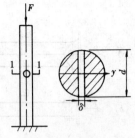

图 9-19 思考题 9-6 图

2. 试分别写出下列 4 种压杆的长度系数：两端铰支 $\mu =$ ＿＿＿＿＿＿；一端固定、一端自由 $\mu =$ ＿＿＿＿＿＿；两端固定 $\mu =$ ＿＿＿＿＿＿；一端固定、一端铰支 $\mu =$ ＿＿＿＿＿＿。

3. 根据柔度的大小，可将压杆分为＿＿＿＿＿＿、＿＿＿＿＿＿、＿＿＿＿＿＿三类；与该三类压杆对应的柔度范围为：＿＿＿＿＿＿、＿＿＿＿＿＿、＿＿＿＿＿＿，相对应的临界应力 σ_{cr} 计算公式为：＿＿＿＿＿＿、＿＿＿＿＿＿、＿＿＿＿＿＿，该三类压杆分别属于＿＿＿＿＿＿、＿＿＿＿＿＿、＿＿＿＿＿＿破坏。

习 题

9-1 如图 9-20 所示 4 根压杆的材料及截面均相同，试判断哪一根杆最容易失稳？哪一根杆最不容易失稳？

9-2 两端铰支的三根圆截面压杆，直径均为 $d = 160\text{mm}$，材料均为 Q235 钢，$E = 200\text{GPa}$，$\sigma_s = 240\text{MPa}$，长度分别为 l_1、l_2、l_3，且 $l_1 = 2l_2 = 4l_3 = 5\text{m}$，试求各杆的临界力。

9-3 如图 9-21 所示压杆，材料为 Q235 钢，横截面有 4 种形式，但其面积均为 $3.2 \times 10^3 \text{mm}^2$。试计算它们的临界力，并进行比较。已知弹性模量 $E = 200\text{GPa}$，屈服极限 $\sigma_s = 235\text{MPa}$。

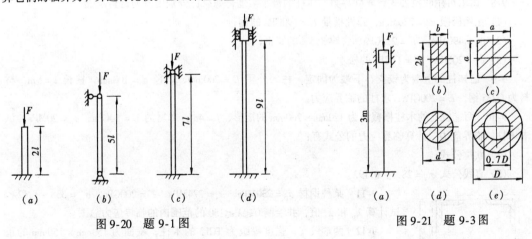

图 9-20 题 9-1 图　　　　　　图 9-21 题 9-3 图

9-4 如图 9-22 所示压杆的横截面为矩形，$h = 60\text{mm}$，$b = 40\text{mm}$，杆长 $l = 2.4\text{m}$，材料为 Q235 钢，$E = 200\text{GPa}$。杆端约束示意图为：在正视图 9-22（a）的平面内，两端为铰支；在俯视图 9-22（b）的平面内，两端为固定。试求此杆的临界力。

9-5 试确定图 9-23 所示结构中压杆 BD 失稳时的临界荷载 F_{cr} 的值。已知：$\sigma_P = 200\text{MPa}$，$E = 2 \times 10^5 \text{MPa}$。

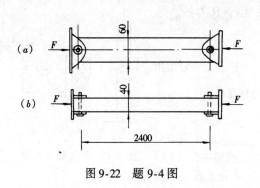

图 9-22 题 9-4 图

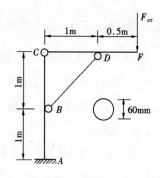

图 9-23 题 9-5 图

9-6 如图 9-24 所示结构 ABCD 由三根直径均为 d 的圆截面钢杆组成，在 B 点铰支，而在 A 点和 C 点固定，D 为铰结结点，$\frac{l}{d} = 10\pi$。若此结构由于杆件在 ABCD 平面内弹性失稳而丧失承载能力，试确定作用于节点 D 处的荷载 F 的临界值。

9-7 托架如图 9-25 所示。AB 杆的直径 $d = 40\text{mm}$，长度 $l = 800\text{mm}$，两端铰支，材料为 Q235 钢，$E = 206\text{GPa}$。试根据 AB 杆的失稳来求托架的允许荷载 F。

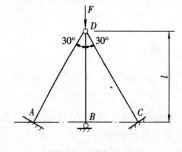

图 9-24 题 9-6 图

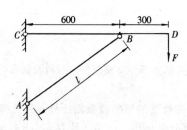

图 9-25 题 9-7 图

9-8 试求可用欧拉公式计算临界力的压杆的最小柔度，如果杆分别由下列材料制成：

(1) 比例极限 $\sigma_p = 220\text{MPa}$，弹性模量 $E = 190\text{GPa}$ 的钢；

(2) $\sigma_p = 490\text{MPa}$，$E = 215\text{GPa}$，含镍 3.5% 的镍钢；

(3) $\sigma_p = 20\text{MPa}$，$E = 11\text{GPa}$ 的松木。

9-9 已知柱的上端为铰支，下端为固定，柱的外径 $D = 200\text{mm}$，内径 $d = 100\text{mm}$，柱长 $l = 9\text{m}$，材料为 Q235 钢，$E = 200\text{GPa}$，求柱的临界应力。

9-10 两端铰支的木柱横截面为 $120\text{mm} \times 200\text{mm}$ 的矩形，$l = 4\text{m}$，木材的 $E = 10\text{GPa}$，$\sigma_p = 20\text{MPa}$。试求木柱的临界应力。计算临界应力的公式有：

(1) 欧拉公式；

(2) 直线公式 $\sigma_{cr} = 28.7 - 0.19\lambda$。

9-11 某种钢材 $\sigma_p = 230\text{MPa}$，$\sigma_s = 274\text{MPa}$，$E = 200\text{GPa}$，$\sigma_{cr} = 338 - 1.12\lambda$。试计算 λ_p 和 λ_s 值，并绘制 $0 \leq \lambda \leq 150$ 的范围内的临界应力总图。

9-12 两端铰支，强度等级为 TC13 的木柱，截面为 $150\text{mm} \times 150\text{mm}$ 的正方形，长度 $l = 3.5\text{m}$，许用应力 $[\sigma] = 10\text{MPa}$。求木柱的最大安全荷载。

9-13 图 9-26 所示一支柱横截面，由四根 $80\text{mm} \times 80\text{mm} \times 6\text{mm}$ 的角钢组成，并符合《钢结构设计规范》(GB 50017—2003) 中实腹式 b 类截面中心受压杆的要求。支柱的两端为铰支，柱长 $l = 6\text{m}$，压力为 450kN。若材料为低碳钢，许用应力 $[\sigma] = 170\text{MPa}$，试求支柱横截面边长 a 的尺寸。

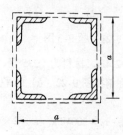

图 9-26 题 9-13 图

9-14 如图 9-27 所示，某桁架的受压弦杆长 4m，由缀板焊成一体并符合钢结构设计规范中实腹式 b 类截面中心受压杆的要求，横截面是由 2L125 × 125 × 10 的两根等边角钢组成，材料为低碳钢，$[\sigma]$ = 170MPa。杆两端铰支，试求此杆所能承受的最大安全压力。

9-15 如图 9-28 所示为三角形木屋架，$F = 9.7$kN。斜腹杆 CD 按构造要求最小截面尺寸为 100mm × 100mm，材料为松木，强度等级为 TC13，其顺纹抗压许用应力 $[\sigma] = 10$MPa。若按两端铰支考虑，试校核该压杆的稳定性。

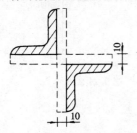

图 9-27 题 9-14 图

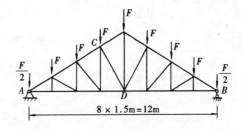

图 9-28 题 9-15 图

9-16 如图 9-29 所示结构材料为低碳钢，已知 $F = 25$kN，$\alpha = 30°$，$a = 1.25$m，$l = 0.55$m，$d = 20$mm，$[\sigma] = 160$MPa，若 CD 杆符合《钢结构设计规范》(GB 50017—2003) 中 a 类截面中心受压杆的要求。试问此结构是否安全？

9-17 如图 9-30 所示结构，由低碳钢制成的 a 类截面中心受压钢杆，A 端为固定，B、C 端为铰支。AB 杆为圆形截面，直径 $d = 80$mm，BC 杆为正方形截面，边长 $a = 70$mm。许用应力 $[\sigma] = 160$MPa，$l = 3$m，试求结构的许可荷载 $[F]$。

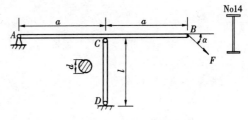

图 9-29 题 9-16 图

9-18 如图 9-31 所示一简单托架，其撑杆 AB 为圆截面木杆，强度等级为 TC15。已知 $q = 50$kN/m，$[\sigma] = 11$MPa，AB 两端为柱形铰，试求撑杆所需的直径 d。

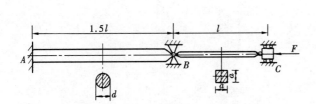

图 9-30 题 9-17 图

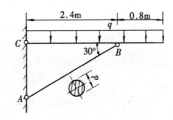

图 9-31 题 9-18 图

9-19 由低碳钢制成的 a 类截面中心受压圆截面钢杆，长度 $l = 800$mm，其下端固定，上端自由，承受轴向压力 100kN。已知材料的许用应力 $[\sigma] = 170$MPa，试求杆的直径 d。

9-20 如图 9-32 所示结构中，AB 梁由 16 号工字钢制成，CD 杆由 2L63 × 63 × 5 两根等边角钢组成，CD 杆符合《钢结构设计规范》(GB 50017—2003) 中实腹式 b 类截面中心受压杆的要求。已知 $q = 48$kN/m，梁及柱的材料均为低碳钢，$[\sigma] = 170$MPa，$E = 210$GPa，试问梁和立柱是否安全？

9-21 如图 9-33 所示结构中，AB 为刚性梁，在 A 端铰支，在 B 点和 C 点分别与直径 $d = 40$mm 的钢圆杆铰接。已知 $q = 35$kN/m，圆杆材料为低碳钢，$[\sigma] = 170$MPa。若 CE 杆符合《钢结构设计规范》(GB 50017—2003) 中 a 类截面中心受压杆的要求，试问此结构是否安全？

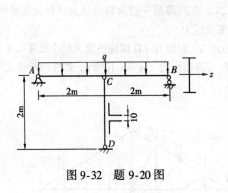
图 9-32　题 9-20 图

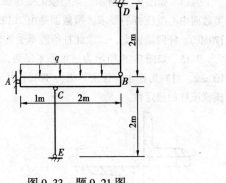
图 9-33　题 9-21 图

第十章 动荷载及交变应力

前面各章研究了构件在静荷载作用下,强度、刚度和稳定性的问题。静荷载是指从零开始缓慢地增加到最终值,然后不再变化的荷载。在静荷载作用下,构件内各点的加速度很小,可以忽略不计。反之,若在荷载的作用下使构件产生显著的加速度,因而必须考虑惯性力影响时,这样的荷载称为动荷载。构件在动荷载的作用下,所引起的应力和变形分别称为动应力和动变形。

在工程中,构件受动荷载作用的例子很多。例如,加速将构件吊起或降落时,构件对吊索的作用;落锤打桩时锤对桩的冲击荷载;建筑物所受的地震力等等。

本章讨论一些最简单的动荷载问题。实验表明,在静荷载作用下服从胡克定律的材料,只要动应力不超过比例极限,在动荷载作用下胡克定律仍然适用,且弹性模量也与静荷载的数值相同。因此,在本章讨论中,胡克定律将被直接用于动应力计算。

第一节 构件在等加速直线运动时的应力和变形

现以图 10-1(a) 所示的一根被等加速起吊的构件为例,说明构件作等加速直线运动时的动应力计算方法。设构件长度为 l,横截面面积为 A,材料容重为 γ,吊索的起吊力为 F,起吊时的加速度为 a,方向向上。现研究构件中任意横截面 m-m 上的正应力。

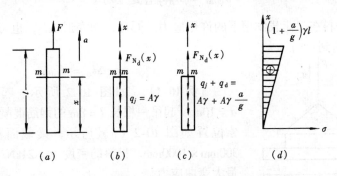

图 10-1

以距下端为 x 的横截面 m-m 将构件分成两部分,并取截面以下部分为研究对象,如图 10-1(b) 所示。作用于这一部分构件上的重力沿轴线均匀分布,其集度 $q_j = A\gamma$,作用于横截面 m-m 上的动轴力为 $F_{N_d}(x)$。按照动静法,对这一部分作等加速直线运动的构件,如再假想地加上与加速度 a 方向相反的惯性力,就可把动力学问题在形式上转化为静力学问题来处理,如图 10-1(c) 所示。惯性力也沿构件轴线均匀分布,集度是 $q_d = \dfrac{A\gamma}{g}a$。这部分构件在重力、动轴力和惯性力共同作用下处于假想的平衡状态。由平衡条件

由 $\Sigma x = 0$，得

$$F_{N_d}(x) - (q_j + q_d)x = 0$$

$$F_{N_d}(x) = (q_j + q_d)x = A\gamma x\left(1 + \frac{a}{g}\right) = F_{N_j}(x)\left(1 + \frac{a}{g}\right) \quad (a)$$

杆件在轴向拉伸时，横截面上的正应力是均匀分布的，故得动应力 σ_d 的计算公式为：

$$\sigma_d(x) = \frac{F_{N_d}(x)}{A} = \gamma x\left(1 + \frac{a}{g}\right) = \sigma_j(x)\left(1 + \frac{a}{g}\right) \quad (b)$$

式（a）和式（b）中的 $F_{N_j}(x) = A\gamma x$，$\sigma_j(x) = \gamma x$，分别代表当加速度 $a = 0$ 时，构件 m-m 截面上的静轴力和静应力。

引入记号

$$K_d = 1 + \frac{a}{g} \quad (10\text{-}1)$$

K_d 称为动荷系数，于是（a）、（b）两式可改写为

$$F_{N_d}(x) = K_d F_{N_j}(x) \quad (c)$$

$$\sigma_d(x) = K_d \sigma_j(x) \quad (d)$$

上述二式表明动内力和动应力分别等于静荷载作用下的内力和应力乘以动荷系数。

由式（d）表示的动应力 $\sigma_d(x)$ 沿轴线按线性分布，如图 10-1（d）所示。当 $x = l$ 时得最大动应力为：

$$\sigma_{d\max} = \gamma l\left(1 + \frac{a}{g}\right) = K_d \sigma_{j\max} \quad (10\text{-}2)$$

式中 $\sigma_{j\max}$ 为最大静应力。强度条件为：

$$\sigma_{d\max} = K_d \sigma_{j\max} \leq [\sigma] \quad (10\text{-}3)$$

式中，$[\sigma]$ 是材料在静荷载作用下的许用应力。同理，动变形 Δl_d，也可由静变形 Δl_j 乘以动荷系数 K_d 得到：

$$\Delta l_d = K_d \Delta l_j \quad (10\text{-}4)$$

【例 10-1】 如图 10-2 所示，起重机以加速度 $a = 10\text{m/s}^2$ 起吊一根长 $l = 8\text{m}$ 的钢筋混凝土梁，尺寸和吊索位置如图 10-2（a）所示，梁截面尺寸为 $b \times h = 300\text{mm} \times 1000\text{mm}$，材料的密度 $\gamma = 24\text{kN/m}^3$，试求梁内的最大弯曲应力。

【解】 梁在单位长度内的自重为：

$$q_j = \gamma bh = 24 \times 0.3 \times 1 = 7.2\text{kN/m}$$

q_j 即为静荷载集度，沿梁长均匀分布。梁向上，作等加速直线运动，只要再加入惯性力，就可按静力平衡问题处理。惯性力也沿梁长均匀分布，其集度 $q_d = \frac{\gamma bh}{g}a$，加入惯性力后，梁的均布荷载集度为：

$$q = q_j + q_d = \gamma bh\left(1 + \frac{a}{g}\right) = K_d q_j$$

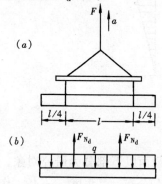

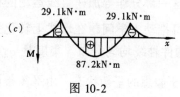

图 10-2

式中动荷系数

$$K_d = 1 + \frac{a}{g} = 1 + \frac{10}{9.8} = 2.02$$

所以

$$q = K_d q_j = 2.02 \times 7.2 = 14.55 \text{kN/m}$$

画出钢筋混凝土梁的弯矩图,如图 10-2(c)所示。最大动弯矩发生在跨中,其值为:

$$M_{d\max} = F_{N_d} \times \frac{1}{2} - q \times \frac{3}{4}l \times \frac{3}{8}l$$

$$= \frac{3}{4}ql \times \frac{l}{2} - \frac{ql^2}{32} = \frac{ql^2}{32} = 87.3 \text{kN} \cdot \text{m}$$

梁内最大弯曲正应力

$$\sigma_{\max} = \frac{M_{d\max}}{W_z} = \frac{87.3 \times 10^3}{\frac{0.3 \times 1^2}{6}} = 1.75 \times 10^6 \text{N/m}^2 = 1.75 \text{MPa}$$

该题的另一种解法,可先求出动荷系数为:

$$K_d = 1 + \frac{a}{g} = 1 + \frac{10}{9.8} = 2.02$$

梁在自重均布荷载 q_j 作用下的最大弯矩为:

$$M_{\max} = \frac{3}{32}q_j l^2 = \frac{3}{32} \times 7.2 \times 8^2 = 43.2 \text{kN} \cdot \text{m}$$

最大静应力为:

$$\sigma_{j\max} = \frac{M_{\max}}{W_z} = \frac{43.2 \times 10^3}{\frac{0.3 \times 1^2}{6}} = 0.86 \times 10^6 \text{N/m}^2 = 0.86 \text{MPa}$$

梁内最大动应力为:

$$\sigma_{d\max} = K_d \sigma_{j\max} = 2.02 \times 0.86 = 1.75 \text{MPa}$$

第二节 构件作匀速转动时的应力

机械中的飞轮、皮带轮等当其作匀速转动时,如不计轮辐的质量,可近似地把轮缘看作绕轴转动的圆环。

设圆环绕通过圆心且垂直于纸面的轴以匀角速度 w 转动,如图 10-3(a)所示。若圆环厚度 t 远小于平均直径 D,便可近似认为环内各点的向心加速度大小相等,且 $a_n = \frac{Dw^2}{2}$。以 A 表示圆环横截面面积,γ 表示单位体积内的重量。于是沿圆环轴线均布的惯性力集度 $q_d = \frac{A\gamma}{g}a_n = \frac{A\gamma D}{2g}w^2$,方向背离圆心,如图 10-3(b)所示。为了求出圆环横截面上动应力 σ_d,先求动内力 F_{N_d}。为此用截面法将圆环沿任一直径截开,如图 10-3(c)所示。研究半个圆环的平衡,由 $\Sigma F_Y = 0$,得

$$2F_{N_d} = \int_0^\pi q_d \sin\varphi \cdot \frac{D}{2} d\varphi = q_d D$$

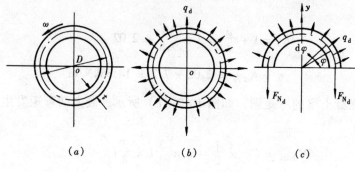

图 10-3

$$F_{N_d} = \frac{q_d D}{2} = \frac{A\gamma D^2}{4g}w^2$$

圆环横截面上的动应力为：

$$\sigma_d = \frac{F_{N_d}}{A} = \frac{\gamma D^2 w^2}{4g} = \frac{\gamma v^2}{g} \quad (10\text{-}5)$$

式中，$v = \frac{Dw}{2}$ 是圆环轴线上各点的线速度。圆环的强度条件是：

$$\sigma_d = \frac{\gamma v^2}{g} \leqslant [\sigma] \quad (10\text{-}6)$$

以上两式表明，环内动应力仅与 γ 和 v 有关，与横截面面积 A 无关。为此，为了保证转动圆环的强度，必须限制圆环的转速。由式（10-6）可求出圆环的极限线速度为：

$$v \leqslant \sqrt{\frac{[\sigma]g}{\gamma}} \quad (10\text{-}7)$$

第三节 构件受冲击时的应力和变形

一、概述

当运动物体（冲击物）以一定速度作用于静止构件（受冲击构件）上时，运动物体在与静止构件接触的非常短暂的时间内速度发生很大变化，这种现象称为冲击。例如落锤打桩，金属冲压加工以及高速转动飞轮突然刹车等都属于冲击问题。

冲击物的速度在极短时间内发生很大的变化，甚至降低为零，表示冲击物获得很大的负值加速度。因此，在冲击物和受冲构件之间必然有很大的作用力和反作用力。这将在受冲击构件中引起很大的应力和变形。由于冲击持续的时间极短，速度改变很快，所以不易精确地测出加速度的大小。这样就难以求出惯性力，也就难以使用动静法。由于工程上需要计算出的通常只是构件受冲击时应力和变形的最大值，至于在冲击过程中的应力和变形按什么规律变化并不重要。因此，在工程上通常采用偏于安全的能量方法来计算受冲击构件的最大变形和最大应力。

二、受自由落体冲击时构件的应力和变形计算

由于杆件的弹性变形与荷载成正比，因此可以把杆件看作是弹簧。例如轴向受拉杆件的伸长为：

$$\Delta l = \frac{Fl}{EA} = \frac{F}{EA/l}$$

因而它可以看作是弹簧常数为 $\frac{EA}{l}$ 的弹簧。又如在简支梁的跨中作用集中荷载 F，跨中挠度的绝对值为：

$$f = \frac{Fl^3}{48EI} = \frac{F}{48EI/l^3}$$

可见它也可以看作是弹簧常数为 $\frac{48EI}{l^3}$ 的弹簧。所以任一弹性杆件都可简化为弹簧。

如图 10-4（a）所示，设以弹簧代表一受冲击构件。实际问题中，一根受冲击的梁，如图 10-4（b）所示，或受冲击的杆，如图 10-4（c）所示，或其他任一弹性构件都可以看作是一个弹簧，只是各种情况的弹簧常数不同而已。

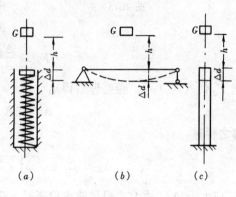

图 10-4

为了简化计算，可作下述假设：
(1) 冲击物的变形很小，可将它视为刚体；
(2) 受冲击的物体质量很小，可以忽略不计；
(3) 受冲击的物体在冲击力作用下变形是线弹性的；
(4) 忽略冲击过程中其他能量的损失。

在上述假设的基础上，依据能量守恒定律，就可以对弹簧（受冲击构件的简化模型）受冲击时的变形和应力进行分析计算。设一重为 G 的冲击物，自高度 h 处自由下落到弹簧的顶端，如图 10-4（a）所示。冲击物一经与弹簧接触，就相互附着共同运动。由于弹簧的阻抗，当变形到达最低位置时，速度变为零。此时，弹簧在受冲击处的位移达到最大值 Δ_d。Δ_d 即为弹簧在受冲击时的最大变形值。现研究冲击物从高度 h 处开始下降至弹簧产生最大变形 Δ_d 这一过程中，冲击物与弹簧之间的能量转换。在上述假设下，根据能量守恒定律，冲击物在这一过程中所减少的动能 T 和势能 V，应全部转化为受冲击弹簧的变形能 U_d，即

$$T + V = U_d \tag{a}$$

由于冲击物在起始和终了位置时的速度均为零，故动能无变化，即

$$T = 0 \tag{b}$$

冲击物所减少的势能为：

$$V = G(h + \Delta_d) \tag{c}$$

在冲击过程中，受冲击弹簧增加的变形能 U_d，则等于冲击荷载 F_d 在冲击过程中所做的功。由于 F_d 和 Δ_d 都是由零增至最大值，在材料服从胡克定律的条件下，F_d 和 Δ_d 的关系仍然是线性的，因此 F_d 所做的功应为 $\frac{1}{2}F_d\Delta_d$，则

$$U_d = \frac{1}{2}F_d\Delta_d \tag{d}$$

将（b）、（c）、（d）诸式代入式（a），则得

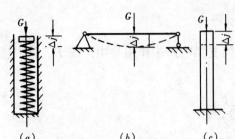

图 10-5

$$G(h + \Delta_d) = \frac{1}{2} F_d \Delta_d \quad (e)$$

若重物 G 以静荷载的方式作用于弹性体系上，如图 10-5 所示。相应的静变形和静应力为 Δ_j 和 σ_j。在线弹性范围内，荷载、变形和应力成正比。故有

$$\frac{F_d}{G} = \frac{\Delta_d}{\Delta_j} = \frac{\sigma_d}{\sigma_j} \quad (f)$$

式中，σ_d 为受冲击体系（弹簧）的动应力，由上式得

$$F_d = \frac{\Delta_d}{\Delta_j} G, \quad \sigma_d = \frac{\Delta_d}{\Delta_j} \sigma_j \quad (g)$$

把 F_d 代入式 (e)，经整理后得出

$$\Delta_d^2 - 2\Delta_j \Delta_d - 2h\Delta_j = 0$$

解之得

$$\Delta_d = \Delta_j \pm \sqrt{\Delta_j^2 + 2h\Delta_j} = \Delta_j \left(1 \pm \sqrt{1 + \frac{2h}{\Delta_j}}\right)$$

Δ_d 应大于 Δ_j，故上式根号前应取正号，于是

$$\Delta_d = \Delta_j \left[1 + \sqrt{1 + \frac{2h}{\Delta_j}}\right] \quad (h)$$

引用记号

$$K_d = 1 + \sqrt{1 + \frac{2h}{\Delta_j}} \quad (10\text{-}8)$$

K_d 称为构件受自由落体冲击时的动荷系数。这样式 (h) 和式 (g) 就可写成：

$$\Delta_d = K_d \Delta_j, \quad F_d = K_d G, \quad \sigma_d = K_d \sigma_j \quad (10\text{-}9)$$

可见，只要求出动荷载系数 K_d，然后以 K_d 乘静荷载、静变形和静应力就可求出冲击时的动荷载 F_d、动变形 Δ_d 和动应力 σ_d，当然这里的 F_d、Δ_d 和 σ_d 是指受冲击体系到达最大变形位置，冲击物速度等于零时的瞬时荷载、变形和应力。

突然加于构件上的荷载，相当于物体自由下落时 $h = 0$ 的情况，由式 (10-8) 有

$$K_d = 1 + \sqrt{1 + 0} = 2$$

所以

$$\sigma_d = K_d \sigma_j = 2\sigma_j$$

可见，在突然加载时，构件内引起的应力为静应力的两倍。

对于其他形式的冲击问题，同样可利用公式 (a) 来求解。

受冲击构件的强度条件为：

$$\sigma_{d\max} = K_d \sigma_{j\max} \leqslant [\sigma] \quad (10\text{-}10)$$

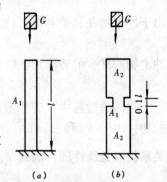

图 10-6

【例 10-2】 如图 10-6 所示,有一重量 $G = 2\text{kN}$ 的物体,从高 $h = 0.05\text{m}$ 处自由下落,分别冲击在两杆件上。若 $l = 1\text{m}$,$A_1 = 10 \times 10^{-4}\text{m}^2$,$A_2 = 20 \times 10^{-4}\text{m}^2$。杆件材料的弹性模量 $E = 200\text{GPa}$。试分别求此时两杆内产生的冲击应力并进行比较。

【解】 在 $G = 2\text{kN}$ 的静荷载作用下,两杆的最大静应力均为:

$$\sigma_j = \frac{G}{A} = \frac{2 \times 10^3}{10 \times 10^{-4}} = 2 \times 10^6 \text{N/m}^2 = 2\text{MPa}$$

(a) 杆:将重物 G 以静载的方式作用在杆的顶端,冲击点处产生的静压缩变形为:

$$\Delta_j = \Delta l_j = \frac{Gl}{EA_1} = \frac{2 \times 10^3 \times 1}{2 \times 10^{11} \times 10 \times 10^{-4}} = 1 \times 10^{-5} \text{m}$$

动荷系数为:

$$K_d = 1 + \sqrt{1 + \frac{2h}{\Delta_j}} = 1 + \sqrt{\frac{1 + 2 \times 0.05}{1 \times 10^{-5}}} = 101$$

所以冲击应力为:

$$\sigma_d = K_d \sigma_j = 101 \times 2 = 202\text{MPa}$$

(b) 杆:静压缩变形为

$$\Delta_j = \Delta l_j = \frac{G \times 0.9l}{EA_2} + \frac{G \times 0.1l}{EA_1}$$

$$= \frac{2 \times 10^3 \times 0.9 \times 1}{2 \times 10^{11} \times 20 \times 10^{-4}} + \frac{2 \times 10^3 \times 0.1 \times 1}{2 \times 10^{11} \times 10 \times 10^{-4}}$$

$$= 5.5 \times 10^{-6} \text{m}$$

动荷系数为:

$$K_d = 1 + \sqrt{1 + \frac{2h}{\Delta_j}} = 1 + \sqrt{1 + \frac{2 \times 0.05}{5.5 \times 10^{-6}}} = 136$$

所以冲击应力为:

$$\sigma_d = K_d \sigma_j = 136 \times 2 = 272\text{MPa}$$

比较 (a)、(b) 两杆,在静应力相同情况下,(a) 杆的静变形大,因而冲击动荷系数小,动应力也就比 (b) 杆小。(b) 杆比 (a) 杆多用了材料,其抗冲击能力反而比 (a) 杆小。可见,在不改变静应力大小的情况下,增加静变形是提高杆件抗冲击能力的有效措施。

【例 10-3】 如图 10-7 所示,两根钢梁受重物冲击,一根支于刚性支座上,一根支于弹簧常数 $C = 0.001 \text{ cm/N}$ 的弹簧上。已知 $l = 3\text{m}$,$h = 0.05\text{m}$,$G = 1\text{kN}$,钢梁的 $I = 3400\text{cm}^4$,$W_z = 309\text{cm}^3$,$E = 200\text{GPa}$,试比较两者的冲击应力。

【解】 首先求出两种情况下的最大弯曲静应力,其值均为:

$$\sigma_j = \frac{Gl}{4W_z} = \frac{1000 \times 3}{4 \times 309 \times 10^{-6}} = 2.43\text{MPa}$$

对于图 10-7 (a)

$$\Delta_j = \frac{Gl^3}{48EI} = \frac{1000 \times 3^3}{48 \times 200 \times 10^9 \times 3400 \times 10^{-8}} = 8.28 \times 10^{-5} \text{m}$$

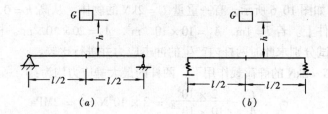

图 10-7

$$K_d = 1 + \sqrt{1 + \frac{2h}{\Delta_j}} = 1 + \sqrt{1 + \frac{2 \times 0.05}{8.28 \times 10^{-5}}} = 34.8$$

梁内最大冲击应力为：

$$\sigma_d = K_d \sigma_j = 34.8 \times 2.43 = 84.5 \text{MPa}$$

对于图 10-7（b）

$$\Delta_j = \frac{Gl^3}{48EI} + C \times \frac{G}{2} = 8.28 \times 10^{-5} + 0.001 \times 500 \times 10^{-2} = 508 \times 10^{-5} \text{m}$$

$$K_d = 1 + \sqrt{1 + \frac{2h}{\Delta_j}} = 1 + \sqrt{1 + \frac{2 \times 0.05}{508 \times 10^{-5}}} = 5.55$$

梁内最大冲击应力为：

$$\sigma_d = K_d \sigma_j = 5.55 \times 2.43 = 13.5 \text{MPa}$$

对于图 10-7（b），由于采用了弹簧支座，减少了系统刚度，因而使动荷系数减小，这是降低冲击应力的有效办法。

三、提高构件抗冲击能力的措施

从冲击动荷系数 K_d 的表达式 (10-8) 可以看出，若能增加静变形 Δ_j，就可降低动荷系数 K_d，从而降低冲击荷载和冲击应力。由于静变形 Δ_j 与构件的刚度成反比，因此，在工程上常采用降低构件的刚度来增加静变形，从而减弱冲击的影响。

增大构件静变形的另一种有效方法是安装缓冲装置。例如，在汽车大梁与轮轴之间安装叠板弹簧，在机器底座与基础之间安装橡皮座或垫圈等，都将显著增大受冲击构件的静变形 Δ_j，缓和冲击作用，明显减小冲击应力。

由式 $\sigma_d = K_d \sigma_j$ 可知，应尽量做到在不改变静应力的情况下，增大构件的静变形。否则，降低了动荷系数 K_d，却又增加了静应力，结果动应力未必就会降低。

第四节　交变应力和疲劳破坏

一、交变应力及其循环特性

在工程中，有些构件在工作时常常出现随时间作周期性变化的应力。如图 10-8（a）所示的火车轮轴，虽然轴所承受的荷载 F 不随时间变化，但是当车轴以角速度 ω 转动时，除轴线上的点外，横截面上其他各点的弯曲正应力都随着轴的转动而作周期性变化。例如，车轴中间段某一截面周边上任一点 A，如图 10-8（b）所示，其弯曲正应力随时间而作周期性的变化规律为：

$$\sigma_A = \frac{My}{I} = \frac{FaR}{I}\sin\omega t$$

上式表明，车轴每转动一圈，A 点的弯曲正应力就经历一次由 $0 \to \sigma_{max} \to 0 \to \sigma_{min} \to 0$ 的变化过程。车轴不停地旋转，A 点的应力也就不断地重复上述过程。若以时间 t 为横坐标，弯曲正应力 σ 为纵坐标，则应力随时间变化的曲线如图 10-8（c）所示。这种随时间作周期性变化的应力，称为交变应力。

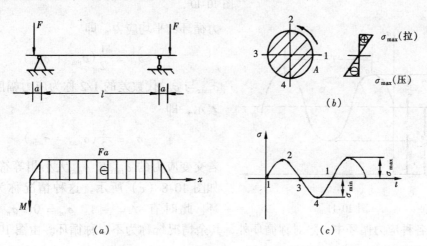

图 10-8

图 10-9（a）表示受强迫振动的简支梁，其危险点的应力随时间变化的曲线如图 10-9（b）所示。σ_j 表示以静荷载方式作用于梁上引起的静应力，最大应力 σ_{max} 和最小应力 σ_{min} 分别表示梁在最大和最小位移时的应力。

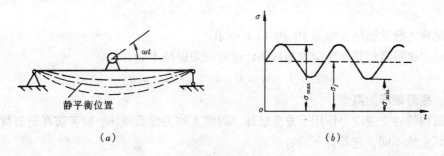

图 10-9

图 10-10 表示钢厂重型吊车梁及其跨中危险点处的应力随时间变化的曲线。

构件在交变应力作用下工作时，应力每重复变化一次（应力值从 σ_{max} 变到 σ_{min}，再从 σ_{min} 回到 σ_{max}），称为一个应力循环，重复变化的次数称为循环次数。一个应力循环中的最小应力 σ_{min} 与最大应力 σ_{max} 的比值称为交变应力的循环特性，用 γ 来表示，即

$$\gamma = \frac{\sigma_{min}}{\sigma_{max}}$$

图 10-11 表示一般情况下交变应力的 σ-t 曲线，图中 σ_m 表示 σ_{max} 和 σ_{min} 的平均值，称为应

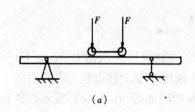
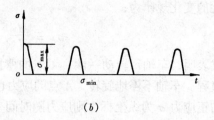

(a)　　　　　　　　　　　　(b)

图 10-10

力循环的平均应力，即

$$\sigma_m = \frac{1}{2}(\sigma_{max} + \sigma_{min})$$

σ_{max} 与 σ_{min} 代数差的 1/2 称为应力幅度，用 σ_a 表示，即

$$\sigma_a = \frac{1}{2}(\sigma_{max} - \sigma_{min})$$

若交变应力的 σ_{max} 和 σ_{min} 大小相等符号相反，如图 10-8 (c) 所示，这种情况称为对称循环。此时有 $\gamma = -1$，$\sigma_m = 0$，$\sigma_a = \sigma_{max} = -\sigma_{min}$。各种应力循环中，除对称循环外，其余情况统称为不对称循环。由图 10-11 可以看出，对于任一不对称循环都可看作是，在平均应力 σ_m 上叠加一个应力幅度为 σ_a 的对称循环，即

图 10-11

$$\sigma_{max} = \sigma_m + \sigma_a, \quad \sigma_{min} = \sigma_m - \sigma_a$$

若交变应力变动于某一应力与零之间，即 $\sigma_{min} = 0$，这时

$$\gamma = 0, \quad \sigma_a = \sigma_m = \frac{1}{2}\sigma_{max}$$

这种情况称为脉动循环，如图 10-10 (b) 所示。

静应力也可看作是交变应力的特例，这时应力保持不变。

$$\gamma = 1 \quad \sigma_a = 0 \quad \sigma_{max} = \sigma_{min} = \sigma_m$$

二、疲劳破坏的概念

金属构件在交变应力作用下发生破坏，习惯上称为疲劳破坏。疲劳破坏与静荷载作用下的破坏全然不同，它具有下列特点：

(1) 疲劳破坏时的最大应力值远低于静荷载时材料的强度极限，甚至低于屈服极限。如 45 号钢承受对称循环下的弯曲交变应力，当 $\sigma_{max} = -\sigma_{min} \approx 260$MPa 时大约经历 10^7 次循环即可发生断裂，而 45 号钢在静荷载下的强度极限却高达 600MPa。

(2) 疲劳破坏时，构件没有明显的塑性变形，即使是塑性材料，也呈脆性断裂。

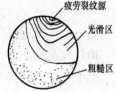

图 10-12

(3) 疲劳破坏时在断口处明显地分成两个区域：一个是光滑区，一个是粗糙区，如图 10-12 所示。

一般认为疲劳破坏的主要原因是：在交变应力达到一定数值并作用很多次后，材料内

部在最大应力作用点处或薄弱处将产生细微的裂纹，形成所谓的裂纹源。裂纹两端是应力集中的区域。随着应力循环次数的增加，这些裂纹逐渐扩展，发展成为宏观裂纹，削弱了构件截面的有效面积。于是，当截面面积小到难以承受荷载时，在偶然的振动或冲击下，即发生突然断裂。另外，由于裂纹两端产生应力集中，一般处于双向或三向拉伸应力状态，不易发生塑性变形，所以疲劳破坏时，无显著变形，断口呈现为颗粒状的粗糙区。又由于疲劳裂纹两边的表面在交变应力作用下，时而分开，时而压紧起研磨的作用，因而形成光滑区。

疲劳破坏往往是在没有明显预兆的情况下，突然发生的，从而造成严重事故。据已有的资料表明，飞机、车辆和机器发生的事故中，有很大比例是因零部件疲劳引起的。这类事故有时带来巨大损失和伤亡，所以金属疲劳问题引起多方关注。

至于疲劳强度怎么计算，可参阅多学时类的材料力学教材或有关资料。这里须指出的是，在静荷载作用下用小试件测得的材料力学性质，依据均匀性假设可用于实际构件，即材料的极限应力与构件的极限应力，两者不加区别，是一致的。而在交变应力作用下，用小试件测得的材料疲劳极限（光滑小试件经历无限次循环不发生疲劳破坏的应力极限值）却不能代表实际构件的疲劳极限。这是因为，构件的疲劳极限除与材料、循环特性有关外，还与构件的外形、尺寸及表面质量等因素有关。只有综合考虑这些影响因素，才能得到构件的疲劳极限。有了构件的疲劳极限，就可仿照在静荷载作用下的强度条件，建立疲劳强度计算的强度条件。

本 章 小 结

本章主要研究在动荷载作用下构件的强度计算问题。分成三类问题进行研究：

1. 构件作等加速直线运动时或匀速转动时，构件各质点具有确定的加速度，可应用动静法。即在构件各质点上施加惯性力，则动荷载问题就转化为静荷载问题来处理。应力和变形计算就和静荷载作用下的计算方法完全相同。

构件作等加速直线运动时，有

$$\sigma_d = K_d \sigma_j \qquad \Delta_d = K_d \Delta_j \qquad 而 K_d = 1 + \frac{a}{g}$$

构件作匀速转动时，上述动荷系数法则不能应用，但考虑惯性力影响这一点是一致的，可求得圆环截面上的动应力为：

$$\sigma_d = \frac{\gamma v^2}{g}$$

由上式可见，要保证圆环的强度，必须限制圆环的转速。

2. 冲击问题。由于冲击作用持续时间短，加速度难以确定，为了求出冲击时构件的变形，采用近似的能量方法。利用构件到达最大变形时冲击能量的减少等于构件所获得的变形能，即

$$T + V = U_d$$

上式是计算受冲击构件的基础，称为冲击问题基本方程，由上式可求得动变形 $\Delta_d = K_d \Delta_j$，动应力 $\sigma_d = K_d \sigma_j$，K_d 叫动荷系数。这样，重量为 G 的重物对构件的冲击效果，如同构件承受静载 $K_d G$ 的作用是一样的。其强度条件 $\sigma_d = K_d \sigma_j \leq [\sigma]$，表示动荷载作用下构件的

强度计算，只要将相应的静应力乘以 K_d 后，就与静荷载作用下的强度计算完全相同。可以说，动荷载问题是静荷载问题的发展和补充，而不是另外建立一个强度计算的理论体系。

3. 在交变应力作用下的金属疲劳问题。随时间作周期性变化的应力称为交变应力。金属构件在交变应力作用下发生的破坏称为金属疲劳或疲劳破坏。要了解金属疲劳的特点和原因。至于疲劳强度问题，只要确定了构件的疲劳极限，其方法就与静荷载作用下没有什么不同。

思 考 题

10-1 何谓静荷载？何谓动荷载？二者有什么不同，试举例说明。

10-2 怎样应用动静法计算等加速运动构件的动应力？

10-3 何谓动荷系数？它具有什么物理意义？

10-4 为什么构件刚度愈大愈容易被冲击坏？试简述提高构件抗冲击能力的措施。

10-5 用能量法计算冲击应力时，作了哪些假设？

10-6 为什么说动荷载作用下的强度计算问题，只是静荷载问题的发展和补充，而不是另外建立一个强度计算的理论体系？

10-7 何谓交变应力？何谓循环特性？

10-8 试述金属疲劳破坏的特点和主要原因。

习 题

10-1 一缆绳长 60m，用来等加速吊起一重为 49kN 的重物，在最初的 3s 内重物被提高 9m。缆绳材料的密度 $\gamma = 70\text{kN/m}^3$，许用应力 $[\sigma] = 60\text{MPa}$，试就下述两种情况求缆绳的直径 d：

(1) 不计绳的自重；

(2) 计入绳的自重。

10-2 如图 10-13 所示用两根吊索向上等加速平行地起吊一根 14 号工字钢，加速度 $a = 10\text{m/s}^2$，工字钢长度 $l = 12\text{m}$，吊索横截面面积 $A = 72\text{mm}^2$。若只考虑工字钢的重量，而不计吊索自重，试计算工字钢最大动应力和吊索的最大动应力。

10-3 如图 10-14 所示轴 AB 以匀角速度 ω 旋转，在跨中和自由端有两个重量为 G 的重物，它们与轴固结位于同一平面内。已知：ω、G、S、l。试作轴的弯矩图，并求出最大弯矩值。

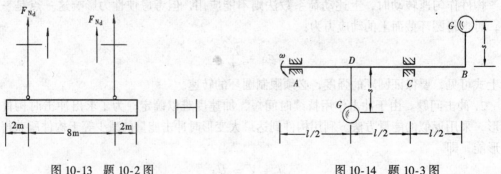

图 10-13 题 10-2 图　　　　图 10-14 题 10-3 图

10-4 一圆截面钢杆如图 10-15（a）所示，下端装一固定圆盘，有一重量为 G 的环形重物，自高度 h 处自由落到盘上。已知：$h = 100\text{mm}$，钢杆长 $l = 1\text{m}$，直径 $d = 40\text{mm}$，$E = 200\text{GPa}$，$G = 10\text{kN}$。试求：

(1) 当重物自由落到盘上时，杆内最大动应力 $\sigma_{d\max}$ 值。

(2) 若在盘上放置一弹簧，其刚度系数 $C = 2$kN/m，重物由弹簧顶端 h 高处自由落于弹簧上（图10-15b），杆内最大动应力 σ_{dmax} 值。

10-5 如图 10-16 所示直径 $d = 30$cm，长 $l = 6$m 的圆木桩，下端固定，上端受 $G = 5$kN 的重锤作用。木材的 $E_1 = 10$GPa。求下列三种情况下，木桩内的最大正应力：

(1) 重锤以静荷载方式作用于木桩上；

(2) 重锤从离桩顶 1m 的高度处自由落下；

(3) 在桩顶放置直径为 150mm，厚为 20mm 的橡皮垫，橡胶的弹性模量 $E_2 = 8$MPa。重锤也是离桩顶 1m 的高度处自由落下。

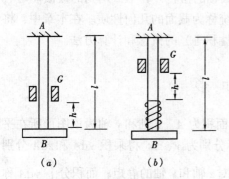

图 10-15 题 10-4 图

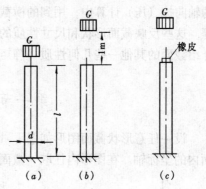

图 10-16 题 10-5 图

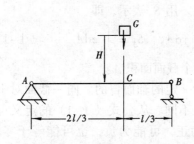

图 10-17 题 10-6 图

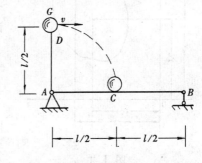

图 10-18 题 10-7 图

10-6 如图 10-17 所示重量为 G 的重物自高度 H 下落冲击于梁上的 C 点。设梁的 E、I 及抗弯截面模量 W_z 皆为已知量，试求梁内最大正应力及梁跨度中点的挠度。

10-7 图 10-18 所示一水平简支梁 AB，竖杆 AD 铰接于 A 端，在 D 端固结一重物 G，设给重物一水平初速度 v，重物落在梁的中点 C。已知：G、l、EI、v。试求梁的最大动挠度及最大动应力值。

10-8 已知交变应力的平均应力 $\sigma_m = 20$MPa，应力幅度 $\sigma_a = 40$MPa，试求交变应力的最大应力 σ_{max} 和循环特性 γ。

10-9 柴油发动机连杆大头螺钉在工作时受到的最大拉力 $F_{max} = 58.3$kN，最小拉力 $F_{min} = 55.8$kN，螺纹处内径 $d = 11.5$mm，试求其平均应力 σ_m，应力幅度 σ_a，循环特性 γ，并作出 σ-t 曲线图。

附录 I

截面的几何性质

构件在外力作用下产生的应力和变形,都与构件的截面形状和尺寸有关。例如,在杆的轴向拉(压)计算中,用到的横截面面积 A;在圆轴的扭转计算中,用到的极惯性矩 I_P 等。这些反映截面形状和尺寸性质的一些几何量,统称为截面的几何性质。在本章中,将介绍截面的其他一些几何性质(静矩、惯性矩、惯性积等)的概念和计算方法。

第一节 静矩和形心

设一任意形状截面图形如图 I-1 所示,其截面面积为 A。z 轴和 y 轴为该图形所在平面内的坐标轴。在图形内任取一微面积 dA,其坐标分别为 y、z。将乘积 ydA 和 zdA 分别称为微面积 dA 对 z 轴和 y 轴的静矩;而积分 $\int_A ydA$ 称为该截面对 z 轴的静矩,用 S_z 表示;积分 $\int_A zdA$ 称为该截面对 y 轴的静矩,用 S_y 表示,即

$$S_z = \int_A y dA, \quad S_y = \int_A z dA \quad (\text{I-1})$$

上述的积分应遍及整个截面面积 A。

截面的静矩是对一定的轴而言的。同一截面对不同坐标轴,其静矩也不同。从公式(I-1)的定义可知,静矩的值可能为正,可能为负,也可能等于零。静矩的量纲是长度的三次方,其常用单位为 m^3 或 mm^3。

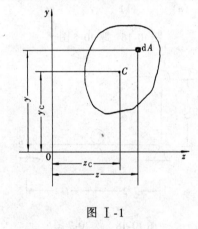

图 I-1

截面形心就是截面图形的几何中心。由静力学可知,若将截面图形看作是均质等厚薄板,则其重心与形心相重合。这时薄板的重心坐标分别是:

$$\left. \begin{array}{l} y_c = \dfrac{\int_A y dA}{A} \\ z_c = \dfrac{\int_A z dA}{A} \end{array} \right\}$$

上式也就是截面图形的形心坐标计算公式。将式(I-1)代入上式,得

$$\left. \begin{array}{l} y_c = \dfrac{S_z}{A} \\ z_c = \dfrac{S_y}{A} \end{array} \right\} \quad (\text{I-2})$$

或改写为

$$\left.\begin{array}{l}S_z = Ay_c \\ S_y = Az_c\end{array}\right\} \quad (\text{I}-3)$$

由以上两式，可以得到如下结论：

(1) 截面图形对 z、y 轴的静矩，分别等于图形面积 A 与其形心坐标 y_c、z_c 的乘积。

(2) 若某一坐标轴通过截面形心，即 $z_c = 0$ 或 $y_c = 0$，则截面图形对该轴的静矩等于零；反之，若图形对某一轴的静矩等于零，即 $S_z = 0$ 或 $S_y = 0$，则该轴必定通过截面形心。通过形心的任一坐标轴，称为形心轴。

(3) 若截面图形有对称轴，由于形心必在对称轴上，因此，截面对其对称轴的静矩恒等于零。

在工程实际中，有些截面图形是由若干个简单图形（如矩形、圆形、三角形等）所组成，这种截面称为组合截面。由于简单图形的面积及其形心位置均为已知，而且，由静矩的定义可知，截面图形对某一轴的静矩，等于其所有组成部分对该轴静矩的代数和。因此，可按式（I-3）先计算出每一简单图形的静矩，然后求其代数和，得到整个截面图形的静矩，即

$$\left.\begin{array}{l}S_z = \sum_{i=1}^{n} S_{zi} = \sum_{i=1}^{n} A_i y_{ci} \\ S_y = \sum_{i=1}^{n} S_{yi} = \sum_{i=1}^{n} A_i z_{ci}\end{array}\right\} \quad (\text{I}-4)$$

式中，A_i 和 z_{ci}、y_{ci} 分别代表各简单图形的面积和形心坐标，n 为简单图形的个数。将该式代入式（I-3），可得计算组合截面形心坐标的公式，即

$$\left.\begin{array}{l}z_c = \dfrac{\sum_{i=1}^{n} A_i z_{ci}}{\sum_{i=1}^{n} A_i} \\ y_c = \dfrac{\sum_{i=1}^{n} A_i y_{ci}}{\sum_{i=1}^{n} A_i}\end{array}\right\} \quad (\text{I}-5)$$

【例 I-1】 试计算图 I-2 所示三角形截面对与其底边重合的 z 轴的静矩及形心坐标 y_c。

【解】 根据静矩的定义，将三角形截面分割为若干个平行于 z 轴的微面积元，如图 I-2 所示。由相似三角形关系可知

$$b(y) = \frac{b}{h}(h - y)$$

则

$$dA = b(y)dy = \frac{b}{h}(h - y)dy$$

将上述关系代入式（I-1），可得

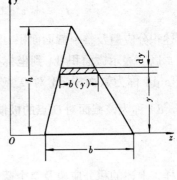

图 I-2

$$S_z = \int_A y dA = \int_0^h y \cdot \frac{b}{h}(h-y)dy$$
$$= b\int_0^h y dy - \frac{b}{h}\int_0^h y^2 dy = \frac{bh^2}{6}$$

由公式（Ⅰ-2）可得三角形截面形心 C 到底边的距离 y_c 为：

$$y_c = \frac{S_z}{A} = \frac{bh^2}{b} \Big/ \frac{bh}{2} = \frac{h}{3}$$

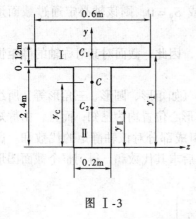

图Ⅰ-3

【例Ⅰ-2】 一对称的 T 形截面，其尺寸如图Ⅰ-3所示，试求该截面的形心位置。

【解】 图Ⅰ-3所示截面有竖向对称轴，为计算方便选取图示坐标系，其形心必在对称轴 y 上，故 $z_c = 0$。将该组合截面分成Ⅰ、Ⅱ两个矩形，则

$$A_Ⅰ = 0.072 m^2, \quad y_Ⅰ = 2.46 m$$
$$A_Ⅱ = 0.48 m^2, \quad y_Ⅱ = 1.2 m$$

由式（Ⅰ-5），可得

$$y_c = \frac{\Sigma A_i y_i}{\Sigma A_i} = \frac{A_Ⅰ y_Ⅰ + A_Ⅱ y_Ⅱ}{A_Ⅰ + A_Ⅱ} = 1.36 m$$

第二节 惯性矩和惯性积

一、惯性矩和极惯性矩

任意形状截面图形如图Ⅰ-4所示，其面积为 A，z 轴和 y 轴为图形所在平面内的坐标轴。在图形内任取一微面积 dA，其坐标分别为 y、z。将乘积 $y^2 dA$ 和 $z^2 dA$ 分别称为该微面积 dA 对 z 轴和 y 轴的惯性矩，而积分 $\int_A y^2 dA$ 和 $\int_A z^2 dA$ 分别称为该截面对 z 轴和 y 轴的惯性矩 I_z、I_y，即

$$\left. \begin{array}{l} I_z = \int_A y^2 dA \\ I_y = \int_A z^2 dA \end{array} \right\} \quad (Ⅰ-6)$$

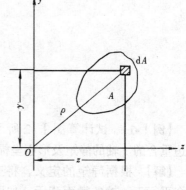

图Ⅰ-4

上述积分应遍及整个截面面积 A。

以 ρ 表示微面积 dA 到坐标原点 O 的距离，则乘积 $\rho^2 dA$ 称为微面积 dA 对 O 点的极惯性矩；而积分 $\int_A \rho^2 dA$ 称为该截面对 O 点的极惯性矩 I_P，即

$$I_P = \int_A \rho^2 dA \quad (Ⅰ-7)$$

同样，上述的积分应遍及整个截面面积 A。

由图Ⅰ-4可以看出，$\rho^2 = y^2 + z^2$，代入式（Ⅰ-7），得

$$I_P = \int_A \rho^2 dA = \int_A (y^2 + z^2) dA$$
$$= \int_A y^2 dA + \int_A z^2 dA$$

即
$$I_P = I_z + I_y \tag{I-8}$$

上式表明，截面图形对任一点的极惯性矩，等于截面对以该点为原点的任意两正交坐标轴的惯性矩之和。

从上述惯性矩的定义可以看出，同一截面对于不同坐标轴（或坐标原点）的惯性矩（或极惯性矩）一般是不同的。在公式（I-6）和（I-7）中，由于 y^2、z^2 和 ρ^2 恒为正值，因此，惯性矩 I_z、I_y 和极惯性矩 I_P 也恒为正值。它们的量纲是长度的四次方，常用单位为 "m^4" 或 "mm^4"。

在某些计算中，将惯性矩表示为截面面积 A 与某一长度平方的乘积，即
$$I_z = i_z^2 A, \quad I_y = i_y^2 A$$

式中，i_z 和 i_y 分别称为截面对 z 轴和 y 轴的惯性半径，其单位为 "m" 或 "mm"。当已知截面面积 A 和惯性矩 I_z 和 I_y 时，则惯性半径可从下式求得：

$$\left. \begin{array}{l} i_z = \sqrt{\dfrac{I_z}{A}} \\ i_y = \sqrt{\dfrac{I_y}{A}} \end{array} \right\} \tag{I-9}$$

表 I-1 给出了一些常用截面的几何性质的计算公式。工程中广泛地采用各种型钢截面，如工字钢、槽钢、角钢等，这些截面的几何性质可从附录的型钢表中查得。

常用截面的几何性质 表 I-1

编号	截面形状和形心轴位置	面积 A	惯性矩 I_y	惯性矩 I_z	惯性半径 i_y	惯性半径 i_z
(1)		bh	$\dfrac{hb^3}{12}$	$\dfrac{bh^3}{12}$	$\dfrac{b}{2\sqrt{3}}$	$\dfrac{h}{2\sqrt{3}}$
(2)		$\dfrac{bh}{2}$		$\dfrac{bh^3}{36}$		$\dfrac{h}{3\sqrt{2}}$
(3)		$\dfrac{\pi d^2}{4}$	$\dfrac{\pi d^4}{64}$	$\dfrac{\pi d^4}{64}$	$\dfrac{d}{4}$	$\dfrac{d}{4}$

续表

编号	截面形状和形心轴位置	面积 A	惯性矩		惯性半径	
			I_y	I_z	i_y	i_z
(4)	（圆环，$\alpha = \dfrac{d}{D}$）	$\dfrac{\pi D^2}{4}(1-\alpha^2)$	$\dfrac{\pi D^4}{64}(1-\alpha^4)$	$\dfrac{\pi D^4}{64}(1-\alpha^4)$	$\dfrac{D}{4}\sqrt{1+\alpha^2}$	$\dfrac{D}{4}\sqrt{1+\alpha^2}$
(5)	（半圆，$\dfrac{4r}{3\pi}$）	$\dfrac{\pi r^2}{2}$		$\left(\dfrac{1}{8}-\dfrac{8}{9\pi^2}\right)\pi r^4$ $\approx 0.11 r^4$		$0.264r$

二、惯性积

将微面积 dA 与其坐标 y、z 的乘积 $yz\,dA$ 称为该微面积 dA 对 z、y 轴的惯性积；而将遍及整个截面面积 A 的积分 $\int_A yz\,dA$ 称为该截面对 z、y 轴的惯性积 I_{zy}，即

$$I_{zy} = \int_A yz\,dA \qquad (\text{I}-10)$$

同样，惯性积 I_{zy} 也是对坐标轴而言的，同一截面对不同的正交坐标轴的惯性积一般是不相同的。由公式（I-10）可以看出，由于坐标 y、z 可正可负或为零，因此，惯性积 I_{zy} 的数值可能为正，可能为负，也可能等于零。惯性积的单位与惯性矩相同，常用单位为"m^4"或"mm^4"。

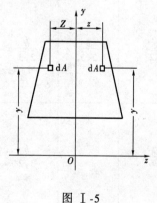

图 I-5

若坐标轴 z、y 中有一个是截面图形的对称轴，如图 I-5 所示。由于在对称轴 y 的两侧的对称位置处，各取微面积 dA，它们 y 坐标相同，但 z 坐标数值相等符号相反。因此两个微面积的惯性积 $yz\,dA$ 数值相等符号相反，其和为零。这样，整个截面的惯性积 $I_{zy}=\int_A yz\,dA = 0$。所以，对于具有对称轴的截面图形，若对称轴为正交坐标系中的一个坐标轴，则截面对这一坐标系的惯性积等于零。

【例 I-3】 求图 I-6 所示矩形截面对于对称轴 z、y 的惯性矩。

【解】 1. I_z 的计算

如图 I-6 所示，取平行于 z 轴的微小狭长矩形（图中的阴影面积）为微面积，则

$$dA = b\,dy$$

由公式（I-6），可得

$$I_z = \int_A y^2 dA = \int_{-\frac{h}{2}}^{\frac{h}{2}} y^2 \cdot b\, dy = \frac{bh^3}{12}$$

2. I_y 的计算

用同样的方法可求得对 y 轴的惯性矩为：

$$I_y = \int_A z^2 dA = \int_{-\frac{b}{2}}^{\frac{b}{2}} z^2 \cdot h\, dz = \frac{hb^3}{12}$$

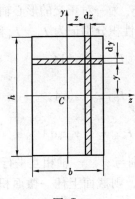
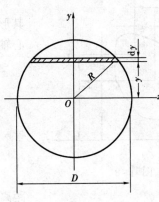

图 Ⅰ-6　　　　　　　　　　　图 Ⅰ-7

【例 Ⅰ-4】 试求直径为 D 的圆形截面对形心轴（直径）的惯性矩。

【解】 以圆心为原点，取坐标轴如图 Ⅰ-7 所示。在第三章中，曾计算了圆截面对形心 O 点的极惯性矩为：

$$I_P = \frac{\pi D^4}{32}$$

根据公式（Ⅰ-7），$I_P = I_z + I_y$，由对称性可知，圆截面对任一形心轴（直径）的惯性矩相等。因此，$I_z = I_y$。代入式（Ⅰ-7），得

$$I_P = I_z + I_y = 2I_z$$

故

$$I_z = \frac{I_P}{2} = \frac{\pi D^4}{64}$$

这一结果也可直接根据式（Ⅰ-6）求得。取平行于 z 轴的微小长条为微面积，则 $dA = 2z\,dy$，而 $z = \sqrt{\left(\frac{D}{2}\right)^2 - y^2}$，代入式（Ⅰ-6），得

$$I_z = \int_A y^2 dA = \int_{-\frac{D}{2}}^{\frac{D}{2}} y^2 \times 2\sqrt{\left(\frac{D}{2}\right)^2 - y^2} \cdot dy$$

利用对称性，将上式中积分的下限改变，并由积分公式可得

$$I_z = 2 \times 2\int_0^{\frac{D}{2}} y^2 \sqrt{\left(\frac{D}{2}\right)^2 - y^2} \cdot dy$$
$$= 4\left\{-\frac{y}{4}\sqrt{\left[\left(\frac{D}{2}\right)^2 - y^2\right]^3} + \frac{(D/2)^2}{8}\left[y\sqrt{\left(\frac{D}{2}\right)^2 - y^2} + \left(\frac{D}{2}\right)^2 \sin^{-1}\frac{y}{D/2}\right]\right\}\Bigg|_0^{\frac{D}{2}} = \frac{\pi D^4}{64}$$

第三节 平行移轴公式

如前所述，同一截面对于不同坐标轴的惯性矩和惯性积是不相同的，但它们之间存在着一定的关系。本节先讨论截面对于互相平行的坐标轴之间的关系。

一、平行移轴公式

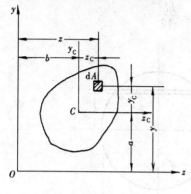

图Ⅰ-8

如图Ⅰ-8所示，任意形状截面图形的面积为 A，其形心为 C，z_c、y_c 为一对正交的形心轴。截面对形心轴的惯性矩和惯性积分别记为 I_{zc}、I_{yc} 和 I_{zcyc}，即

$$I_{zc} = \int_A y_c^2 dA,$$

$$I_{yc} = \int_A z_c^2 dA,$$

$$I_{zcyc} = \int_A y_c z_c dA \qquad (a)$$

设 z、y 轴分别与 z_c、y_c 轴相互平行，平行轴间距离分别为 a 和 b，则截面上任一微面积 dA 在两坐标系中的坐标 $(y、z)$ 和 $(y_c、z_c)$ 之间有如下的关系：

$$y = y_c + a, \quad z = z_c + b \qquad (b)$$

截面对 z、y 轴的惯性矩和惯性积分别记为 I_z、I_y 和 I_{zy}，即

$$I_z = \int_A y^2 dA, \quad I_y = \int_A z^2 dA, \quad I_{zy} = \int_A yz dA \qquad (c)$$

将式（b）代入上式中的第一式，得

$$I_z = \int_A y^2 dA = \int_A (y_c + a)^2 dA = \int_A y_c^2 dA + 2a\int_A y_c dA + a^2 \int_A dA$$

式中：$\int_A y_c^2 dA = I_{zc}$，$\int_A y_c dA = S_{zc}$，$\int_A dA = A$。由于 z_c 轴是形心轴，因此静矩 $S_{zc} = 0$。于是，上式可写成

$$I_z = I_{zc} + a^2 A \qquad (Ⅰ-11)$$

同理

$$I_y = I_{yc} + b^2 A \qquad (Ⅰ-12)$$

$$I_{zy} = I_{zcyc} + abA \qquad (Ⅰ-13)$$

公式（Ⅰ-11）、（Ⅰ-12）和（Ⅰ-13）分别称为惯性矩和惯性积的平行移轴公式。由于 a^2A、b^2A 恒大于零，因此，截面对形心轴的惯性矩是对所有与其平行轴惯性矩中的最小值。

在应用上述平行移轴公式时，z_c 轴和 y_c 轴必须是形心轴，z 轴、y 轴必须分别与 z_c 轴、y_c 轴平行；式中的 a、b 是截面形心 c 在 yoz 坐标系中的坐标，因此，a、b 坐标值是有正负的，在计算惯性积时应特别注意。

二、组合截面的惯性矩计算

工程中经常需要计算由几个简单图形组成的组合截面的惯性矩。根据惯性矩的定义可

知,组合截面对任一轴的惯性矩就等于其各组成部分对同一轴惯性矩之和,即

$$I_z = \sum_{i=1}^{n} I_{zi}, \quad I_y = \sum_{i=1}^{n} I_{yi} \quad (\text{I}-14)$$

式中的 I_{zi} 和 I_{yi} 分别为组合截面的任一组成部分对 z、y 轴的惯性矩;n 为全部简单图形的数目。

在计算组合截面对 z、y 轴惯性矩时,应首先确定每一简单图形对平行于 z、y 轴的自身形心轴 z_{ci}、y_{ci} 的惯性矩,然后利用平行移轴公式(Ⅰ-11)和(Ⅰ-12)计算简单图形对 z、y 轴的惯性矩,最后求其总和。

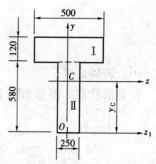

图Ⅰ-9

【例Ⅰ-5】 试计算图Ⅰ-9所示T形截面对形心轴 z、y 的惯性矩。

【解】 1.确定截面形心位置

由于截面有一个对称轴 y,故形心必在 y 轴上,即 $z_c = 0$。为确定形心的位置,选 z_1 轴为参考坐标轴,如图Ⅰ-9所示。则形心坐标 y_c 由式(Ⅰ-5)得:

$$y_c = \frac{A_{\text{I}} y_{\text{I}} + A_{\text{II}} y_{\text{II}}}{A_{\text{I}} + A_{\text{II}}} = \frac{500 \times 120 \times (580+60) + 250 \times 580 \times 290}{500 \times 120 + 250 \times 580} = 392 \text{mm}$$

2.计算对截面形心轴的惯性矩。

该T形截面由Ⅰ、Ⅱ两个矩形组成,每个矩形对其自身形心轴的惯性矩可按表Ⅰ-1(或[例Ⅰ-3])中的公式计算。对 z 轴的惯性矩,利用平行移轴公式(Ⅰ-11)以及式(Ⅰ-14)可得

$$I_z = I_{z\text{I}} + I_{z\text{II}} = \left[\frac{500 \times 120^3}{12} + (640-392)^2 \times 500 \times 120\right]$$

$$+ \left[\frac{250 \times 580^3}{12} + (392-290)^2 \times 250 \times 580\right]$$

$$= 932 \times 10^7 \text{mm}^4$$

由于 y 轴为对称轴,Ⅰ、Ⅱ两个矩形的形心均在 y 轴上,故可直接由式(Ⅰ-14)得

$$I_y = I_{y\text{I}} + I_{y\text{II}} = \frac{120 \times 500^3}{12} + \frac{580 \times 250^3}{12} = 200 \times 10^7 \text{mm}^4$$

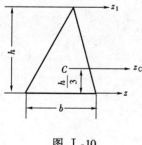

图Ⅰ-10

【例Ⅰ-6】 三角形截面如图Ⅰ-10所示。已知 $I_z = \frac{1}{12}bh^3$,z_1 轴与 z 轴平行,试求该截面对 z_1 轴的惯性矩 I_{z1}。

【解】 已知截面形心 C 到 z 轴的距离为 $h/3$,根据平行移轴公式(Ⅰ-11),可得

$$I_z = I_{zc} + \left(\frac{1}{3}h\right)^2 A \quad (a)$$

$$I_{z1} = I_{zc} + \left(\frac{2}{3}h\right)^2 A \quad (b)$$

由式(a)、(b)可得:

$$I_{z1} - I_z = \left[\left(\frac{2}{3}h\right)^2 - \left(\frac{1}{3}h\right)^2\right]A$$

247

故三角形截面对 z_1 轴的惯性矩为:

$$I_{z1} = \frac{bh^3}{12} + \frac{1}{3}h^2 \cdot \frac{1}{2}bh = \frac{1}{4}bh^3$$

第四节 转轴公式·主惯性轴

一、转轴公式

任意形状截面图形如图 Ⅰ-11 所示，其面积为 A，z、y 为通过截面内任一点 O 的一对正交轴。截面对 z、y 轴的惯性矩和惯性积分别为 I_z、I_y 和 I_{zy}。z_1、y_1 轴为通过同一点 O 的另一对正交轴，它们与 z、y 轴的夹角均为 α。角 α 规定为，从 z 轴到 z_1 轴逆时针转向为正值，反之为负值。截面对 z_1、y_1 轴的惯性矩和惯性积分别为 I_{z1}、I_{y1} 和 I_{z1y1}。

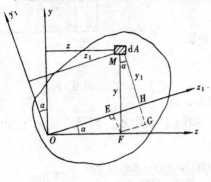

图 Ⅰ-11

如图 Ⅰ-11 所示，截面内任一微面积 dA 在两个坐标系中的坐标 $(y_1、z_1)$ 和 $(y、z)$ 之间的关系为：

$$y_1 = MH = MG - EF = y\cos\alpha - z\sin\alpha$$

$$z_1 = OH = OE + FG = z\cos\alpha + y\sin\alpha$$

根据定义，截面对 z_1 轴的惯性矩为：

$$I_{z1} = \int_A y_1^2 dA = \int_A (y\cos\alpha - z\sin\alpha)^2 dA$$

$$= \cos^2\alpha \int_A y^2 dA - 2\sin\alpha \cdot \cos\alpha \int_A yz\, dA + \sin^2\alpha \int_A z^2 dA$$

上式中，$\int_A y^2 dA = I_z$，$\int_A z^2 dA = I_y$，$\int_A yz\, dA = I_{zy}$，并利用三角公式 $\cos^2\alpha = \frac{1}{2}(1+\cos2\alpha)$，$\sin^2\alpha = \frac{1}{2}(1-\cos2\alpha)$，经整理得到

$$I_{z1} = \frac{I_z + I_y}{2} + \frac{I_z - I_y}{2}\cos2\alpha - I_{zy}\sin2\alpha \qquad (Ⅰ-15)$$

同理，可得截面对 y_1 轴的惯性矩 I_{y1} 和对 z_1、y_1 轴的惯性积 I_{z1y1} 为：

$$I_{y1} = \frac{I_z + I_y}{2} - \frac{I_z - I_y}{2}\cos2\alpha + I_{zy}\sin2\alpha \qquad (Ⅰ-16)$$

$$I_{z1y1} = \frac{I_z - I_y}{2}\sin2\alpha + I_{zy}\cos2\alpha \qquad (Ⅰ-17)$$

以上三式称为惯性矩和惯性积的转轴公式。

将公式（Ⅰ-15）和式（Ⅰ-16）左右两边分别相加，可得

$$I_{z1} + I_{y1} = I_z + I_y \qquad (Ⅰ-18)$$

上式说明，截面对于通过同一点的任意一对正交轴的惯性矩之和为一常数，并等于该截面对该坐标原点的极惯性矩。

二、主惯性轴和主惯性矩

由公式（Ⅰ-17）可知，当坐标轴旋转时，惯性积 $I_{z_1y_1}$ 将随着 α 角作周期性变化，其值可正可负，也可能等于零。当截面对通过 O 点一对坐标轴 z_0、y_0 的惯性积等于零时，这一对坐标轴称为主惯性轴。简称为主轴。截面对主惯性轴的惯性矩称为主惯性矩。

对于任意截面图形，主惯性轴的位置可由式（Ⅰ-17）来确定。设 $\alpha = \alpha_0$ 时，$I_{z_1y_1} = 0$ $\left(\text{或由} \dfrac{dI_{z_1}}{dx} = 0 \text{ 得出}\right)$，即

$$\frac{I_z - I_y}{2}\sin 2\alpha_0 + I_{zy}\cos 2\alpha_0 = 0$$

得

$$\tan 2\alpha_0 = -\frac{2I_{zy}}{I_z - I_y} \qquad (\text{Ⅰ-19})$$

由式（Ⅰ-19）求出 α_0 值，这就确定了主惯性轴的位置。把求得的 α_0 值代入式（Ⅰ-15）和式（Ⅰ-16），即可得到截面主惯性矩的计算公式，且它们分别为最大值和最小值：

$$\left.\begin{aligned} I_{\max} &= \frac{I_z + I_y}{2} + \sqrt{\left(\frac{I_z - I_y}{2}\right)^2 + I_{zy}^2} \\ I_{\min} &= \frac{I_z + I_y}{2} - \sqrt{\left(\frac{I_z - I_y}{2}\right)^2 + I_{zy}^2} \end{aligned}\right\} \qquad (\text{Ⅰ-20})$$

通过截面形心的主惯性轴称为形心主惯性轴，简称为形心主轴。截面对形心主轴的惯性矩称为形心主惯性矩。确定形心主轴的位置是十分重要的。对于具有对称轴的截面，其形心主轴的位置可按如下方法确定：

（1）如果截面有一个对称轴，则该轴必是形心主轴，而另一个形心主轴通过截面形心且与该轴相垂直，如图Ⅰ-12（a）所示。

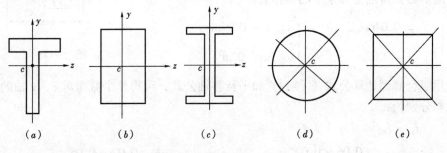

图Ⅰ-12

（2）如果截面有两个对称轴，则该两轴就是形心主轴，如图Ⅰ-12（b）、（c）所示。

（3）如果截面具有两个以上对称轴，则任一个对称轴都是形心主轴，且截面对任一形心主轴的惯性矩都相等。如图Ⅰ-12（d）、（e）所示。

在一般情况下，计算组合截面的形心主惯性矩，应首先确定形心位置，然后通过形心建立一对便于计算惯性矩和惯性积的坐标轴，并求出截面对这一对坐标轴的惯性矩和惯性积；再利用公式（Ⅰ-19）和式（Ⅰ-20）确定形心主轴的位置和主惯性矩的数值。

【例Ⅰ-7】 如图Ⅰ-13所示，截面由两个相同的等边角钢 $100\text{mm} \times 100\text{mm} \times 10\text{mm}$ 组合而成。C 为单个角钢截面的形心。试求此组合截面的形心主惯性矩 I_z 和 I_y。

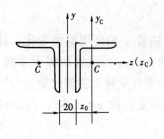

图Ⅰ-13

【解】 1.确定形心主轴

由图Ⅰ-13可知，y 轴为截面对称轴，截面形心必位于 CC 连线与 y 轴的交点上，故 z、y 轴即为形心主轴。

2.计算形心主惯性矩

由型钢表可查得等边角钢 $100 \times 100 \times 10$ 的有关数据：

$$A = 19.261 \text{cm}^2, \quad I_{zc} = I_{yc} = 179.51 \text{cm}^4$$

$$z_0 = 2.84 \text{cm}$$

则此组合截面对 z 轴惯性矩等于每个角钢对 z_c 轴惯性矩之和，即

$$I_z = 2I_{zc} = 2 \times 179.51 = 359 \text{cm}^4$$

截面对 y 轴惯性矩，利用平行移轴定理，计算每个角钢对 y 轴惯性矩之和，即

$$I_y = 2\left[I_{yc} + \left(z_0 + \frac{2}{2}\right)^2 A\right] = 2 \times [179.51 + (2.84 + 1)^2 \times 19.261]$$

$$= 927 \text{cm}^4$$

【例Ⅰ-8】 试确定图Ⅰ-14所示截面的形心主轴位置，并求形心主惯性矩。

【解】 1.确定形心位置。

图示截面可看作是由Ⅰ、Ⅱ、Ⅲ三个矩形所组成。由于截面形状为极对称，因此该截面的形心 C 与矩形Ⅱ的形心相重合。

2.选取形心轴 z、y，并计算截面对 z、y 轴的惯性矩和惯性积。

为计算方便，选取 z、y 轴如图Ⅰ-14所示。矩形Ⅰ、Ⅲ的形心在所选坐标系中的坐标为：

$$\begin{cases} a_\text{Ⅰ} = 0.04\text{m} \\ b_\text{Ⅰ} = -0.02\text{m} \end{cases} \quad \begin{cases} a_\text{Ⅲ} = -0.04\text{m} \\ b_\text{Ⅲ} = 0.02\text{m} \end{cases}$$

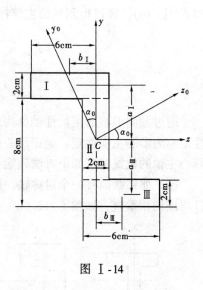

图Ⅰ-14

利用组合截面计算公式（Ⅰ-14）和平行移轴公式，可得整个截面对 z、y 轴的惯性矩和惯性积分别为：

$$I_z = I_{z\text{Ⅰ}} + I_{z\text{Ⅱ}} + I_{z\text{Ⅲ}}$$

$$= 2 \times \left(\frac{0.06 \times 0.02^3}{12} + 0.06 \times 0.02 \times 0.04^2\right) + \frac{0.02 \times 0.06^3}{12}$$

$$= 0.428 \times 10^{-5} \text{m}^4$$

$$I_y = I_{y\text{Ⅰ}} + I_{y\text{Ⅱ}} + I_{y\text{Ⅲ}} = 2 \times \left(\frac{0.02 \times 0.06^3}{12} + 0.06 \times 0.02 \times 0.02^2\right)$$

$$+ \frac{0.06 \times 0.02^3}{12} = 0.172 \times 10^{-5} \text{m}^4$$

$$I_{zy} = I_{zy\text{Ⅰ}} + I_{zy\text{Ⅲ}}$$

$$= 0.04 \times (-0.02) \times 0.06 \times 0.02 + (-0.04) \times 0.02 \times 0.06 \times 0.02$$

$$= -0.192 \times 10^{-5} \text{m}^4$$

3. 确定形心主轴的位置。

将上述结果代入式（Ⅰ-19），得

$$\tan 2\alpha_0 = -\frac{2I_{zy}}{I_z - I_y} = -\frac{2 \times (-0.192 \times 10^{-5})}{(0.428 - 0.172) \times 10^{-5}} = 1.5$$

故

$$2\alpha_0 = \tan^{-1}(1.5) = 0.982 \text{rad}$$

$$\alpha_0 = 0.491 \text{rad}$$

即从 z 轴逆时针转过 0.491rad 便是形心主轴 z_0 的位置，另一形心主轴 y_0 与 z_0 相垂直，如图Ⅰ-14 所示。

4. 计算形心主惯性矩。

将上述的 I_z、I_y 和 I_{zy} 代入式（Ⅰ-20），得

$$I_{z0} = I_{\max} = \frac{I_z + I_y}{2} + \sqrt{\left(\frac{I_z - I_y}{2}\right)^2 + I_{zy}^2} = 0.531 \times 10^{-5} \text{m}^4$$

$$I_{y0} = I_{\min} = \frac{I_z + I_y}{2} - \sqrt{\left(\frac{I_z - I_y}{2}\right)^2 + I_{zy}^2} = 0.069 \times 10^{-5} \text{m}^4$$

本 章 小 结

本章的主要内容是研究与杆件的截面形状和尺寸有关的一些几何量（如静矩、惯性矩、惯性积、主轴和主惯性矩等）的定义和计算方法。这些几何量统称为截面的几何性质。它们直接影响杆件的强度、刚度和稳定性。

1. 截面的几何性质包括：形心、静矩、惯性矩、惯性积、极惯性矩、主轴、主惯性矩、形心主轴和形心主惯性矩等，对它们的定义必须有明确的了解。

2. 截面的几何性质都是对确定的坐标系而言的。静矩、惯性矩是对坐标轴而言的；惯性积是对过一点的正交坐标轴而言的；极惯性矩则是对坐标原点而言的。对不同的坐标系，它们的数值是不同的。惯性矩和极惯性矩恒为正值，静矩和惯性积可正可负，也可能为零。

3. 静矩的计算既可按定义作积分运算，也可利用静矩与形心的关系，即公式（Ⅰ-2）、（Ⅰ-3）计算。计算时应注意形心坐标的正负号。

4. 惯性矩的计算，特别是组合截面形心主惯性矩的计算是工程中常见的问题，也是本章的重点。为简化计算，对于具有对称轴的截面图形，必须应用本章第四节中确定形心主轴的规律，首先确定形心主轴位置，然后再计算截面对形心主轴的惯性矩；对于无对称轴的截面图形应首先确定形心位置，然后确定形心主轴位置，再进行形心主惯性矩的计算。

5. 平行移轴公式是计算惯性矩的一个重要公式。使用时 z_c 轴、y_c 轴必须是形心轴，即在两个相互平行轴中，其中一个轴必须是形心轴。

6. 任何截面必定存在且至少有一对形心主轴。它们既通过形心，又是主轴。因此，

形心主轴具有下列特性:

(1) 整个截面对形心主轴的静矩恒为零;
(2) 整个截面对于一对正交形心主轴的惯性积等于零;
(3) 在通过形心的所有轴中,截面对一对正交形心主轴的惯性矩,分别为极大值和极小值;
(4) 通过截面形心并包含对称轴的一对正交轴,必定是形心主轴。

思 考 题

Ⅰ-1 如何计算截面对某一轴的静矩?静矩与形心有何关系?静矩为零的条件是什么?

Ⅰ-2 下列说法哪些是正确的?
(1) 截面的对称轴必定通过截面形心;
(2) 截面如有两条对称轴,则该两对称轴的交点必为形心;
(3) 截面对于对称轴的静矩恒为零值;
(4) 若截面对某轴的静矩为零,则该轴必为对称轴。

Ⅰ-3 如何确定组合截面的形心位置?

Ⅰ-4 如何定义截面对坐标轴的惯性矩和惯性积?

Ⅰ-5 为什么截面对于包括对称轴在内的正交坐标系的惯性积一定等于零?图Ⅰ-15所示各截面图形中 C 是形心,截面对图示坐标系的惯性积是否为零?

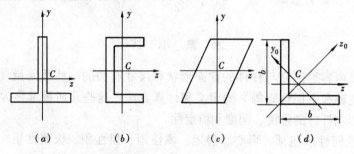

图Ⅰ-15 思考题 Ⅰ-5 图

Ⅰ-6 两截面图形如图Ⅰ-16所示,图中尺寸 a 和 d 分别相等,则两截面对图示坐标轴的惯性矩的关系如何?哪个图形的惯性矩较大?

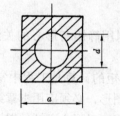 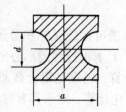

图Ⅰ-16 思考题 Ⅰ-6 图

Ⅰ-7 应用平行移轴公式应注意哪些问题?

Ⅰ-8 何谓主轴、主惯性矩、形心主轴和形心主惯性矩?在一正交坐标系中,其中一轴为形心轴,则另一轴必为主轴,必为形心主轴?截面的对称轴必为形心主轴?形心主轴一定是对称轴?

Ⅰ-9 试画出图Ⅰ-17所示截面图形的形心主轴的大致位置,并指出各截面对哪个轴的惯性矩较大。

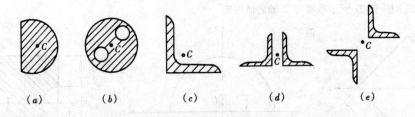

图Ⅰ-17 思考题Ⅰ-9图

Ⅰ-10 过图Ⅰ-18所示等腰直角三角形斜边中点 D 有一对正交坐标轴 z、y，试问 z、y 轴是否为一对主惯性轴？截面对 z、y 轴的惯性矩和惯性积各为多少？

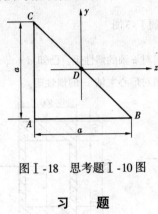

图Ⅰ-18 思考题Ⅰ-10图

习　题

Ⅰ-1 试求图Ⅰ-19所示各截面的阴影部分对 y 轴的静矩。

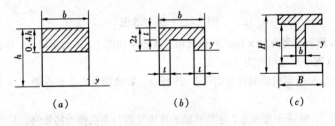

图Ⅰ-19 题Ⅰ-1图

Ⅰ-2 试求图Ⅰ-20所示截面的形心位置。

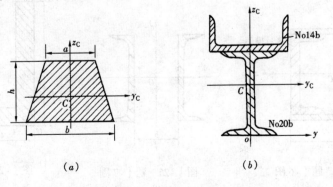

图Ⅰ-20 题Ⅰ-2图

Ⅰ-3 试求图Ⅰ-21所示截面对 Z 轴的惯性矩。

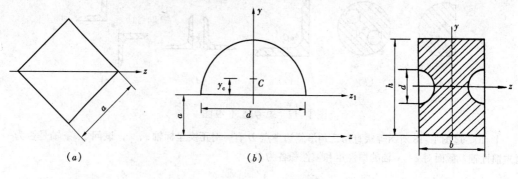

图Ⅰ-21 题Ⅰ-3图   图Ⅰ-22 题Ⅰ-4图

Ⅰ-4 试求图Ⅰ-22所示组合截面对 z 轴的惯性矩。已知 $d = \dfrac{h}{2}$,$b = \dfrac{2}{3}h$。

Ⅰ-5 试求图Ⅰ-23所示组合截面对形心主轴 z_0 的惯性矩。

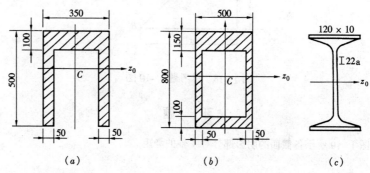

图Ⅰ-23 题Ⅰ-5图

Ⅰ-6 两个8号槽钢与两块 $10 \times 1 \mathrm{cm}^2$ 的钢板相连接组成如图Ⅰ-24所示截面,求该组合截面对形心轴 z_c、y_c 的惯性矩(图中尺寸单位为"cm")。

Ⅰ-7 由两个20a号槽钢组成的截面如图Ⅰ-25所示,如欲使形心主惯性矩 $I_{zc} = I_{yc}$,问距离 b 应为多少?

Ⅰ-8 试确定图Ⅰ-26所示截面形心主惯性轴的位置及形心主惯性矩的数值。

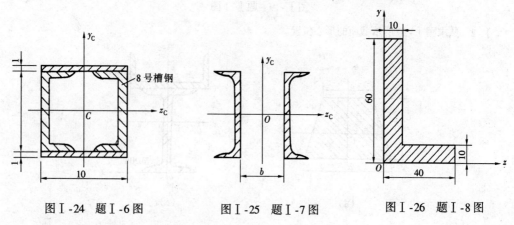

图Ⅰ-24 题Ⅰ-6图   图Ⅰ-25 题Ⅰ-7图   图Ⅰ-26 题Ⅰ-8图

附录 Ⅱ

型 钢 表

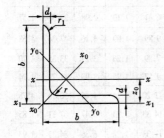

热轧等边角钢（GB9787—88） 表Ⅱ-1

符号意义：b——边宽度； I——惯性矩；
d——边厚度； i——惯性半径；
r——内圆弧半径； W——截面系数；
r_1——边端内圆弧半径； z_0——重心距离。

角钢号数	尺寸 (mm)			截面面积 (cm^2)	理论重量 (kg/m)	外表面积 (m^2/m)	参考数值										
							$x-x$			x_0-x_0			y_0-y_0			x_1-x_1	z_0 (cm)
	b	d	r				I_x (cm^4)	i_x (cm)	W_x (cm^3)	I_{x0} (cm^4)	i_{x0} (cm)	W_{x0} (cm^3)	I_{y0} (cm^4)	i_{y0} (cm)	W_{y0} (cm^3)	I_{x1} (cm^4)	
2	20	3	3.5	1.132	0.889	0.078	0.40	0.59	0.29	0.63	0.75	0.45	0.17	0.39	0.20	0.81	0.60
		4		1.459	1.145	0.077	0.50	0.58	0.36	0.78	0.73	0.55	0.22	0.38	0.24	1.09	0.64
2.5	25	3		1.432	1.124	0.098	0.82	0.76	0.46	1.29	0.95	0.73	0.34	0.49	0.33	1.57	0.73
		4		1.859	1.459	0.097	1.03	0.74	0.59	1.62	0.93	0.92	0.43	0.48	0.40	2.11	0.76
3.0	30	3	4.5	1.794	1.373	0.117	1.46	0.91	0.68	2.31	1.15	1.09	0.61	0.59	0.51	2.71	0.85
		4		2.276	1.786	0.117	1.84	0.90	0.87	2.92	1.13	1.37	0.77	0.58	0.62	3.63	0.89
3.6	36	3		2.109	1.656	0.141	2.58	1.11	0.99	4.09	1.39	1.61	1.07	0.71	0.76	4.68	1.00
		4		2.756	2.163	0.141	3.29	1.09	1.28	5.22	1.38	2.05	1.37	0.70	0.93	6.25	1.04
		5		3.382	2.654	0.141	3.95	1.08	1.56	6.24	1.36	2.45	1.65	0.70	1.09	7.84	1.07
4.0	40	3	5	2.359	1.852	0.157	3.59	1.23	1.23	5.69	1.55	2.01	1.49	0.79	0.96	6.41	1.09
		4		3.086	2.422	0.157	4.60	1.22	1.60	7.29	1.54	2.58	1.91	0.79	1.19	8.56	1.13
		5		3.791	2.976	0.156	5.53	1.21	1.96	8.76	1.52	3.10	2.30	0.78	1.39	10.74	1.17
4.5	45	3	5	2.659	2.088	0.177	5.17	1.40	1.58	8.20	1.76	2.58	1.14	0.89	1.24	9.12	1.22
		4		3.486	2.736	0.177	6.65	1.38	2.05	10.56	1.74	3.32	2.75	0.89	1.54	12.18	1.26
		5		4.292	3.369	0.176	8.04	1.37	2.51	12.74	1.72	4.00	3.33	0.88	1.81	15.25	1.30
		6		5.076	3.985	0.176	9.33	1.36	2.95	14.76	1.70	4.64	3.89	0.88	2.06	18.36	1.33
5	50	3	5.5	2.971	2.332	0.197	7.18	1.55	1.96	11.37	1.96	2.8	1.00	1.57	12.50	1.34	
		4		3.897	3.059	0.197	9.26	1.54	2.56	14.70	1.94	4.16	3.82	0.99	1.96	16.69	1.38
		5		4.803	3.770	0.196	11.21	1.53	3.13	17.79	1.92	5.03	4.64	0.98	2.31	20.90	1.42
		6		5.688	4.465	0.196	13.05	1.52	3.68	20.68	1.91	5.85	5.42	0.98	2.63	25.14	1.46

255

续表

角钢号数	尺寸 (mm) b	d	r	截面面积 (cm²)	理论重量 (kg/m)	外表面积 (m²/m)	参考数值										z_0 (cm)
							$x-x$			x_0-x_0			y_0-y_0			x_1-x_1	
							I_x (cm⁴)	i_x (cm)	W_x (cm³)	I_{x0} (cm⁴)	i_{x0} (cm)	W_{x0} (cm³)	I_{y0} (cm⁴)	i_{y0} (cm)	W_{y0} (cm³)	I_{x1} (cm⁴)	
5.6	56	3	6	3.343	2.624	0.221	10.19	1.75	2.48	16.14	2.20	4.08	4.24	1.13	2.02	17.56	1.48
		4		4.390	3.446	0.220	13.18	1.73	3.24	20.92	2.18	5.28	5.46	1.11	2.52	23.43	1.53
		5		5.415	4.251	0.220	16.02	1.72	3.97	25.42	2.17	6.42	6.41	1.10	2.98	29.33	1.57
		6		9.367	6.568	0.219	23.63	1.68	6.03	37.37	2.11	9.44	9.89	1.09	4.16	47.24	1.68
6.3	63	4	7	4.978	3.907	0.248	19.03	1.96	4.13	30.17	2.46	6.78	7.89	1.26	3.29	33.35	1.70
		5		6.143	4.822	0.248	23.17	1.94	5.08	36.77	2.45	8.25	9.57	1.25	3.90	41.73	1.74
		6		7.288	5.721	0.247	27.12	1.93	6.00	43.03	2.43	9.66	11.20	1.24	4.46	50.14	4.78
		8		9.515	73.469	0.247	34.46	1.90	7.75	54.56	2.40	12.25	14.33	1.23	5.47	67.11	1.85
		10		11.657	9.151	0.246	41.09	1.88	9.39	97.85	2.36	14.58	17.33	1.22	6.36	84.31	1.93
7	70	4	8	5.570	4.372	0.275	26.39	2.18	5.14	41.80	2.74	8.44	10.99	1.40	4.17	45.74	1.86
		5		6.875	5.397	0.275	32.21	2.16	6.32	51.08	2.73	10.32	13.34	1.39	4.95	57.21	1.91
		6		8.160	6.406	0.275	37.77	2.15	7.48	59.93	2.71	12.11	15.61	1.38	5.67	68.73	1.95
		7		9.424	7.398	0.275	43.09	2.14	8.59	68.35	2.69	13.81	17.82	1.38	6.34	80.29	1.99
		8		10.667	8.373	0.274	48.17	2.12	9.68	76.37	2.68	15.43	19.98	1.37	6.98	91.92	2.03
7.5	75	5	9	7.412	5.818	0.295	39.97	2.33	7.32	63.30	2.92	11.94	16.63	1.50	5.77	70.56	2.04
		6		8.797	6.905	0.294	46.95	2.31	8.64	74.38	2.90	14.02	19.51	1.49	6.67	34.55	2.07
		7		10.160	7.976	0.294	53.57	2.30	9.93	84.96	2.89	16.02	22.18	1.48	7.44	98.71	2.11
		8		11.503	9.030	0.294	59.96	2.28	11.20	95.07	2.88	17.93	24.86	1.47	8.19	112.97	2.15
		10		14.126	11.089	0.293	71.98	2.26	13.64	113.92	2.84	21.45	30.05	1.46	9.56	141.71	2.22
8	89	5	9	7.912	6.211	0.315	48.79	2.48	8.34	77.33	3.13	13.67	20.25	1.60	6.66	85.36	2.15
		6		9.397	7.376	0.314	57.35	2.47	9.87	90.98	3.11	16.08	23.72	1.59	7.65	102.50	2.19
		7		40.860	8.525	0.314	65.58	2.46	11.37	104.07	3.10	18.40	27.09	1.58	8.58	119.70	2.23
		8		12.303	9.658	0.314	73.49	2.44	12.83	116.60	3.08	20.61	30.39	1.57	8.46	136.97	2.27
		10		15.126	11.874	0.313	88.43	2.42	15.64	140.09	3.04	24.76	36.77	1.56	11.08	171.74	2.35
9	90	6	10	10.637	8.350	0.354	82.77	2.79	12.61	131.26	3.51	20.63	34.28	1.80	9.95	145.87	2.44
		7		12.301	9.656	0.354	94.83	2.78	14.54	150.47	3.50	23.64	39.18	1.78	11.19	170.30	2.48
		8		13.944	10.946	0.353	106.47	2.76	16.42	168.97	3.48	26.55	43.97	1.78	12.35	194.80	2.52
		10		17.167	13.476	0.353	128.58	2.74	20.07	203.90	3.45	32.04	3.26	1.76	14.52	244.07	2.59
		12		20.306	15.940	0.352	149.22	2.71	23.57	236.21	3.41	37.12	62.22	1.75	16.49	298.76	2.67
10	100	6	12	11.932	9.366	0.393	114.95	3.10	15.68	181.98	3.90	25.74	47.92	2.00	12.69	200.07	2.67
		7		13.796	10.830	0.393	131.86	3.09	18.10	208.97	3.89	29.55	54.74	1.99	14.26	233.54	2.71
		8		15.638	12.276	0.393	148.24	3.08	20.47	235.07	3.88	33.24	61.41	1.98	15.75	267.09	2.76
		10		19.261	15.120	0.392	179.51	3.05	25.06	284.68	3.84	40.26	74.35	1.96	18.54	334.48	2.84
		12		22.800	17.898	0.391	208.90	3.03	29.48	330.95	3.81	46.80	86.84	1.95	21.08	402.34	2.91
		14		26.256	20.611	0.391	236.53	3.00	33.73	374.06	3.77	52.90	99.00	1.94	23.44	470.75	2.99
		16		29.627	23.257	0.390	262.53	2.98	37.82	414.16	3.74	58.57	110.89	1.94	25.63	539.80	3.06

续表

角钢号数	尺寸(mm) b	d	r	截面面积(cm^2)	理论重量(kg/m)	外表面积(m^2/m)	$x-x$ I_x(cm^4)	i_x(cm)	W_x(cm^3)	x_0-x_0 I_{x0}(cm^4)	i_{x0}(cm)	W_{x0}(cm^3)	y_0-y_0 I_{y0}(cm^4)	i_{y0}(cm)	W_{y0}(cm^3)	x_1-x_1 I_{x1}(cm^4)	z_0(cm)
11	110	7	12	15.196	11.928	0.433	177.16	3.41	22.05	280.94	4.30	36.12	73.38	2.20	17.50	310.64	2.96
		8		17.238	13.532	0.433	199.46	3.40	24.95	316.49	4.28	40.69	82.42	2.19	19.39	355.20	3.01
		10		21.261	16.690	0.432	242.19	3.38	30.60	384.39	4.25	49.42	99.98	2.17	22.91	444.65	3.09
		12		25.200	19.782	0.431	282.55	3.35	36.05	448.17	4.22	57.62	116.93	2.15	26.15	534.60	3.10
		14		29.056	22.809	0.431	320.71	3.32	41.31	508.01	4.18	65.31	133.40	2.14	29.14	625.16	3.24
12.5	125	8	14	19.750	15.504	0.492	297.03	3.88	32.52	470.89	4.88	53.28	123.16	2.50	25.86	521.01	3.37
		10		24.373	19.133	0.491	361.67	3.85	39.97	573.89	4.85	64.93	149.46	2.48	30.62	651.93	3.45
		12		28.912	22.696	0.491	423.16	3.83	41.17	671.44	4.82	75.96	174.88	2.46	35.03	783.42	3.53
		14		33.367	26.193	0.490	481.65	3.80	54.16	763.73	4.78	86.41	199.57	2.45	39.13	915.11	3.61
14	140	10	14	27.373	21.488	0.551	603.68	4.34	50.58	817.27	5.46	82.56	212.04	2.78	39.20	915.11	3.82
		12		32.512	25.522	0.551	603.68	4.31	59.80	958.79	5.43	96.85	248.57	2.76	45.02	1099.28	3.90
		14		27.567	29.490	0.550	688.81	4.28	68.75	1093.56	5.40	110.47	284.06	2.75	50.45	1284.22	3.98
		16		42.539	33.393	0.549	770.24	4.26	77.46	1221.81	5.36	123.42	318.67	2.74	55.55	147.07	4.06
16	160	10	14	31.502	24.729	0.630	779.53	4.98	66.70	1237.30	6.27	109.36	321.76	3.20	52.76	1365.33	4.31
		12		37.441	22.391	0.630	916.58	4.95	76.98	1455.68	6.24	128.67	377.40	3.18	60.74	1630.57	4.39
		14		48.206	33.987	0.329	1048.86	4.82	90.95	1565.02	6.20	147.17	431.70	3.16	68.24	1914.68	4.47
		16		49.057	33.518	0.629	175.05	4.89	102.68	1885.57	6.17	164.88	484.59	3.14	75.31	2190.82	4.55
18	180	12	14	42.241	33.159	0.710	1841.35	3.59	100.30	1100.10	7.05	165.00	542.61	3.53	78.41	2882.60	4.89
		14		48.893	38.383	0.709	1614.48	5.56	115.25	2407.42	7.02	180.14	621.53	3.56	88.56	2723.48	4.97
		16		55.467	43.542	0.709	1700.99	5.54	131.13	2703.37	6.03	242.40	808.60	3.55	97.83	3115.20	5.05
		18		61.955	48.634	0.708	1875.12	8.50	145.64	8088.24	6.94	234.78	762.01	3.51	105.14	3502.48	5.13
20	200	14	18	54.842	42.894	0.788	2103.55	6.20	144.70	3343.26	7.82	236.40	834.88	8.90	11.82	3734.10	5.45
		16		62.013	48.680	0.788	2336.15	6.18	168.65	3760.80	7.79	265.98	971.41	3.90	123.96	4270.20	5.54
		18		69.301	54.401	0.787	2620.64	6.15	182.22	4164.54	7.75	294.48	1076.74	3.94	135.52	4808.18	5.52
		20		76.505	50.056	0.787	2867.50	6.12	200.42	4554.55	7.72	322.06	1180.04	2.96	146.56	1347.51	5.60
		24		90.661	71.168	0.765	8338.25	8.07	236.17	5194.97	7.64	374.41	1381.53	3.90	106.65	6457.16	5.87

注：截面图中的 $r_1 = 1/3d$ 及表中 r 值的数据用于孔型设计，不做交货条件。

热轧不等边角钢（GB9788—88）

表Ⅱ-2

符号意义：
- B ——长边宽度；
- b ——短边宽度；
- d ——边厚度；
- r ——内圆弧半径；
- r_1 ——边端内圆弧半径；
- I ——惯性矩；
- i ——惯性半径；
- W ——截面系数；
- x_0 ——重心距离；
- y_0 ——重心距离。

角钢号数	尺寸 (mm)				截面面积 (cm²)	理论重量 (kg/m)	外表面积 (m²/m)	参考数值														
								$x-x$				$y-y$				x_1-x_1		y_1-y_1		$u-u$			
	B	b	d	r				I_x (cm⁴)	i_x (cm)	W_x (cm³)		I_y (cm⁴)	i_y (cm)	W_y (cm³)		I_{x1} (cm⁴)	y_0 (cm)	I_{y1} (cm⁴)	x_0 (cm)	I_u (cm⁴)	i_u (cm)	W_u (cm³)	$\tan\alpha$
2.5/1.6	25	16	3	3.5	1.162	0.912	0.080	0.70	0.78	0.43		0.22	0.44	0.19		1.56	0.86	0.43	0.42	0.14	0.34	0.16	0.392
			4		1.499	1.176	0.079	0.88	0.77	0.55		0.27	0.433	0.24		2.09	0.90	0.59	0.46	0.17	0.34	0.20	0.381
3.2/2	32	20	3		1.492	1.171	0.102	1.53	1.01	0.72		0.46	0.55	0.30		3.27	1.08	0.82	0.49	0.28	0.43	0.25	0.382
			4		1.939	1.522	0.101	1.93	1.00	0.93		0.57	0.54	0.39		4.37	1.12	1.12	0.53	0.35	-0.42	0.32	0.374
4/2.5	40	25	3	4	1.890	1.484	0.127	3.08	1.28	1.15		0.93	0.70	0.49		5.39	1.32	1.59	0.59	0.56	0.54	0.40	0.385
			4		2.467	1.936	0.127	3.93	1.26	1.49		1.18	0.69	0.63		8.53	1.37	2.14	0.63	0.71	0.54	0.52	0.381
4.5/2.8	45	28	3	5	2.149	1.687	0.143	4.45	1.44	1.47		1.34	0.79	0.62		9.10	1.47	2.23	0.64	0.80	0.61	0.51	0.383
			4		2.806	2.203	0.143	5.69	1.42	1.91		1.70	0.78	0.80		12.13	1.51	3.00	0.68	1.02	0.60	0.66	0.380
5/3.2	50	32	3	5.5	2.431	1.908	0.161	6.24	1.60	1.84		2.02	0.91	0.82		12.49	1.60	3.31	0.73	1.20	0.70	0.68	0.404
			4		3.177	2.494	0.160	8.02	1.59	2.39		2.58	0.90	1.06		16.65	1.65	4.45	0.77	1.53	0.69	0.87	0.402
5.6/3.6	56	36	3	6	2.743	2.153	0.181	8.88	1.80	2.32		2.92	1.03	1.05		17.54	1.78	4.70	0.80	1.73	0.79	0.87	0.408
			4		3.590	2.818	0.180	11.45	1.79	3.03		3.76	1.02	1.37		23.39	1.82	6.33	0.85	2.23	0.79	1.13	0.408
			5		4.415	3.466	0.181	13.86	1.77	3.71		4.49	1.01	1.65		29.25	1.87	7.94	0.88	2.67	0.78	1.36	0.404

续表

角钢号数	尺寸 (mm)				截面面积 (cm²)	理论重量 (kg/m)	外表面积 (m²/m)	x-x			y-y			x_1-x_1		y_1-y_1		u-u			
	B	b	d	r				I_x (cm⁴)	i_x (cm)	W_x (cm³)	I_y (cm⁴)	i_y (cm)	W_y (cm³)	I_{x1} (cm⁴)	y_0 (cm)	I_{y1} (cm⁴)	x_0 (cm)	I_u (cm⁴)	i_u (cm)	W_u (cm³)	tanα
6.3/4	63	40	4	7	4.058	3.185	0.202	16.49	2.02	3.87	5.23	1.14	1.70	33.30	2.04	2.63	0.92	3.12	0.88	1.40	0.398
			5		4.993	3.920	0.202	20.02	2.00	4.74	6.31	6.12	2.71	41.63	2.08	10.86	0.95	3.76	0.87	1.71	0.396
			6		5.908	4.638	0.201	23.36	1.96	5.59	7.29	1.11	2.43	49.98	2.12	13.12	0.99	4.34	0.86	1.99	0.390
			7		6.802	5.339	0.201	26.53	1.98	6.40	9.24	1.10	2.78	58.07	2.15	15.47	1.03	4.97	0.86	2.29	0.389
7/4.5	70	45	4	7.5	4.547	3.570	0.226	23.17	2.26	4.86	7.55	1.29	2.17	45.92	2.24	12.26	1.02	4.40	0.98	1.77	0.410
			5		5.609	4.403	0.225	27.95	2.23	5.92	9.13	1.28	2.65	57.10	2.28	15.39	1.06	5.40	0.98	2.19	0.407
			6		6.647	5.218	0.225	32.54	2.21	6.95	10.62	1.26	3.12	68.35	2.32	18.58	1.09	6.35	0.98	2.59	0.404
			7		7.657	6.011	0.225	37.22	2.20	8.03	12.01	1.25	3.57	79.99	2.36	21.84	1.13	7.16	0.97	2.94	0.402
(7.5/5)	75	50	5	8	6.125	4.808	0.245	34.86	2.39	6.83	12.61	1.44	3.30	70.00	2.40	21.04	1.17	7.41	1.10	2.74	0.435
			6		7.260	5.699	0.245	41.12	2.38	8.12	14.70	1.42	3.88	84.30	2.44	25.37	1.21	8.54	1.08	3.19	0.35
			8		9.467	7.431	0.244	52.39	2.35	10.52	18.53	1.40	4.99	112.50	2.52	34.23	1.29	10.87	1.07	4.10	0.429
			10		11.590	9.098	0.244	62.71	2.33	12.79	21.96	1.38	6.04	140.08	2.60	43.43	1.36	13.10	1.06	4.99	0.423
8/5	80	50	5	8	6.375	5.005	0.255	42.96	2.56	7.78	12.82	1.42	3.32	85.21	2.60	21.06	1.14	7.66	1.10	2.74	0.388
			6		7.560	5.935	0.255	49.49	2.56	9.25	14.95	1.41	3.91	102.53	2.65	25.41	1.18	8.85	1.08	3.20	0.387
			7		8.724	1.848	0.255	56.16	8.54	10.58	16.96	1.39	4.48	119.33	2.69	29.82	1.21	10.18	1.08	3.70	0.384
			8		9.867	7.745	0.254	62.83	2.52	11.92	18.85	62.38	5.03	136.41	2.73	34.32	1.25	11.38	1.07	4.16	0.381
9/5.6	90	56	5	9	7.212	5.661	0.287	60.45	2.90	9.92	18.32	1.59	4.21	121.32	2.91	29.53	1.25	10.98	1.23	3.49	0.385
			6		8.57	6.717	0.286	71.03	8.88	11.74	21.42	1.58	4.96	145.59	2.95	35.58	1.29	12.90	1.23	4.13	0.384
			7		9.880	7.756	0.286	81.01	2.86	13.49	24.36	1.57	5.70	169.60	3.00	41.76	1.33	14.67	1.22	4.72	0.382
			8		11.183	8.779	0.286	92.03	2.85	15.27	27.25	1.56	6.41	194.17	3.04	47.93	1.36	16.34	1.21	5.29	0.380

续表

角钢号数	尺寸 (mm)				截面面积 (cm^2)	理论重量 (kg/m)	外表面积 (m^2/m)	参 考 数 值													
								$x-x$			$y-y$			x_1-x_1		y_1-y_1		$u-u$			
	B	b	d	r				I_x (cm^4)	i_x (cm)	W_x (cm^3)	I_y (cm^4)	i_y (cm)	W_y (cm^3)	I_{x1} (cm^4)	y_0 (cm)	I_{y1} (cm^4)	x_0 (cm)	I_u (cm^4)	i_u (cm)	W_u (cm^3)	$\tan\alpha$
10/6.3	100	63	6	10	9.617	7.550	0.320	99.06	3.21	14.64	30.94	1.79	6.35	199.71	3.24	50.50	1.43	18.42	1.38	5.25	0.394
			7		11.11	8.722	0.320	113.45	3.20	16.88	35.26	1.78	7.29	233.00	3.28	59.14	1.47	21.00	1.38	6.02	0.394
			8		12.584	9.878	0.319	127.37	3.18	19.08	39.39	1.77	8.21	266.32	3.32	67.88	1.50	23.50	1.37	6.78	0.391
			10		15.467	12.142	0.319	153.81	3.15	23.32	47.12	1.74	9.98	333.06	3.40	85.73	1.58	28.33	1.35	8.24	0.387
10/8	100	80	6	10	10.637	8.350	0.354	107.04	3.17	15.19	61.24	2.40	10.16	199.83	2.95	102.68	1.97	31.65	1.72	8.37	0.627
			7		12.301	9.656	0.354	12.73	3.16	17.52	70.08	2.39	12.71	233.20	3.00	119.98	2.01	36.17	1.72	9.60	0.626
			8		13.944	10.946	0.353	137.92	3.14	19.81	78.58	2.37	13.21	266.61	3.04	137.37	2.05	40.58	1.71	10.80	0.625
			10		17.167	13.476	0.353	166.87	3.12	24.24	94.65	2.35	16.12	333.63	3.12	172.48	2.13	49.10	1.69	13.12	0.622
11/7	110	70	6	10	10.637	8.350	0.354	133.37	3.54	17.80	42.92	2.01	7.90	265.78	3.53	69.08	1.57	25.36	1.54	6.53	0.403
			7		12.301	9.656	0.354	153.00	3.53	206.60	69.01	2.00	9.09	310.07	3.57	80.82	1.61	28.95	1.53	7.50	0.402
			8		13.944	10.946	0.353	172.04	3.51	23.30	54.87	1.98	10.25	354.39	3.62	92.70	1.65	32.45	1.53	8.45	0.401
			10		17.167	13.476	0.353	208.39	3.48	28.54	65.88	1.96	12.48	443.13	3.70	116.83	1.72	39.20	1.51	10.29	0.397
12.5/8	125	80	7	11	14.096	11.066	0.403	227.98	4.02	26.86	74.42	2.30	12.01	454.99	4.01	120.32	1.80	43.81	1.76	9.92	0.408
			8		15.989	12.551	0.403	256.77	4.01	30.41	83.49	8.28	13.56	519.99	4.06	137.85	1.84	40.185	1.75	12.18	0.407
			10		19.712	15.474	0.402	312.07	3.98	37.33	100.67	2.26	16.56	650.09	4.14	173.40	1.92	59.45	1.74	13.64	0.404
			12		23.351	18.330	0.402	364.4	3.95	44.01	116.67	2.24	19.43	780.39	4.22	2209.67	2.00	69.35	1.72	16.01	0.400
14/9	140	90	8	12	18.038	14.60	0.453	365.64	4.50	38.48	120.69	2.59	17.34	730.53	4.50	195.79	2.04	70.83	1.98	14.31	0.411
			10		22.261	17.475	0.452	445.50	4.47	47.31	140.03	2.56	21.22	913.20	4.58	245.92	2.12	85.82	1.96	17.48	0.409
			12		26.400	20.724	0.451	521.59	4.44	55.87	169.79	2.54	24.95	1096.09	4.66	296.89	2.19	100.21	1.59	20.54	0.406
			14		30.456	23.908	0.451	594.10	4.42	64.18	192.10	2.51	28.54	1279.26	4.74	348.82	2.27	14.13	1.04	23.52	0.403

续表

角钢号数	尺寸 (mm)				截面面积 (cm²)	理论重量 (kg/m)	外表面积 (m²/m)	$x-x$				$y-y$			x_1-x_1		y_1-y_1		$u-u$			$\tan\alpha$
	B	b	d	r				I_x (cm⁴)	i_x (cm)	W_x (cm³)		I_y (cm⁴)	i_y (cm)	W_y (cm³)	I_{x1} (cm⁴)	y_0 (cm)	I_{y1} (cm⁴)	x_0 (cm)	I_u (cm⁴)	i_u (cm)	W_u (cm³)	
16/10	160	100	10	13	25.315	19.872	0.512	668.69	5.14	62.13		205.03	2185	26.56	1362.89	5.24	336.59	2.28	121.74	2.19	21.92	0.390
			12		30.054	23.592	0.511	784.91	5.11	73.49		239.06	2.82	31.28	1635.56	5.23	405.94	2.36	142.33	2.17	25.79	0.388
			14		34.709	27.247	0.510	896.30	5.08	84.56		271.20	2.80	35.83	1908.50	5.40	476.42	2.43	162.23	2.16	29.56	0.385
			16		39.281	30.835	0.510	1003.04	5.05	95.33		301.60	2.77	40.24	2181.79	5.48	548.22	2.51	182.57	2.16	33.44	0.382
18/11	180	110	10	14	28.373	22.273	0.571	956.25	5.80	78.96		278.11	3.13	32.49	1940.40	5.89	447.22	2.44	166.50	2.42	26.88	0.376
			12		33.712	26.464	0.571	1124.72	5.78	93.53		325.03	3.10	38.32	2328.38	5.98	538.94	2.52	194.87	2.40	31.66	0.374
			14		38.967	30.589	0.570	1286.91	5.75	107.76		369.55	3.08	43.97	2716.60	6.06	631.95	2.59	222.30	2.39	36.32	0.372
			16		44.139	34.649	0.569	1443.06	5.72	121.64		411.85	3.06	49.44	3105.15	6.14	726.46	2.67	248.94	2.38	40.87	0.362
20/12.5	200	125	12	14	37.912	29.761	0.641	157.90	6.44	116.73		483.16	3.57	49.99	3193.85	6.54	787.74	2.83	285.79	2.74	41.23	0.398
			14		43.867	34.436	0.640	1800.97	6.41	134.65		550.83	3.54	57.44	3726.17	6.62	922.47	2.91	326.58	2.73	47.34	0.390
			16		49.739	39.045	0.689	2023.35	6.38	152.18		615.44	3.52	64.69	4258.86	6.70	1058.86	2.99	366.21	2.71	53.32	0.382
			18		5.526	43.588	0.639	2238.30	6.35	169.33		677.19	3.49	71.74	4792.00	6.78	1197.13	3.06	404.83	2.70	59.18	0.382

注：1. 括号内型号不推荐使用；
2. 截面图中的 $r_1 = 1/3 d$ 及表中 r 的数据用于孔型设计，不做交货条件。

热扎槽钢（GB707—88） 表II-3

h——高度； r_1——腿端圆弧半径；
b——腿宽度； I——惯性矩；
d——腰厚度； W——截面系数；
t——平均腿厚度； i——惯性半径；
r——内圆弧半径； z_0——y-y 轴与 y_1-y_1 轴间距。

型号	尺 寸 (mm)						截面面积 (cm^2)	理论重量 (kg/m)	参 考 数 值						
									$x-x$			$y-y$			y_1-y_1	z_0 (cm)
	h	b	d	t	r	r_1			W_x (cm^3)	I_x (cm^4)	i_x (cm)	W_y (cm^3)	I_y (cm^4)	i_y (cm)	I_{y1} (cm^4)	
5	50	37	4.5	7	7.0	3.5	6.928	5.438	10.4	26.0	1.94	3.55	8.30	1.10	20.9	1.35
6.3	63	40	4.8	7.5	7.5	3.8	8.451	6.634	16.1	50.8	2.45	4.50	11.9	1.19	28.4	1.36
8	80	43	5.0	8	8.0	4.0	10.248	8.045	25.3	101	3.15	5.79	16.6	1.27	37.4	1.43
10	100	48	5.3	8.5	8.5	4.2	12.748	10.007	39.7	298	3.95	7.8	25.6	1.41	54.9	1.52
12.6	126	53	5.5	9	9.0	4.5	15.692	12.318	62.1	391	4.95	10.2	38.0	1.57	77.1	1.59
14a	140	58	6.0	9.5	9.5	4.8	18.516	14.535	80.5	564	5.52	13.0	53.2	1.70	107	1.71
14b	140	60	8.0	9.5	9.5	4.8	21.316	16.733	87.1	609	5.35	14.1	61.1	1.69	121	1.67
16a	160	63	6.5	10	10.0	5.0	21.962	17.240	108	866	6.28	16.3	73.3	1.83	144	1.80
16	160	65	8.5	10	10.0	5.0	25.162	19.752	117	935	6.10	17.6	83.4	1.82	161	1.75
18a	180	68	7.0	10.5	10.5	5.2	25.699	20.174	141	1270	7.04	20.0	98.6	1.96	190	1.88
18	180	70	9.0	10.5	10.5	5.2	29.299	23.000	152	1370	6.84	21.5	111	1.95	210	1.84
20a	200	73	7.0	11	11.0	5.5	28.837	22.637	178	1780	7.86	24.2	128	2.11	244	2.01
20	200	75	9.0	11	11.0	5.5	32.837	25.777	191	1910	7.64	25.9	144	2.09	268	1.95
22a	220	77	7.0	11.5	11.5	5.8	31.846	24.999	218	2390	8.67	28.2	158	2.23	298	2.10
22	220	79	9.0	11.5	11.5	5.8	36.246	28.453	234	2570	8.42	30.1	176	2.21	326	2.03
25a	250	78	7.0	12	12.0	6.0	34.917	27.410	270	3370	9.82	30.6	176	2.24	322	2.07
25b	250	80	9.0	12	12.0	6.0	39.917	31.335	282	3530	9.41	32.7	196	2.22	353	1.98
25c	250	82	11.0	12	12.0	6.0	44.917	35.260	295	3690	9.07	35.9	218	2.21	384	1.92
28a	280	82	7.5	12.5	12.5	6.2	40.034	31.427	340	4760	10.9	35.7	218	2.33	388	2.10
28b	280	84	9.5	12.5	12.5	6.2	45.634	35.823	366	5130	10.6	37.9	242	2.30	428	2.02
28c	280	86	11.5	12.5	12.5	6.2	51.234	40.219	393	5500	10.4	40.3	268	2.29	463	1.95
32a	320	88	8.0	14	14.0	7.0	48.513	38.083	475	7600	12.5	46.5	305	2.50	552	2.24
32b	320	90	10.0	14	14.0	7.0	54.913	43.107	509	8140	12.2	49.2	336	2.47	593	2.16
32c	320	92	12.0	14	14.0	7.0	61.313	48.131	543	8690	11.9	52.6	374	2.47	643	2.09
36a	360	96	9.0	16	16.0	8.0	60.910	47.814	660	11900	14.0	63.5	455	2.73	818	2.44
36b	360	98	11.0	16	16.0	8.0	68.110	53.466	703	12700	13.6	66.9	497	2.70	880	2.37
36c	360	100	13.0	16	16.0	8.0	75.310	59.118	746	13400	13.4	70.0	536	2.67	948	2.34
40a	400	100	10.5	18	18.0	9.0	75.068	58.928	879	17600	15.3	78.8	592	2.81	1070	2.49
40b	400	102	12.5	18	18.0	9.0	83.068	65.208	932	18600	15.0	82.5	640	2.78	1140	2.44
40c	400	104	14.5	18	18.0	9.0	91.068	71.488	986	19700	14.7	86.2	688	2.75	1220	2.42

注：截面图和表中标注的圆弧半径 r、r_1 的数据用于孔型设计，不做交货条件。

热扎工字钢（GB706—88） 表Ⅱ-4

h——高度； r_1——腿端圆弧半径；
b——腿宽度； I——惯性矩；
d——腰厚度； W——截面系数；
t——平均腿厚度； i——惯性半径；
r——内圆弧半径； S——半截面的静力矩。

型号	尺寸 (mm)						截面面积 (cm^2)	理论重量 (kg/m)	参考数值						
									$x-x$				$y-y$		
	h	b	d	t	r	r_1			I_x (cm^4)	W_x (cm^3)	i_x (cm)	$I_x:S_x$	I_y (cm^4)	W_y (cm^2)	i_y (cm)
10	100	68	4.5	7.6	6.5	3.3	14.345	11.261	245	49.0	4.14	8.59	33.0	9.72	1.52
12.6	126	74	5.0	8.4	7.0	3.5	18.118	14.223	488	77.5	5.20	10.8	46.9	12.7	1.61
14	140	80	5.5	9.1	7.5	3.8	21.516	16.890	712	102	5.76	12.0	64.4	16.1	1.73
16	160	88	6.0	9.9	8.0	4.0	26.131	20.513	1130	141	6.58	13.8	93.1	21.2	1.89
18	180	94	6.5	10.7	8.5	4.3	30.756	24.143	1660	185	7.36	15.4	122	26.0	2.00
20a	200	100	7.0	11.4	9.0	4.5	35.578	27.929	2370	237	8.15	17.2	158	31.5	2.12
20b	200	102	9.0	11.4	9.0	4.5	39.578	31.069	2500	250	7.96	16.9	169	33.1	2.06
22a	220	110	7.5	12.3	9.5	4.8	42.128	33.070	3400	309	8.90	18.9	225	40.9	2.31
22b	220	112	9.5	12.3	9.5	4.8	46.528	36.524	3570	325	8.78	18.7	239	42.7	2.27
25a	250	116	8.0	13.0	10.0	5.0	48.541	38.105	5020	402	10.2	21.6	280	48.6	2.40
25b	250	118	10.0	13.0	10.0	5.0	53.541	42.030	5280	423	9.94	21.3	309	52.4	2.40
28a	280	122	8.5	13.7	10.5	5.3	55.404	43.492	7110	508	11.3	24.6	345	56.6	2.50
28b	280	124	10.5	13.7	10.5	5.3	61.004	47.888	7480	534	11.1	24.2	379	61.2	2.49
32a	320	130	9.5	15.0	11.5	5.8	67.156	52.717	11100	692	12.8	27.5	460	70.8	2.62
32b	320	132	11.5	15.0	11.5	5.8	73.556	57.741	11600	726	12.6	27.1	502	76.0	2.61
32c	320	134	13.5	15.0	11.5	5.8	79.958	62.765	12200	760	12.3	26.8	544	81.2	2.61
36a	360	136	10.0	15.8	12.0	6.0	76.480	60.087	15800	875	14.4	30.7	552	31.2	2.69
36b	360	138	12.0	15.8	12.0	6.0	88.680	65.689	16500	919	14.1	30.3	582	34.3	2.64
36c	360	140	14.0	15.8	12.0	6.0	90.880	71.341	17300	962	13.8	29.9	612	37.4	2.60
40a	400	142	10.5	16.5	12.5	6.3	86.112	67.598	21700	1090	15.9	34.1	660	93.2	2.77
40b	400	144	12.5	16.5	12.5	6.3	94.112	73.878	22800	1140	15.6	33.6	692	96.2	2.71
40c	400	146	14.5	16.5	12.5	6.3	102.112	80.158	23900	1190	15.2	33.2	727	90.6	2.65
45a	450	150	11.5	18.0	13.5	6.8	102.446	80.420	32200	1430	17.7	38.6	855	114	2.89
45b	450	152	13.5	18.0	13.5	6.8	110.446	87.485	33800	1500	17.4	38.0	894	118	2.84
45c	450	154	15.5	18.0	13.5	6.8	120.446	94.550	35300	1570	17.1	37.6	938	122	2.79
50a	500	158	12.0	20.0	14.0	7.0	119.304	93.654	46500	1860	19.7	42.8	1120	142	3.07
50b	500	160	14.0	20.0	14.0	7.0	129.304	101.504	48600	1940	19.4	42.4	1170	146	3.01
50c	500	162	16.0	20.0	14.0	7.0	139.304	109.354	50600	2080	19.0	41.8	1220	151	3.06
56a	560	166	12.5	21.0	14.5	7.3	135.435	106.316	65600	2340	22.0	47.7	1370	165	3.18
56b	560	168	14.5	21.0	14.5	7.3	146.635	115.108	68500	2450	21.6	47.2	1490	174	3.16
56c	560	170	16.5	21.0	14.5	7.3	157.835	123.900	71400	2550	21.3	46.7	1560	183	3.16
63a	630	176	13.0	22.0	15.0	7.5	154.658	121.407	93900	2980	24.5	54.2	1700	193	3.31
63b	630	178	15.0	22.0	15.0	7.5	167.258	131.298	98100	3160	24.2	53.5	1810	204	3.29
63c	630	180	17.0	22.0	15.0	7.5	179.585	141.189	10200	3300	23.8	52.9	1920	214	3.27

注：截面图和表中标注的圆弧半径 r、r_1 的数据用于孔型设计，不做交货条件。

习题参考答案

2-1　(a)　$F_{N_1} = -30\text{kN}$　　$F_{N_2} = 0$　　$F_{N_3} = 60\text{kN}$

　　(b)　$F_{N_1} = -20\text{kN}$　　$F_{N_2} = 0$　　$F_{N_3} = 20\text{kN}$

　　(c)　$F_{N_1} = 60\text{kN}$　　$F_{N_2} = -20\text{kN}$　　$F_{N_3} = 40\text{kN}$

　　(d)　$F_{N_1} = -25\text{kN}$　　$F_{N_2} = 0$　　$F_{N_3} = 10\text{kN}$

2-2　(a)　$F_{N_1} = -20\text{kN}$　　$F_{N_2} = -10\text{kN}$　　$F_{N_3} = 10\text{kN}$

　　　　$\sigma_1 = -50\text{MPa}$　　$\sigma_2 = -25\text{MPa}$　　$\sigma_3 = 25\text{MPa}$

　　(b)　$F_{N_1} = -20\text{kN}$　　$F_{N_2} = -10\text{kN}$　　$F_{N_3} = 10\text{kN}$

　　　　$\sigma_1 = -100\text{MPa}$　　$\sigma_2 = -33.3\text{MPa}$　　$\sigma_3 = 25\text{MPa}$

2-3　$\sigma_1 = 131.6\text{MPa}$　　$\sigma_2 = 47.8\text{MPa}$

2-4　$\sigma_{AB} = 25\text{MPa}$　　$\sigma_{BC} = -41.7\text{MPa}$　　$\sigma_{AC} = 33.3\text{MPa}$

　　$\sigma_{CD} = -25\text{MPa}$

2-5　$\sigma = -0.34\text{MPa}$

2-6　$\sigma_{AB} = -47.4\text{MPa}$　　$\sigma_{BC} = 103.6\text{MPa}$

2-7　$\alpha = \arctan(1/2)$

2-8　$\Delta L = 0.075\text{mm}$

2-9　$\varepsilon_{\text{I}} = 0.05\%$　　$\varepsilon_{\text{III}} = -0.05\%$

　　$\Delta l_{\text{I}} = 0.5\text{mm}$　　$\Delta l_{\text{III}} = -1\text{mm}$

2-10　(1) 7.14　　(2) 7.14　　(3) $\sigma_g = -200\text{MPa}$　　$\sigma_h = -28\text{MPa}$

2-11　$F = 13.75\text{kN}$

2-12　$K = 0.729\text{kN/m}^3$　　$\Delta l = 1.97\text{mm}$

2-13　$\Delta_{AB} = \dfrac{FL}{EA}(2+\sqrt{2})$

2-14　$\sigma = 5.63\text{MPa}$

2-15　$\sigma_{AB} = 159\text{MPa}$　　$\sigma_{AC} = 150\text{MPa}$

2-16　$\sigma = 125\text{MPa}$

2-17　$a = 228\text{mm}$　　$b = 398\text{mm}$

2-18　AB 杆：$2l100 \times 100 \times 10$

　　AD 杆：$2l80 \times 80 \times 6$

2-19　$F = 40.4\text{kN}$

2-20　$W = 30\text{kN}$

2-21　$d \geqslant 35.6\text{mm}$　　$\Delta l = 17.7\text{mm}$

2-22　$F_{A_X} = -F$　　$F_{B_X} = F$

2-23　$F_{N_1} = -\dfrac{F}{6}$　　$F_{N_2} = \dfrac{F}{3}$　　$F_{N_3} = \dfrac{5}{6}F$

2-24　$F_{N_2} = 2F_{N_1}\cos^2\alpha$

2-25　$\sigma_1 = 66.6\text{MPa} < [\sigma]$　　$\sigma_2 = 133.2\text{MPa} < [\sigma]$

2-26　$D = 19\text{mm}$　　$h = 10\text{mm}$

2-27　最危险的受拉面 AB，剪切面 AG，挤压面 AF

2-28　$d_c = 1.195 \text{mm}$　　　$d_D = 1.29 \text{mm}$

2-29　$t = 95.5 \text{mm}$

2-30　$[F] = 157 \text{kN}$

2-31　$l = 200 \text{mm}$　　　$a = 20 \text{mm}$

2-32　$\tau = 94.3 \text{MPa}$　　　$\sigma_{bs} = 222 \text{MPa}$　　　$\sigma_{max} = 118 \text{MPa}$

3-5　$\tau_A = 63.7 \text{MPa}$　　　$\tau_{max} = 84.9 \text{MPa}$　　　$\tau_{min} = 42.4 \text{MPa}$

3-6　$\tau_{max} = 34.6 \text{MPa}$

3-7　$F = 18.47 \text{kW}$

3-8　$m_0 = 13.25 \text{N} \cdot \text{m/m}$　　　$\tau_{max} = 24.05 \text{MPa}$

3-9　$d = 39.3 \text{mm}$　　　$D_1 = 42 \text{mm}$　　　$d_1 = 25.2 \text{mm}$

3-10　$\tau_{max} = 81.5 \text{MPa}$

3-12　(1) $\tau_{max} = 12.7 \text{MPa}$　(2) $\varphi_{CA} = 0.00062 \text{rad}$　(3) $d_1 = 79.5 \text{mm}$

3-13　$d_1 \geqslant 84.6 \text{mm}$　　　$d_2 \geqslant 74.5 \text{mm}$

3-14　$\tau_{max} = 4.33 \text{kPa}$

3-15　$\tau_\text{闭} : \tau_\text{开} = 15.3$

3-16　$d_1 = 19.1 \text{mm}$

3-17　$\tau = 104 \text{MPa}$

4-1　(1) $F_{Q_1} = F$　　$M_1 = Fa$

　　(2) $F_{Q_1} = 10 \text{kN}$　　　$M_1 = 20 \text{kN} \cdot \text{m}$

　　(3) $F_{Q_1} = 7 \text{kN}$　　　$M_1 = 2 \text{kN} \cdot \text{m}$

　　(4) $F_{Q_1} = -0.25 \text{kN}$　　　$M_1 = 2.625 \text{kN} \cdot \text{m}$

　　(5) $F_{Q_1} = 0$　　　$M_1 = \dfrac{1}{2} qa^2$

　　(6) $F_{Q_1} = 0$　　　$M_1 = 2qa^2$

4-2　(1) $F_{Q_1} = -F$　　$M_1 = 0$　　$F_{Q_2} = 0$　　$M_2 = 0$

　　(2) $F_{Q_1} = -qa$　　$M_1 = -qa^2$　　$F_{Q_2} = -3qa$　　$M_3 = -4.5qa^2$

　　(3) $F_{Q_1} = 7 \text{kN}$　　$M_1 = 2 \text{kN} \cdot \text{m}$　　$F_{Q_2} = -3 \text{kN}$　　$M_2 = 3 \text{kN} \cdot \text{m}$

　　(4) $F_{Q_1} = 30 \text{kN}$　　$M_1 = 2 \text{kN} \cdot \text{m}$　　$F_{Q_2} = -3 \text{kN}$　　$M_2 = -40 \text{kN} \cdot \text{m}$

　　(5) $F_{Q_1} = 0$　　$M_1 = 6 \text{kN} \cdot \text{m}$

　　(6) $F_{Q_1} = -5 \text{kN}$　　$M_1 = 9 \text{kN} \cdot \text{m}$　　$F_{Q_2} = -17 \text{kN}$　　$M_2 = -24 \text{kN} \cdot \text{m}$

　　(7) $F_{Q_1} = -qa$　　$M_1 = 2qa^2$　　$F_{Q_2} = -2qa$　　$M_2 = -2qa^2$
　　　　$F_{Q_3} = 2qa$　　$M_3 = 0$

　　(8) $F_{Q_1} = 20 \text{kN}$　　$M_1 = 0$　　$F_{Q_2} = -2.5 \text{kN}$　　$M_2 = 22.5 \text{kN} \cdot \text{m}$

4-3　(1) $|F_Q|_{max} = ql$　　$|M|_{max} = \dfrac{1}{2} ql^2$

　　(2) $|F_Q|_{max} = \dfrac{3}{4} F$　　$|M|_{max} = \dfrac{3}{4} Fa$

　　(3) $|F_Q|_{max} = 10 \text{kN}$　　$|M|_{max} = 8 \text{kN} \cdot \text{m}$

(4) $|F_Q|_{max} = 12$kN $\quad |M|_{max} = 8$kN·m

4-7 $\quad a = 0.207l$

4-8 $\quad$ (1) $M_{max} = 54$kN·m $\quad$ (2) $|M|_{max} = 2$kN·m

5-1 $\quad \sigma_A = -\sigma_D = -14.82$MPa $\quad \sigma_B = 9.88$MPa $\quad \sigma_c = 0$

5-2 $\quad \sigma_{max} = 352$MPa

5-3 $\quad \sigma_{tmax} = 21.2$MPa $\quad \sigma_{cmax} = 13.5$MPa

5-4 $\quad \sigma_{1max} = \dfrac{3ql^2}{16a^3} \quad \sigma_{2max} = \dfrac{3ql^2}{8a^3}$

5-5 $\quad F_{max} = 18.4$kN

5-6 $\quad d = 0.145$m

5-7 $\quad h = \dfrac{\sqrt{6}}{3}d \quad b = \dfrac{\sqrt{3}}{3}d$

5-8 $\quad a = 2.12$m $\quad q = 25$kN/m

5-9 $\quad a = 1.39$m

5-10 $\quad [F] = 47.4$kN

5-11 $\quad \Delta l = \dfrac{3Fl^2}{4Ebh^2}$

5-12 $\quad M = 10.7$kN·m

5-13 $\quad \sigma_{tmax} = 26.4$MPa $\quad \sigma_{cmax} = 52.8$MPa

5-14 $\quad q = 7.85$kN/m $\quad D \geqslant 0.1$m

5-15 $\quad \sigma_{max} = 7.05$MPa $\quad \tau_{max} = 0.478$MPa

5-16 $\quad F_{max} = 8.1$kN

5-17 $\quad 22b$

5-18 $\quad b = 139$mm $\quad h = 208$mm

5-19 $\quad \tau' = \dfrac{3q}{2A}x$

6-1 $\quad$ (1) $\theta_B = \dfrac{ql^3}{6EI} \quad y_B = \dfrac{ql^4}{8EI}$

(2) $\theta_C = \dfrac{7qL^3}{48EI} \quad y_C = \dfrac{41qL^4}{384EI}$

(3) $\theta_B = \dfrac{Fa^2}{2EI} \quad y_B = \dfrac{Fa^2}{6EI}(3l-a)$

(4) $\theta_B = \dfrac{3Fl^2}{8EI} \quad y_B = \dfrac{17Fl^3}{48EI}$

6-2 $\quad$ (1) $\theta_A = \dfrac{ml}{3EI} \quad \theta_B = \dfrac{ml}{6EI} \quad y_C = \dfrac{ml}{16EI}$

(2) $\theta_A = \theta_B = -\dfrac{ml}{24EI} \quad y_c = 0$

6-3 $\quad$ (1) $\theta_A = -\dfrac{7Fl^2}{24EI} \quad y_A = \dfrac{Fl^3}{8EI}$

(2) $\theta_C = \dfrac{ql^3}{96EI} \quad y_c = -\dfrac{ql^4}{384EI}$

6-4 (1) $\theta_C = \dfrac{5Pa^2}{2EI}$ $y_C = \dfrac{7Pa^3}{2EI}$

(2) $F_{Q_A} = -\dfrac{9Fl^3}{8EI}$ $y_A = \dfrac{25Fl^3}{48EI}$

6-5 $y_B = \dfrac{7qa^4}{24EI}$

6-6 $\theta_C = \dfrac{ql^3}{144EI}$ $y_C = 0$

6-7 (1) $f_C = \dfrac{5Fa^3}{6EI}$ (2) $f_C = \dfrac{5Fa^3}{6EI}$

6-8 $\Delta l = 2.29$mm $\Delta_D = 5.95$mm $y_{max} = 0.01$m

6-10 22a

6-12 $M_A = \dfrac{FL}{8}$ (↶)

6-13 $F_{N_{BC}} = \dfrac{6}{11}qa$ $y_B = \dfrac{6qa^2}{11EA}$

6-14 $F_{c_r} = 0.808F$

7-2 $\sigma = 6.37$MPa $\tau = 35.7$MPa

7-3 (a) $\sigma_\alpha = -47.3$MPa $\tau_\alpha = -7.3$MPa

(b) $\sigma_\alpha = 27.7$MPa $\tau_\alpha = 18.7$MPa

(c) $\sigma_\alpha = -10$MPa $\tau_\alpha = -30$MPa

7-4 (a) $\sigma_1 = 57$MPa $\sigma_2 = 0$ $\sigma_3 = -7$MPa

$\tau_{max} = 32$MPa $\alpha_0 = -19°20'$

(b) $\sigma_1 = 60.4$MPa $\sigma_2 = 0$ $\sigma_3 = -10.4$MPa

$\tau_{max} = 35.4$MPa $\alpha_0 = -22°30'$

(c) $\sigma_1 = 60$MPa $\sigma_2 = 0$ $\sigma_3 = -40$MPa

$\tau_{max} = 50$MPa $\alpha_0 = 26°34'$

(d) $\sigma_1 = 37$MPa $\sigma_2 = 0$ $\sigma_3 = -27$MPa

$\tau_{max} = 32$MPa $\alpha_0 = 19°20'$

7-5 $M = 286.5$kN·m

7-6 $\sigma_1 = 2.0$MPa $\sigma_3 = -38.2$MPa $\alpha_0 = 77.0$MPa

7-7 $\sigma_1 = 141$MPa $\sigma_2 = 31$MPa $\sigma_3 = 0$ $\alpha_0 = 29.5°$

7-9 (a) $\sigma_1 = 80$MPa $\sigma_2 = 50$MPa $\sigma_3 = -50$MPa $\tau_{max} = 65$MPa

(b) $\sigma_1 = 52.2$MPa $\sigma_2 = 50$MPa $\sigma_3 = -42.2$MPa $\tau_{max} = 47.2$MPa

7-10 $\varepsilon_1 = 0.53 \times 10^{-3}$ $\varepsilon_2 = 0.47 \times 10^{-3}$ $\varepsilon_3 = -0.64 \times 10^{-3}$

7-11 $F = -2bhE\varepsilon_{45°}/(1+v)$

7-12 $\sigma_1 = 32.4$MPa $< [\sigma_t] = 35$MPa

7-13 $\sigma_{r3} = 120$MPa $< [\sigma] = 140$MPa

7-14 $\sigma_{r4} = 94.1$MPa

7-15 $\sigma_{r3} = 153.8 < [\sigma] = 160$MPa

7-16 $t = 7.5$mm（取8mm）

7-17 $\sigma_{rm} = 36\text{MPa} > [\sigma_t] = 35\text{MPa}$ 超过 1MPa 仍属安全

8-1 $\sigma_{max} = 12\text{MPa}$ $\dfrac{f_{max}}{L} = \dfrac{1}{200}$

8-2 $\sigma_{max} = 58.6\text{MPa} < [\sigma]$ 安全

8-3 $\sigma_A = -131\text{MPa}$ $\sigma_B = 75.3\text{MPa}$

8-4 $\sigma_{tmax} = 5.09\text{MPa}$ $\sigma_{cmax} = 5.29\text{MPa}$

8-5 $\sigma_{tmax} = 0.84\text{MPa}$ $D = 5.01\text{m}$

8-6 $\sigma_a = \dfrac{4F}{3a^2}$ $\sigma_b = \dfrac{F}{a^2}$ $\sigma_c = \dfrac{8F}{a^2}$

8-7 $\sigma_{tmax} = 10.77\text{MPa}$ $\sigma_{cmax} = 12.25\text{MPa}$

8-8 $[F] = 4.85\text{kN}$

8-9 (1) $b = 2\text{m}$ (2) $\sigma_A = -0.068\text{MPa}$ $\sigma_B = -0.034\text{MPa}$

8-10 $x = 5.2\text{m}$

8-11 $e \leqslant 161\text{mm}$

8-15 $d \geqslant 51\text{mm}$

8-16 $\delta = 2.6\text{mm}$

8-17 $F = 788\text{N}$

8-18 $\sigma_{r3} = 100\text{MPa}$

8-19 $\sigma_{r3} = 107.4\text{MPa}$

8-20 $F = 200\text{N}$ $a = 314\text{mm}$

9-2 $F_{cr1} = 2540\text{kN}$ $F_{cr2} = 4705\text{kN}$ $F_{cr3} = 4825\text{kN}$

9-3 (a) $F_{cr} = 375\text{kN}$ (b) $F_{cr} = 644\text{kN}$
    (c) $F_{cr} = 636\text{kN}$ (d) $F_{cr} = 752\text{kN}$

9-4 $F_{cr} = 246.7\text{kN}$

9-5 $F_{cr} = 157\text{kN}$

9-6 $F_{cr} = 36.1 \dfrac{EI}{l^2}$

9-7 $F_Q = 176\text{kN}$

9-8 (1) $\lambda = 92.5$ (2) $\lambda = 65.8$ (3) $\lambda = 73.6$

9-9 $\sigma_{cr} = 155.4\text{MPa}$

9-10 $\sigma_{cr} = 7.41\text{MPa}$

9-12 $\lambda = 80.8$ $\varphi = 0.393$ $[F] = 88.4\text{kN}$

9-13 $a = 0.191\text{m}$

9-14 $[F] = 556.9\text{kN}$

9-15 $\lambda = 93.9$ $\varphi = 0.318$ $\sigma = 1.75\text{MPa} < \varphi[\sigma] = 3.18\text{MPa}$

9-16 $\sigma_{AB} = 163.3\text{MPa}$ $\lambda = 110$ $\sigma_{CD} = 79.6\text{MPa} < \varphi[\sigma] = 90\text{MPa}$

9-17 $[F] = 250\text{kN}$

9-18 $d = 193.7\text{mm}$

9-19 $d = 46\text{mm}$

9-20 $F_{N_{CD}} = 120\text{kN}$ $\lambda = 103$ $\varphi[\sigma] = 91.1\text{MPa}$

9-21 $\sigma_{BD} = 37.6\text{MPa}$ $\lambda = 200$

        $\sigma_{CE} = 12.53\text{MPa} < \varphi[\sigma] = 33.83\text{MPa}$

10-1   (1) $d = 35\text{mm}$ (2) $d = 37\text{mm}$

10-2   工字钢内：$\sigma_{dmax} = 125\text{MPa}$ 吊索内：$\sigma_{dmax} = 27.9\text{MPa}$

10-3 $M_{dmax} = \dfrac{Gl}{2}\left(1 + \dfrac{\omega^2 \cdot S}{g}\right)$

10-4   (1) $\sigma_{dmax} = 572\text{MPa}$ (2) $\sigma_{dmax} = 58.7\text{MPa}$

10-5   (1) $\sigma_j = 0.0707\text{MPa}$ (2) $\sigma_d = 15.4\text{MPa}$ (3) $\sigma_d = 3.69\text{MPa}$

10-6 $\sigma_{dmax} = \dfrac{2Gl}{9W_2}\left(1 + \sqrt{1 + \dfrac{243EIH}{2Gl^3}}\right)$

        $f\left(\dfrac{l}{2}\right) = \dfrac{23Gl}{1296EI}\left(1 + \sqrt{\dfrac{243EIH}{2Gl^3}}\right)$

10-7 $K_d = 1 + \sqrt{1 + \left(\dfrac{v^2 + gl}{g}\right) \cdot \dfrac{48EI}{Gl^3}}$

10-8 $\sigma_{max} = 60\text{MPa}$ $\sigma_{min} = -20\text{MPa}$ $\gamma = -\dfrac{1}{3}$

10-9 $\sigma_m = 549\text{MPa}$ $\sigma_a = 12\text{MPa}$ $\gamma = 0.957$

附Ⅰ-1   (a) $S_z = 0.32bh^2$ (b) $S_z = \dfrac{2}{3}bt^2 + t^3$

         (c) $S_z = \dfrac{B(H^2 - h^2)}{8} + \dfrac{bh^2}{8}$

附Ⅰ-2   (a) $Z_c = 0$ $y_c = \dfrac{h(2a+b)}{3(a+b)}$

         (b) $Z_c = 0$ $y_c = 0.141\text{m}$

附Ⅰ-3 $I_z = \dfrac{a^4}{12}$

附Ⅰ-4   (a) $I_z = 0.0525h^4$ (b) $I_2 = \dfrac{\pi a^4}{128} + \dfrac{\pi a^2}{8} \cdot \left(\dfrac{4ad}{3\pi} + a^2\right)$

附Ⅰ-5   (a) $I_{zc} = 1.792 \times 10^9 \text{mm}^4$

         (b) $I_{zc} = 1.547 \times 10^{10} \text{mm}^4$

         (c) $I_{zc} = 6.58 \times 10^7 \text{mm}^4$

附Ⅰ-6 $I_{zc} = 609.2\text{cm}^4$ $I_{yc} = 459.8\text{cm}^4$

附Ⅰ-7 $b = 11.12\text{cm}$

附Ⅰ-8 $\alpha_0 = 22°30'$ 或 $112°30'$ $I_{z0} = 34.9 \times 10^4 \text{mm}^4$

        $I_{y0} = 6.61 \times 10^4 \text{mm}^4$